普通高等教育"十一五"国家级规划教材
一流本科专业一流本科课程建设系列教材

工程热力学

第 2 版

主编　王修彦
参编　段立强　张晓东　王　锡
主审　王清照

机械工业出版社

本书是普通高等教育"十一五"国家级规划教材。

全书共 13 章，主要讲述热力学的基本概念、热力学第一定律和第二定律、理想气体和水蒸气的性质及各种热力过程、热力学一般关系式和实际气体的性质、气体和蒸汽的流动、气体和蒸汽动力装置循环、制冷与热泵循环、湿空气的性质、化学热力学基础等。书中各章均有例题，章末均有思考题和习题，书中附录有较详细的工质热物性资料。

本书可供高等工科院校能源与动力工程、建筑环境与设备工程、核工程与核技术、工程热物理、安全工程等专业本科生学习使用，也可供有关工程技术人员参考。

本书配有电子课件，向授课教师免费提供，需要者可登录机械工业出版社教育服务网（www.cmpedu.com）下载。

图书在版编目（CIP）数据

工程热力学/王修彦主编. —2 版. —北京：机械工业出版社，2022.1
（2024.6 重印）

一流本科专业一流本科课程建设系列教材

ISBN 978-7-111-69840-1

Ⅰ.①工…　Ⅱ.①王…　Ⅲ.①工程热力学-高等学校-教材

Ⅳ.①TK123

中国版本图书馆 CIP 数据核字（2021）第 253193 号

机械工业出版社（北京市百万庄大街 22 号　邮政编码 100037）
策划编辑：蔡开颖　尹法欣　责任编辑：尹法欣　安桂芳
责任校对：陈　越　刘雅娜　封面设计：张　静
责任印制：张　博
北京建宏印刷有限公司印刷
2024 年 6 月第 2 版第 4 次印刷
184mm×260mm · 16.75 印张 · 413 千字
标准书号：ISBN 978-7-111-69840-1
定价：54.00 元

电话服务　　　　　　　　　网络服务
客服电话：010-88361066　　机　工　官　网：www.cmpbook.com
　　　　　010-88379833　　机　工　官　博：weibo.com/cmp1952
　　　　　010-68326294　　金　书　网：www.golden-book.com
封底无防伪标均为盗版　　　机工教育服务网：www.cmpedu.com

第 2 版前言

本书是普通高等教育"十一五"国家级规划教材,自 2007 年出版以来被国内多所院校采用,经过了 7 次印刷。一些读者表示喜欢教材的内容和编写特色,也有一些读者提出了宝贵的修改意见。十余年过去了,一些能源技术进步了,编者院校的"工程热力学"课程也在此期间入选了"教育部课程思政示范课程",编者的教学经验也更丰富了,遂决定对原教材进行增删修改后再次出版,以飨读者。

作为一门专业基础课,工程热力学的基本理论不会有大的突破,它以热力学第一定律和热力学第二定律为基础,结合了解工质(主要是理想气体和水蒸气)的热力性质,主要讲述热功转换的基本规律,探求能量高效转化和利用的途径。所以,本书基本保留了第 1 版的章节体系,也保留了鲜明的电力特色。

本书在以下方面做了修改:

绪论的"能源及其利用"一节侧重介绍了改革开放以来我国电力事业的发展,这是"课程思政"的隐性表达,有助于增加学生对我国社会发展的信心。在第 2 章、第 5 章对第一类、第二类永动机进行了分析批驳,注重学生探索精神的培养和科学世界观的建立。对第 8 章"湿空气"的内容做了精简,强化了基本概念,去掉了"空气调节中湿空气的热湿处理"一节。将第 10 章"制冷循环"改为"制冷与热泵循环",去掉了对制冷循环工质的介绍,增加了"空气的液化"一节,这是因为在诸多工业领域中经常需要氧气、氮气、氖气、氦气等,这就需要用到深冷技术,先将空气液化,再利用精馏或者部分冷凝的方法分离出所需要的产品,这部分内容是节流制冷和膨胀机制冷的自然延伸。第 11 章增加了超临界朗肯循环、二次再热、压水反应堆系统、沸水反应堆系统等,使得本书的电力特色更加鲜明。第 12 章在讲完三种活塞式内燃机循环后,增加了三种循环在两种不同前提下的比较。本书还对第 1 版中的例题、思考题、习题做了 40 多处增、删、改。

在以网络技术为主要特征的信息化社会,教学内容应该更多考虑开放形式,让学生通过网络和社会获取知识。编者在这方面也做了一些尝试,书中提出了与课程内容有关的一些问题,不是直接给出答案,而是引导学生上网查找资料,解决这些问题,以培养学生获取知识和解决问题的能力。本书的课后习题参考答案以二维码的形式供大家扫码查看。

本书可作为本科 64~72 学时的工程热力学课程的教材或教学参考书,适合能源与动力工程、建筑环境与设备工程、核工程与核技术、工程热物理、安全工程、储能科学与工程等专业学生学习使用,也可供有关工程技术人员参考。

感谢华北电力大学王清照教授再次主审本书,在审稿中他提出了很多宝贵意见,定稿前编者根据这些宝贵意见进行了修正和补充。

最后,还要深切缅怀本书第 1 版主审人之一彭晓峰教授,2007 年彭教授邀约编者到清华大学长谈,他认真负责、耐心细致、热情洋溢、知无不言,就本书第 1 版提出了许多中肯的意见。彭教授的英年早逝是我国工程热物理界的重大损失。

由于编者水平有限,书中难免有疏漏与不妥之处,敬请广大读者批评指正。

编　者

第 1 版 前 言

　　本书是普通高等教育"十一五"国家级规划教材。编写时参考了教育部制定的多学时《工程热力学课程教学基本要求》（1995 年修订版），同时也结合了编者多年教学和科研工作的一些体会。

　　本书以热力学第一定律和热力学第二定律为基础，结合了解工质（主要是理想气体和水蒸气）的热力性质，主要讲述热功转换的基本规律，探求能量高效转化和利用的途径。在提倡建设节约型社会的今天，我国政府提出在保证经济适度增长的同时降低单位产值的能耗，因此，学习工程热力学课程是非常有必要的。

　　编者多次带学生到现场实习，也多次给来自现场的工程技术人员进行培训，从工程技术人员那里也学到了一些实际知识。本书的特点之一是注重和强调理论联系实际，书中有一些用工程热力学理论解决和分析来自火力发电厂问题的实例和习题，这一方面缘于编者长期与电力行业息息相关的教学经验积累，另一方面也是为了培养学生的工程思维习惯。本书的另一个特点是例题、习题的量比较大，体现了精讲多练的原则，有的习题有一定的难度，便于学有余力的同学钻研。

　　随着技术的进步，新的发电方式以及能源利用的新思想不断出现，本书中涉及分布式能源技术、热电冷三联产、整体煤气化联合循环（IGCC）、燃气-蒸汽联合循环、核动力系统中的蒸汽循环等，这样有利于开阔学生的视野。

　　在以网络技术为主要特征的信息化社会，教学内容应该更多考虑开放形式，让学生通过网络和社会获取知识。编者在这方面也做了一些尝试，书中提出了与课程内容有关的一些问题，不是直接给出答案，而是引导学生上网查找资料来解决这些问题，以培养学生获取知识和解决问题的能力。

　　本书可作为本科 64~72 学时的工程热力学课程的教材或教学参考书，适合热能与动力工程、建筑环境与设备工程、核工程与核技术、工程热物理、安全工程等专业学生学习使用，也可供现场有关工程技术人员参考。

　　本书由华北电力大学王修彦副教授任主编。编写分工如下：张晓东副教授编写第 6 章，段立强副教授编写第 12 章，王锡讲师编写第 8 章和第 10 章，其他由王修彦编写。全书由王修彦统稿。

　　本书由清华大学彭晓峰教授和华北电力大学王清照教授审稿，在审稿中他们提出了许多有价值的意见，定稿前编者根据这些宝贵意见进行了修正和补充。在此衷心感谢两位教授的辛勤劳动。

　　本书在编写过程中还得到了华北电力大学宋之平教授的大力帮助。本书部分习题的解答由郭喜燕、李季、张俊姣老师协助完成，在此一并表示衷心感谢。

　　由于编者水平有限，书中难免有疏漏与不妥之处，敬请广大读者批评指正。

编　者

主要符号表

拉丁字母

a	声速
A	面积
An	炕
b_0	煤耗率
c	流动速度
c_p	比定压热容（质量定压热容）
c_V	比定容热容（质量定容热容）
$C_{p,m}$	摩尔定压热容
$C_{V,m}$	摩尔定容热容
d	汽耗率；含湿量
E	总能
E_k	宏观动能
E_p	宏观势能
ex_H	开口系统㶲参数
f	比亥姆霍兹函数（比亥姆霍兹自由能）
F	力；亥姆霍兹函数（亥姆霍兹自由能）
g	比吉布斯函数（比吉布斯自由能）
G	吉布斯函数（吉布斯自由能）
h	比焓
H	焓
I	做功能力损失
K_c	以浓度表示的化学平衡常数
K_p	以分压力表示的化学平衡常数
M	摩尔质量
Ma	马赫数
m	质量
n	物质的量；多变指数
p	绝对压力
p_B	喷管背压

p_b	大气压力
p_g	表压力
p_v	真空度；湿空气中水蒸气的分压力
p_i	分压力
P	功率
Q	吸热量
q	单位质量物质的吸热量
q_m	质量流量
r	汽化热
R	摩尔气体常数
R_g	气体常数
s	比熵
S	熵
S_f	熵流
S_g	熵产
T	热力学温度
t	摄氏温度
u	比热力学能
U	热力学能
V	体积
v	比体积
w	比体积变化功；质量分数
x	干度

希腊字母

α	抽汽率
γ	比热容比
ε	压缩比；制冷系数
η	效率
κ	等熵指数
μ_J	绝热节流系数

π	增压比		Pr	生成物的
ρ	密度		r	对比状态的
σ	回热度		rev	可逆过程的
φ	相对湿度;速度系数		s	饱和状态的
ω	电热比		sys	系统的
ξ	喷管能量损失系数		sur	环境的
			tr	三相点的

下标

a	空气的
C	卡诺循环的;逆向卡诺循环的;压气机的
cr	临界状态的
d	露点的
iso	孤立系统的
irr	不可逆过程的
p	等压过程的

V	等容过程的
v	水蒸气的
x	湿饱和蒸汽的
0	周围环境的参数;滞止状态的

上标

′	饱和水参数
″	干饱和蒸汽参数

目 录

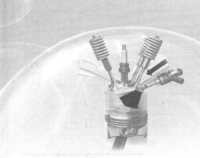

绪论

0.1 能量及其利用

能源是指能够直接或间接提供能量的物质资源。地球上存在各种形式的能源。按照开发的步骤来分类，能源可分为一次能源和二次能源。一次能源是指在自然界中以自然形态存在可以直接开发利用的能源，如煤、石油、天然气、风能、水能、太阳能、地热能、海洋能等；二次能源是指由一次能源直接或间接转化而来的能源，如电力、煤气、汽油、沼气、氢气、甲醇、酒精等。

能源与人类文明和社会发展一直紧密地联系在一起，能源的利用方式和程度是社会文明的重要标志之一，是全世界关注的重大问题。在当今世界，能源问题更是渗透到社会生活的各个方面，直接关系到国家安全和社会稳定。世界各国的经济发展实践证明，正常情况下，每个国家能源消耗总量及增长速度与其国民经济总产值及增长速度成正比，能源的人均消耗量则反映了国民生活水平的高低。

我国是世界上能源蕴藏量最丰富的国家之一，煤炭储量居世界第三，水力资源的储量居世界首位。我国化石能源资源的特点是缺油少气，资源分布极不均匀，开采条件差，生产成本高。2018 年我国人均石油可采储量只有 2.51t，天然气仅 4372m^3，分别为世界平均值的 7.8% 和 16.8%。煤炭储量的 2/3 集中在华北和西北地区，石油可采储量的 60% 集中在西北和东北地区，天然气可采储量的 65% 集中在西北和西南地区。2018 年我国原油进口量达 461.9Mt，出口量为 2.62Mt，净进口量达 459.27Mt，消费量达 647.8Mt，对外依存度达 70.9%。

改革开放以来，我国电力工业得到迅速发展，我国人均用电量 1978 年为 218kW·h（1978 年我国无电人口有 4.5 亿，按照有电人口计算，人均用电量为 409kW·h，到 2015 年年末，我国最后 3.98 万无电人口用上电），2018 年达到 4905kW·h。从 2010 年到 2019 年我国发电装机容量从 9.66 亿 kW 增加到 20.11 亿 kW，已连续七年稳居全球第一装机大国地位，2019 年我国百万千瓦超超临界机组有 111 台在运行，超过其他国家的总和。我国发电装机容量和发电量基本情况见表 0-1。

表 0-1 我国发电装机容量和发电量基本情况

年份	1990 年	2000 年	2010 年	2015 年	2019 年
年末发电设备容量/GW	137.89	319.33	966.41	1508.28	2011.42
其中:水电设备容量/GW	36.05	79.35	216.06	319.37	356.4
火电设备容量/GW	101.84	237.53	709.67	990.21	1190.55
核电设备容量/GW		2.10	10.82	26.08	48.74
风电设备容量/GW		0.35	44.7	145.4	210.05
发电量/TW·h	621.32	1386.5	4207.2	5814.57	7503.43
其中:水电发电量/TW·h	126.35	243.11	722.2	1130.27	1304.44
火电发电量/TW·h	494.97	1107.9	3331.9	4284.19	5220.15
核电发电量/TW·h		16.7	73.9	170.79	348.35
风电发电量/TW·h			72.2	251.2	405.7

注：表中数据来源于国家统计局和中国电力企业联合会。

人类历史上的大多数时间里使用的主要是可再生能源，只是在工业革命后化石燃料才被大量使用。目前，核能、水能、氢能、太阳能、风能、潮汐能等比较洁净的能源在世界各地都已得到不同程度的利用。特别是随着科学技术的进步，人类对可再生能源的认识不断深化，可再生能源的开发利用日益受到重视。实施能源多元化战略，积极开发可再生能源成为许多国家能源安全政策的核心内容。然而，受地域、时间、技术和资源多寡等多方面因素的限制，上述能源在大规模推广方面还存在一定困难。面对世界经济的飞速发展和能源需求的不断增加，加快能源研究步伐、开发矿物燃料的替代能源，已成为摆在全人类面前的一项紧迫的任务，走能源与环境和经济发展良性循环的路子，是解决能源安全问题的根本出路。我国政府将进一步支持可再生能源的开发利用，把可再生能源发展作为增加能源供应、调整能源结构、保护环境、消除贫困、促进可持续发展的重要措施。我国将加快发展技术成熟的水电、太阳能和沼气等可再生能源，尽快使资源得到合理开发利用；同时积极推进资源潜力巨大、技术基本成熟的风力发电、生物质发电、太阳能发电、生物质气化等可再生能源技术的发展，以规模化建设带动产业化发展，使其尽快成为具有竞争力的商业化能源。

0.2 热力学及其发展简史

热力学是研究热能与其他形式能量的转换规律的科学，着重阐述工质的热物性、基本热力过程和动力基本循环中的热功转换规律，最终找出提高能量利用效率的途径。

热力学建立在人类利用热能的基础上。原始人在争取自己生存条件的自然斗争中学会了取火和用火，这是人类取得的第一个巨大成就，是人类启蒙性地发掘利用热能的第一步。恩格斯曾对此给予了高度评价，但这并不是热力学的开始。人类历史上，水力的利用曾长期占据统治地位。

人类对热现象的本质认识逐渐形成了热力学这一科学分支。历史上对热的本质曾经存在两种截然不同的说法，一是热素（或热质）说，认为热是一种看不见、摸不着、不占体积、没有质量的流质，可以透入一切物体之中，不生不灭，一个物体是冷还是热就看它所含热素的多寡。这种学说显然不能解释摩擦生热等现象，因此最终被科学界所抛弃。另一种与之对立的学说认为热是物质运动的一种表现形式。伦福德（Count Rumford，1753—1814）根据他在慕尼黑兵工厂进行的钻炮筒的切削实验发现，切削过程产生的热可使水连续升温至沸腾，他于1798年发表了相关论文，认为热是一种运动。戴维于1799年发表的一篇短文，谈及两冰块相互摩擦生热而使冰完全融化，再次用实验支持了热是运动的学说。

英国物理学家焦耳（J. P. Joule，1818—1889）第一个用较精确的实验测定热功当量，对能量守恒定律和热力学第一定律、第二定律的建立起了重大作用，他的实验成为这些定律发现的主要实验基础，得到了科学界的高度评价。

焦耳生于索尔福，从小体弱不能上学，在家跟父亲学酿酒，并利用空闲时间自学化学、物理。他很喜欢电学和磁学，对实验特别感兴趣。后来成为英国曼彻斯特的一位酿酒师和业余科学家。焦耳是一位靠自学成才的杰出的科学家。1843年8月，在考尔克的一次学术报告会上，焦耳做了题为《论磁电的热效应和热的机械值》的报告，提出热量与机械功之间存在着恒定的比例关系，并测得热功当量值为1kcal热量相当于460kgf·m的机械功⊖。这一结论遭到当时许多物理学家的反对。

1845年在剑桥召开的英国科学协会学术会议上，焦耳又一次做了热功当量的研究报告，宣布热是一种能量形式，各种形式的能量可以互相转化。但是焦耳的观点遭到与会者的否定，英国伦敦皇家学会拒绝发表他的论文。1847年4月，焦耳在曼彻斯特做了一次通俗讲演，充分地阐述了能量守恒原理，但是地方报纸不理睬，在进行了长时间的交涉之后，才有一家报纸勉强发表了这次讲演。同年6月，在英国科学协会的牛津会议上，焦耳再一次提出热功当量的研究报告，宣传自己的新思想。会议主席只准许他做简要的介绍。后因威廉·汤姆逊在焦耳报告结束后做了即席发言，焦耳的新思想才引起与会者的重视。直到1850年，焦耳的科学结论才获得了科学界的公认。

1824年，法国青年工程师卡诺（Sadi Carnot，1796—1832）研究了理想热机的效率问题，提出了卡诺定理和卡诺循环，发现了热能转变为机械能的条件，即必须有温度不同的热源和冷源，从本质上说明了热力学第二定律。但是受时代的限制，他采用的"热素"证明方法却是错误的。1850—1851年间，德国物理学家克劳修斯（R. E. Clausius，1822—1888）和英国物理学家开尔文（Kalvin，即W. Thomson，1824—1907）重新分析了卡诺的工作，各自独立地发现了热力学第二定律。热力学第二定律的基本内容是：任何热过程都具有一定的方向性，涉及热现象的过程是不可逆的，能量除了有数量多少之分，还有质量高低之分等。

热力学第一定律和第二定律的发现标志着热力学基本框架的建立。这两个定律以及一些基本概念构成了热力学的基础，热力学的理论基础与研究成就又极大地促进了热动力机的不断改进与发展。在热力学有关理论的指导下，19世纪末期发明了内燃机和汽轮机。内燃机具有效率高、重量轻、便于移动等优点，在工业生产、汽车、轮船等方面得到了广泛应用。汽轮机则具有效率高及功率大的优点，成为现代热力发电厂的主要动力设备。最近几十年，燃气轮机已经发展并改进成适合实际应用的一种重要的热动力设备，除了在飞机、军舰上使用外，燃气轮机还广泛应用于发电厂。采用燃气-蒸汽联合循环发电，热效率可达60%以上。

⊖　cal，卡，1cal≈4.2J；kgf·m，千克力米，1kgf·m≈9.8J。

0.3 热力学的研究方法

与物理学的其他学科分支相比，热力学具有一个显著特点，就是它的普适性。热力学根据为数不多的几个一般原理和假设所得出的结论，可以运用于完全不同的物质组成体系。热力学有微观和宏观两种不同的研究方法，各具自己的优缺点。

采用微观研究方法的热力学称为微观热力学，也称为统计热力学。气体分子运动理论和统计热力学能够解释热现象的本质及其内在原因，可以预想、推断和解释物质的宏观属性。气体比热容较准确的数据就是根据统计热力学和量子统计学的研究成果而得到的。近年来，微观热力学变得越来越重要，在许多领域中得到应用，如研究与磁流体动力发电有关的高温等离子理论。

但是微观的研究方法不可能完全如实描述物质的性质。首先得接受原子、分子等基本粒子的模型，但这些模型本身就是在一定的假设条件下确定的，也就是说它们本身是一种科学的抽象，是经过简化了的，因而不是实际的客观存在，实际客观存在远比这些被抽象、简化了的模型复杂。此外，统计和概率理论必须运用在大量的基本粒子所平均出来的数量信息，微观热力学所要求的数学知识远深于宏观热力学。

采用宏观研究方法的热力学称为宏观热力学，又称为经典热力学，它把物质看成连续的整体，采用一些宏观物理量来描述物质所处的状况，并通过实验找出所研究现象中一些可测定物理量的变化关系。宏观热力学的结构比较简单，利用少量的定律和基本概念，便可演绎出大量关系式，来解决各种复杂的工程问题和实际问题。宏观热力学的基本思想易于掌握，不要求详细了解物质的结构，所需变量较少，相应的数学知识也相对简单。但是宏观热力学也有其局限性，虽然它可以预先推导出若干物性参数之间的关系式，用以解决实际问题，但却不能解释为什么会有这些特定的关系，因而必须借助于微观分析。

研究热能转化为机械能以及系统的各参数之间的依变关系，经典热力学所提供的知识就足够了。本书讨论的就是宏观热力学。

在热力学和工程热力学中，还普遍采用抽象、概括、理想化和简化的方法。只有这样，才能去粗取精、抓住本质，正确地利用热能转化为机械能的普遍规律以及所引出的一些基本定律和有关计算公式。

0.4 火力发电厂的生产过程

工程热力学是能源与动力工程等专业的主要基础理论之一，在火力发电系统中，到处都要用到工程热力学的知识。蒸汽经历的热力循环是以朗肯循环（兰金循环）为基础的，大型的火力发电机组还要采用再热和抽汽回热；要分析循环的功和热效率，还需要掌握蒸汽的特性。在正式学习工程热力学前，先了解一下火力发电厂的生产过程。

总体来说，火力发电厂在锅炉中将燃料的化学能转化为热能，在汽轮机中将热能转变为机械能，通过发电机将机械能最终转变为电能。一个常规燃煤火力发电厂的生产过程如图 0-1 所示。

煤-烟气侧：煤通过输煤传送带送至原煤斗，再经过磨煤机磨成很细的煤粉，煤粉经过排粉风机送入炉膛内，和经过空气预热器加热的空气混合燃烧，产生的热量首先传递给水冷壁管，然后随着烟气的流动，传递给过热器、再热器、省煤器、空气预热器，然后在除尘器中除掉绝大部分飞灰，最后通过引风机送入烟囱排入大气。

汽-水侧：凝结水经低压加热器、除氧器、高压加热器逐级加热后送入位于锅炉尾部烟道的省煤器中接受烟气的加热，然后送入汽包，汽包内的水经下降管送到锅炉下部，经联箱分配到各水冷壁管，水冷壁管内的水向上流动，受热后变成汽水混合物，送回汽包，经汽水分离器分离，饱和蒸汽送入过热器中被加热成过热蒸汽。高温高压的过热蒸汽经主蒸汽管道送到汽轮机内膨胀做功，带动发电机发电。做完功的蒸汽称为乏汽，乏汽在凝汽器内放热凝结成水，乏汽放出的热量由循环冷却水带到环境中。

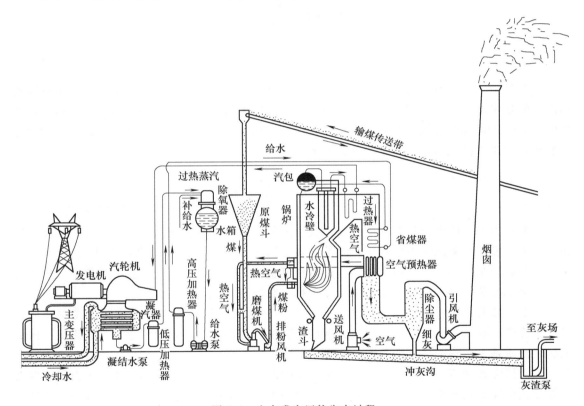

图 0-1 火力发电厂的生产过程

火力发电厂的热效率不高，只有 40% 左右，大量的热量通过凝汽器散发到环境中去了，那么，为什么不把凝汽器去掉呢？采用再热和回热的目的是什么？为什么火力发电厂只利用燃料的低位发热量而不利用燃料的高位发热量？蒸汽在汽轮机中做的功如何计算？通过学习工程热力学，这些问题都会找到答案。

第 1 章

基 本 概 念

学习任何一门学科，首先应该掌握基本概念和定义。工程热力学是从实践经验中总结概括出来的技术基础科学，有许多抽象术语和概念，有的容易与日常用语混淆。本章对一些重要的热力学术语和概念做集中介绍，以便在学习后面各章时有统一且规范的术语，也为学习工程热力学课程的全部内容打下良好的基础。

1.1　工质和热力系统

工程热力学是研究能量转换的一门课程。人们把实现能量转化的媒介物质称为**工质**。例如，在火力发电厂蒸汽动力装置中，把热能转变为机械能的媒介物质水和水蒸气就是工质。又如，在制冷装置中，氨从冷库吸热，通过压缩机压缩升压、升温后，在冷凝器中向环境放热，这里氨就是工质，在制冷工程中又专门称为**制冷剂**。

对工质的要求是：①膨胀性；②流动性；③热容量；④稳定性、安全性；⑤对环境友善；⑥价廉，易大量获取。不同工质实现能量转换的特性不同，有的相差甚远，因此，研究工质的性质是工程热力学的任务之一。

人们研究各种不同形式能量相互转化与传递时，为了分析方便起见，往往把有相互联系的部分或全体分隔开来作为研究的对象。这种被人为地分隔开来作为热力学研究的对象称为**热力学系统**，简称**热力系统**、**热力系**或**系统**。

系统以外的部分称为外界，作为外界的最常见例子就是与系统能量转化或传递有密切关系的自然环境。从严格意义上来说，外界和环境是有区别的，环境的概念是有特定含义的。描述环境的参数，如温度、压力以及其他热力学参数都有特定的数值，称为基准值，由这些基准值所规定的状态称为基准态，基准态是热工计算的起点，在不同的地域，或者在同一地域不同的季节，描述环境的状态参数不同，在进行热力学第二定律分析时，要根据环境的变化，对已有的参数图表做适当的修正，否则会引起误差。

系统与外界之间的分界面称为**边界**，热力系统通过边界与外界发生各种能量与物质的相互作用。

系统的选取是人为的，主要取决于研究者关心的具体对象。以火力发电厂蒸汽动力装置为例，假如为了研究锅炉中能量的转化或传递关系，就可以像图1-1a那样，把锅炉作为研究对象，把它与周围物体分隔开来，锅炉就是一个热力系统；如果感兴趣的是汽轮机中做功量和输入蒸汽的关系，就可以像图1-1b那样，选取汽轮机作为热力系统；假如为了研究加入锅炉的燃料量和汽轮机输出功的关系，就可以像图1-1c那样，把整个蒸汽动力装置划作一个热力系统。准确地选用和确定热力系统，对分析能量转换过程十分重要，要结合具体的计算需要，恰当地确定热力系统。如果选取不当，将使计算变得十分麻烦。

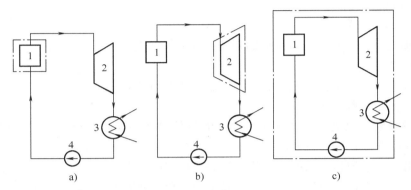

图 1-1 蒸汽动力系统

a）以锅炉为热力系统　b）以汽轮机为热力系统　c）以整个蒸汽动力装置为热力系统

1—锅炉　2—汽轮机　3—凝汽器　4—水泵

根据分析对象的不同，常见的热力系统有以下几种分类：

1. 按照系统与外界有无物质交换来分

（1）闭口系统　与外界无物质交换的热力系统称为**闭口系统**（闭系），又称为**封闭系统**。闭口系统内工质的质量固定不变，因此又称为**控制质量系统**，但这并不意味着系统不能因化学反应发生而改变其组成。如图1-2所示，封闭于气缸中的定质量气体就属于此例。

（2）开口系统　与外界有物质交换的热力系统称为**开口系统**（开系）。这类热力系统的主要特点是在所分析的系统内工质是流动的，如图1-3所示。工程上绝大多数设备和装置都是开口系统。

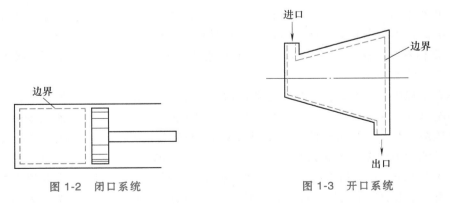

图 1-2 闭口系统　　　　　图 1-3 开口系统

值得指出的是，不论是闭口系统还是开口系统，两者之间都不是绝对的，是随着研究侧重点的改变而改变的。图1-4看起来和图1-3是一样的，但如果关注的是某一具有假想界面的小气团所组成的热力系统，随着这一气团边流动边膨胀，边界也边运动边扩大。此时，这个热力系统内气体工质与外界不交换物质，这个热力系统就是一个闭口系统。

可见，热力系统的选取完全是人为的，主要取决于分析问题的需要与方便。另外，通过上面的内容可以看出，热力系统的边界可以是固定的、真实的（图1-2和图1-3），也可以是假想的、流动的（图1-4）。

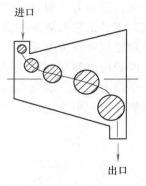

进口

出口

图1-4 看似开口系统的
闭口系统

2. 按照系统与外界在边界上是否存在能量交换来分

（1）非孤立系统　这类热力系统的特点是在分界面上系统与外界存在物质或能量交换。

（2）孤立系统　这类热力系统在分界面上与外界既不存在能量交换，也不存在物质交换。

（3）绝热系统　这类热力系统在分界面上与外界不存在热量交换，但可以有功量和物质交换。例如，在分析火力发电厂时可以把汽轮机看成是绝热系统。

应当指出，完全的孤立系统和绝热系统是不存在的。世界上没有完全不透热的物质和完全孤立的空间。提出这两个理想概念，主要是为了分析问题方便。就像力学中的刚体和质点等概念一样，都属于一种科学抽象。许多热力设备，如汽轮机、加热器、水泵等，它们的散热损失相对很少，忽略散热不致造成很大的计算误差。利用热力学的抽象简化方法，抓住设备功用的主要方面，忽略次要方面，可以近似地视它们为绝热系统。实际的热力系统多处于非孤立系统状态，但总可以找到一个合适的边界，使热力系统和外界交换的物质和能量微不足道，在这样的情况下，该设备可近似视为孤立系统。分析研究实际热力问题时，运用这两个概念会带来许多方便，也便于更好地抓住问题的本质核心。

3. 按照系统内工质的组成特征来分

（1）单组分系统　这类热力系统内的工质由单纯组分的物质所组成。

（2）多组分系统　这类热力系统内的工质由多种不同组分的物质组成，常见的烟气、干空气、湿空气就属于这类系统。

4. 按照系统内工质的相态不同来分

（1）单相系统　这类热力系统内的工质只由性质均匀的单相（如气态、液态、固态）物质所组成。在不考虑重力影响的情况下，这种单相系统也称为均匀系统。

（2）多相系统　这类热力系统内的工质相态不尽相同，可以是两相（如锅炉水冷壁中的水以气态和液态共存）或三相共存。

在热力工程中，能量转换是通过工质的状态变化来实现的。最常用的工质是一些可压缩流体，如蒸汽动力装置中的水蒸气、燃气轮机装置中的燃气等。由可压缩流体构成的热力系统称为可压缩系统。如果可压缩系统与外界只有准静态体积变化功（膨胀功或压缩功）交换，则此系统称为**简单可压缩系统**。工程热力学中讨论的大部分系统都是简单可压缩系统。

关于热力系统，还需指出，它是宏观的、有限的。所谓宏观就是指它是从事物的宏观方面来研究问题，注重的是工质的宏观性质，因此，它可以把大量的分子群视为热力系统，而不能把几个分子看成一个热力系统（这样会违反宏观统计规律）；另一方面，热力学理论是在地球范围内有限时空的基础上得到的经验总结，一般说来，不能把无限大的宇宙当成热力系统。

1.2 状 态 参 数

在蒸汽动力厂中，水吸收烟气放出的热量变成高温高压的蒸汽，高温高压蒸汽在汽轮机中做功后，压力、温度均下降，最后排入凝汽器，放出大量热量后凝结成液态水。在这些过程中，工质的状态（温度、压力等）在不断变化。如果改用热力学术语表示，则应说水的热力状态在不断变化。所谓状态，就是工质在某一瞬间所呈现的宏观物理状况。用来描述工质所处热力状态的一些宏观物理特征量称为热力状态参数，简称状态参数。描述物质性质的物理量很多，并不是所有物理量都是状态参数，只有那些能够确定物质存在状态的物理量才是状态参数。工程热力学上常采用的状态参数有：温度（T）、压力（p）、比体积（v）、热力学能（U）、焓（H）和熵（S）等。若涉及化学反应问题，则采用的状态参数还有：化学势（μ）、亥姆霍兹自由能（F）和吉布斯自由能（G）等。这些参数各自从不同的角度说明了系统所处状态的特征。其中压力、温度和比体积三个参数最为常见，它们可以借助于仪表直接或间接测量，因此常称为基本状态参数。

1.2.1 状态参数的特征

状态参数单值地取决于状态，也就是说，体系的热力状态一经确定，则描述状态的参数的数值也就随之确定。从数学上讲，状态参数是一个点函数，这个特性在数学上可以分解为以下两个特性：

1. 积分特性

当系统由初态 1 变化到终态 2 时，任一状态参数 Z 的变化等于初、终态下该参数的差值，而与其中经历的路径无关，即

$$\Delta Z = \int_1^2 \mathrm{d}Z = Z_2 - Z_1 \tag{1-1}$$

当系统经历一系列状态变化而又恢复到起始状态时，其状态参数变化为零，即它的循环积分为零，有

$$\oint \mathrm{d}Z = 0 \tag{1-2}$$

2. 微分特性

如果状态可由状态参数 X、Y 确定，即 $Z = f(X, Y)$，则有

$$\mathrm{d}Z = \left(\frac{\partial Z}{\partial X}\right)_Y \mathrm{d}X + \left(\frac{\partial Z}{\partial Y}\right)_X \mathrm{d}Y$$

令

$$\left(\frac{\partial Z}{\partial X}\right)_Y = M, \quad \left(\frac{\partial Z}{\partial Y}\right)_X = N$$

则

$$\mathrm{d}Z = M\mathrm{d}X + N\mathrm{d}Y$$

因为 dZ 是全微分，所以

$$\left(\frac{\partial M}{\partial Y}\right)_X = \left(\frac{\partial N}{\partial X}\right)_Y \tag{1-3}$$

式（1-3）是全微分的充分必要条件，也是判断任何一个物理量是否是状态参数的充分必要条件。

1.2.2　基本状态参数

1. 温度

简单地说，温度就是物体冷热程度的表征，人们感觉越热，就说温度越高，感觉越冷，就说温度越低。但是这样以人的主观感觉来表征温度是不科学的，因为这不但不利于定量地来表示物体的温度，有时还会导致一些错误的结论。例如，冬天当我们用手分别摸放在一起的木头和铁块时，则会感到铁块比木头冷，按照上面的说法，应该就是铁块的温度比木头的温度低。但事实上，只要用仪器去测量一下就会发现，它们的温度是一样的。

温度的科学定义是建立在热力学第零定律的基础上的。

若将冷热程度不同的两个系统相互接触，它们之间会发生热量传递。在不受外界影响的条件下，经过足够长的时间，它们将达到共同的冷热程度，而不再进行热量交换，这种情况称为**热力学平衡**（简称热平衡）。

实验表明：当系统 C 同时与系统 A 和 B 处于热平衡时，则系统 A 和 B 也彼此处于热平衡。这个定律称为**热平衡定律**，按照 1931 年福勒（R. H. Fowler）的建议，此定律又称为**热力学第零定律**。

根据热力学第零定律，人们能够比较物体 A 和 B 的温度而无须让它们彼此接触，只要用另一物体 C 分别与它们接触就行了。这就是使用温度计测量温度的原理。这个原理指出，温度最基本的性质是：一切互为热平衡的物体具有相同的温度。这句话可以作为温度的定性的定义。另外，需要指出的是，温度是一个具有统计意义的物理量，也就是说，温度是大量分子热运动的集体表现，说某一个分子具有多高的温度是没有意义的。

为了进行温度测量，需要有温度的数值表示方法，即需要建立温度的标尺或温标。任何一种温度计都是根据某一温标制成的。在日常生活中说体温是 37℃，气温是 20℃，使用的就是摄氏温标。1742 年，瑞典天文学家摄尔修斯（A. Celsius，1701—1744）制定了百分刻度法。他把水的冰点和沸点之间分为 100 个温度间隔；为避免测冰点以下的低温时出现负值，他把水的沸点规定为零点，而把冰点定为 100 度。后来，他接受同事的建议才把这种标值倒过来，这就是现在所用的摄氏温标。

建立温标要具备三个要素：一是选定测温物质和测温属性。被选定的测温物质具有的某些宏观属性，往往随着温度的改变而改变，如液体的体积、热电偶的电势、金属的电阻等。水银温度计就是以水银为测温物质，以水银的体积（表现为水银的高度）随温度变化的性质作为依据来测量温度的。二是选定测温的固定点，并规定其温度值。在摄氏温标中，采用两点法，规定一个标准大气压下纯水的冰点温度为 0℃，沸点温度为 100℃。三是规定测温属性随温度变化的关系。摄氏温标规定，测温属性是随温度做线性变化的，所以它的刻度是均匀的，即在 0℃到 100℃的刻度之间，等分成 100 刻度，每一刻度就表示 1℃。

实际上不同物质的不同属性随温度变化的关系不是完全相同的，因此，用各种不同物质制成的摄氏温度计测量同一对象的温度时，除了 0℃和 100℃两个测温点以外，严格地说，测得的温度并不一致。图 1-5 的实验曲线所反映的就是不同温度计读数的差别。通常把这种依赖于具体测温物质属性所建立的温标称为经验温标。

建立在热力学第二定律基础上的热力学绝对温标则是一种与测温物质的性质无关的温标。用这种温标确定的温度称为热力学温度，以符号 T 表示，计量单位为开尔文，以符号 K

表示。1954 年国际计量大会规定，纯水的三相点为热力学温标的标准温度点，并严格规定这个状态下温度的数值为 273.16K，1K 的大小规定为水的三相点温度的 1/273.16，这样热力学温标就完全确定了。1960 年国际计量大会通过决议，规定摄氏温度由热力学温度移动零点来获得，即

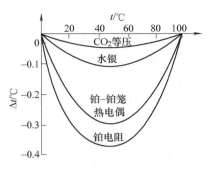

图 1-5 温度测定实验曲线

$$\{t\}_{℃} = \{T\}_{K} - 273.15 \tag{1-4}$$

物体的温度最低能降到多少，存在着极限值，那就是热力学温标的零度，即绝对零度。绝对零度只能无限趋近，而永远也不可能达到，这就是热力学第三定律。到 1988 年，科学家实现了 2×10^{-8}K 的低温。随着科技的发展，应当还可能获得更低的温度，更接近于绝对零度。物体的最高温度能达到多少？回答是：在高温方向上不存在上限。太阳表面的温度大约为 6000K，而太阳内部的温度则可以达到 10^7K，在实验室里获得的最高温度约为 10^8K，根据宇宙大爆炸理论，宇宙开始时的温度约为 10^{39}K，随着宇宙膨胀，其温度逐渐降低，现在平均温度约为 3K。人类所处的环境温度比这个数值要高一些，这是由于人类距离太阳较近，受到太阳光照射的缘故。如果地球的温度升高或降低一些，人类的生存就将成为问题，所以，当看到物体的温度数值分散在如此巨大的范围时，应意识到，人类的存在这个事实是一个伟大的奇迹。

2. 压力

压力是指沿垂直方向上在单位面积上的作用力，物理学中称为压强。

对于容器内的气体工质来说，压力的微观解释是大量气体分子做不规则运动时对器壁频繁碰击的宏观统计结果，这种气体真实的压力又称为绝对压力，用符号 p 表示。

工程上所采用的压力表都是在特定的环境（主要是大气环境）中测量气体压力的。如常见的 U 形管压力计（图 1-6）或弹簧式压力表（图 1-7）等，所测出的压力值都以环境中的大气压力 p_b 为基础，并不是系统内气体的绝对压力。这里分两种情况：

第一种情况，如图 1-6a 所示，此时绝对压力高于大气压力（$p > p_b$），压力计指示的数值称为表压力，用 p_g 表示。显然

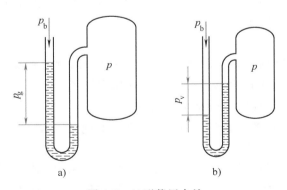

图 1-6 U 形管压力计

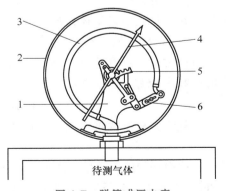

图 1-7 弹簧式压力表

1—基座 2—外壳 3—弹簧管 4—指针
5—齿轮传动装置 6—拉杆

$$p = p_g + p_b \tag{1-5}$$

第二种情况，如图 1-6b 所示，此时绝对压力低于大气压力（$p < p_b$），压力计指示的读数称为真空度，用 p_v 表示，显然

$$p = p_b - p_v \tag{1-6}$$

值得强调的是，不论是表压力 p_g 或真空度 p_v，其值除与系统内的绝对压力 p 相关外，还与测量时外界环境压力 p_b 有关，它们是相对的，即使在某一既定的状态下，这时气体的绝对压力虽保持不变，但由于外界环境条件的改变，使得测出的表压力 p_g 或真空度 p_v 也将发生变化。只有绝对压力才是平衡状态系统的状态参数，进行热力计算时，特别是在后面章节查水蒸气表或焓熵图时，**一定要用绝对压力**。

在法定计量单位中，压力单位的名称是帕斯卡，简称帕，符号是 Pa，它的定义是 $1m^2$ 面积上垂直作用 1N 的力产生的压力为 1Pa，即

$$1Pa = 1N/m^2$$

Pa 这个单位太小，工程上常用千帕（kPa）和兆帕（MPa）作为压力单位。也有用液柱高度，如毫米水柱（mmH_2O）或毫米汞柱（mmHg）来表示压力的，国外也常用巴（bar）作为压力的单位，按我国法定计量单位规定，它们都是非法定计量单位。标准大气压（atm）是纬度 45°海平面上的常年平均大气压。这些单位和 Pa 的关系是

$$1kPa = 10^3 \, Pa$$
$$1MPa = 10^6 \, Pa$$
$$1mmH_2O = 9.81Pa$$
$$1mmHg = 133.3Pa$$
$$1bar = 10^5 \, Pa$$
$$1atm = 1.01325 \times 10^5 Pa$$

与物质的质量多少有关的状态量称为广延量，与物质的质量多少无关的状态量称为强度量。上面讲的温度和压力均为强度量，但它们的变化特性有区别，压力的变化速度快，以声速传播；温度的变化慢，随着热量的传递而改变。在一个热力系统中，当温度和压力都改变时，温度的改变具有**滞后性**。这个特性对于指导节能是有帮助的，现在北方有的居民楼采用管道天然气分户供暖，每家配一个燃气锅炉，有的人为了节约燃料，早晨起床之后就将锅炉关掉，在上班之前家里还是温暖的，这也是利用到温度变化滞后的特性。

例 1-1　凝汽器真空

将火力发电厂汽轮机的排汽（有时称为乏汽）送到凝汽器中放热，已知某凝汽器真空表的读数为 96kPa，当地大气压力 $p_b = 1.01 \times 10^5 Pa$。问凝汽器内的绝对压力为多少？

解　　　　　　$p = p_b - p_v = 1.01 \times 10^5 Pa - 96 \times 10^3 Pa = 5000Pa = 5kPa$

纯凝汽式机组的排汽压力是很低的，在后面章节查乏汽的参数时要用此绝对压力。

3. 比体积

比体积是指单位质量工质所占有的体积，用符号 v 表示，在法定计量单位制中，单位是 m^3/kg。它是描述分子聚集疏密程度的比参数。如果 m（kg）工质占有 V（m^3）体积，则比体积为

$$v = \frac{V}{m} \tag{1-7}$$

很明显，比体积 v 与密度 ρ 互为倒数，即

$$v\rho = 1 \tag{1-8}$$

可见，比体积和密度不是相互独立的参数，可以任选一个，在热力学中通常选用比体积 v 作为独立状态参数。

1.3 平衡状态

1. 热力系统的平衡状态

经验表明，一个与外界不发生物质或能量交换的热力系统，如果最初各部分宏观性质不均匀，则经过足够长的时间后，将逐步趋于均匀一致，最后保持一个宏观性质不再发生变化的状态，这时称系统达到**热力学平衡状态**。平衡状态是指在不受外界影响的条件下，系统的宏观性质不随时间改变。从微观角度分析，在平衡状态下，组成系统的大量分子还在不停地运动着，只是其总的平均效果不随时间改变而已。

在不考虑化学变化及原子核变化的情况下，为表征热力系统已达到平衡状态，系统必须满足三个平衡条件：

（1）**热平衡条件** 它要求系统内部各部分之间及系统与外界之间无宏观热量传递，即没有温差。

（2）**力平衡条件** 它要求系统内部及系统与外界之间不存在未平衡的相互作用力。

（3）**相平衡条件** 当系统内处于多相共存时，就必须考虑相平衡问题。所谓相平衡就是指系统内各相之间的物质交换与传递已达动态平衡。

应该指出，平衡状态的概念不同于稳定状态。例如，两端分别与冷热程度不同的恒温热源接触的金属棒，经过一段时间后，棒上各点将处于不随时间变化的确定的冷热状态，此即稳定状态，但此时，金属棒内存在温差，处于不平衡状态，因此稳定未必平衡。如果系统处于平衡状态，则由于系统内无任何势差，系统必定处于稳定状态。

此外，还要指出，平衡与均匀也是两个不同的概念。平衡是热力系统的状态不随时间而变化，而均匀是指热力系统中空间各处的一切宏观特性都相同。平衡不一定均匀。例如，处于平衡状态下的水和水蒸气，虽然气-液两相的温度与压力分别相同，但比体积相差很大，显然并非均匀体系。对于单相系统（特别是由气体组成的单相系统），如果忽略重力场对压力分布的影响，可以认为平衡必均匀，即平衡状态下单相系统内部各处的热力学参数均匀一致，而且不随时间而变化。因此，整个热力系统的状态就可以用一组统一的并且具有确定数值的状态参数来描述。这样就使热力分析大为简化。如不特别说明，本书一律把平衡状态下单相物系当作是均匀的，物系中各处的状态参数应相同。

2. 状态公设

一个热力系统需要多少个独立状态参数才能确定状态呢？这与热力系统和外界的能量交换形式有关，除了传热可以改变热力系统的能量外，热力系统和外界的功交换是改变热力系统能量的又一种形式。热力学中所用的广义功有多种不同形式，包括体积变化功、拉伸功、表面张力功、电功、磁功等。不同形式的功，有不同参数的表达式，当热力系统和外界有 n 种功的交换形式时，需要 n 个独立状态参数才能确定热力系统和外界的功交换。因此，对于任意一个热力系统，确定其状态需要 $n+1$ 个独立状态参数，其中 1 是考虑系统与外界的热

交换。不难看出，状态原理是基于对能量交换的事实而总结出来的，它是一种逻辑上的推理，无须数学证明，因此也称为状态公设。

所谓独立的状态参数，意即其中的一个不能是另一个的函数。例如，比体积和密度就不是两个相互独立的状态参数（$v = 1/\rho$），给出了比体积的值也就意味着给出了密度的值，反之亦然。再如，饱和水蒸气的温度和压力存在——对应的依变关系，也不是两个相互独立的状态参数。

对于由气态工质组成的简单可压缩系统，与外界交换的准静态功只有体积变化功（膨胀功或压缩功）一种形式，因此，简单可压缩系统平衡状态的独立状态参数只有 2 个。也就是说，只要给定了任意 2 个独立的状态参数的值，系统的状态就确定了，其余的状态参数也将随之确定。如以 p、T 为独立状态参数，则有

$$v = f(p, T)$$

或者写成隐函数形式

$$f(p, v, T) = 0$$

这样的关系式称为气体的状态方程式。状态方程式的具体形式取决于工质的性质。理想气体的状态方程最为简单，实际气体的状态方程有时非常复杂。

3. 坐标图

既然两个独立的状态参数能确定一状态，那么原则上可以利用两个独立的状态参数建立笛卡儿坐标图，在该坐标图上任意一点即表示某一平衡状态。热力学中用得最多的是 p-v 图和 T-s 图，如图 1-8 所示，图上状态点 1 的坐标为 (v_1, p_1) 和 (s_1, T_1)，分别说明该点的比体积为 v_1，压力为 p_1，比熵为 s_1，温度为 T_1。显然，只有平衡状态才能用图上的一点来表示，不平衡状态没有确定的状态参数，在坐标图上无法表示。

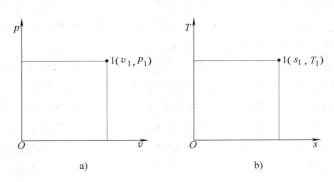

图 1-8　状态坐标图
a）p-v 图　b）T-s 图

1.4　热　力　过　程

当热力系统与外界环境发生能量和质量交换时，工质的状态将发生变化。工质从某一初始平衡状态经过一系列中间状态，变化到另一平衡状态，称工质经历了一个**热力过程**。

1. 准静态过程

如前所述，热力学参数只能描述平衡状态，处于非平衡状态下的工质没有确定的状态参

数，而热力过程又是平衡被破坏的结果。"过程"与"平衡"这两个看起来互不相容的概念给过程的定量研究带来了困难。进一步考察就会发现，尽管过程总是意味着平衡被打破，但是被打破的程度有很大差别。

为了便于对实际过程进行分析和研究，假设过程中系统所经历的每一个状态都无限地接近平衡状态，这个热力过程称为**准静态过程**（或称为**准平衡过程**）。

实现准静态过程的条件是推动过程进行的不平衡势差（压差、温差等）无限小，而且系统有足够的时间恢复平衡。这对于一些热机来说，并不难实现。例如，在活塞式热力机械中，活塞运动的速度一般在 10m/s 以内，但气体的内部压力波的传播速度等于声速，通常可达每秒几百米。相对而言，活塞运动的速度很慢，这类情况就可按准静态过程处理。

准静态过程中系统有确定的状态参数，因此可以在坐标图上用连续的实线表示。

2. 可逆过程

如果系统完成某一过程之后，可以再沿原来的路径恢复到起始状态，并使相互作用中涉及的外界也恢复到原来状态，而不留下任何变化，则这一过程就称为**可逆过程**，否则就是**不可逆过程**。

例如，由工质、热机和热源组成的一个热力系统，如图 1-9 所示。如果工质被无限多的不同温度的热源加热，那么工质就沿 1-3-4-5-6-7-2 经历一系列无限缓慢的吸热膨胀过程，在此过程中，热力系统与外界随时保持热和力的无限小势差，是一个准静态过程。如果机器没有任何摩擦阻力，则所获机械功全部以动能形式储存于飞轮中。撤去热源，飞轮中储存的动能通过曲柄连杆缓慢地还回活塞，使它反向移动，无限缓慢地沿 2-7-6-5-4-3-1 压缩工质，压缩工质所消耗的功恰与工质膨胀产生的功相同。与此同时，工质在被压缩的过程中以无限小的温差向无限多的热源放热，所

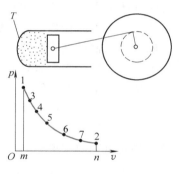

图 1-9 可逆过程

放出的热量与工质膨胀时所吸收的热量也恰好相等。结果系统和所涉及的外界都恢复到原来状态，未留下任何变化。工质经历的 1-3-4-5-6-7-2 过程就是一个可逆过程。需要指出的是，可逆过程中的"可逆"只是指可能性，并不是指必须要回到初态。

可见，可逆过程首先必须是准静态过程，同时在过程中不应有任何通过摩擦、黏性扰动、温差传热、电阻、磁阻等耗功或潜在做功能力损失的耗散效应。所以说，**可逆过程就是无耗散效应的准静态过程**。

准静态过程和可逆过程都是无限缓慢进行的、由无限接近平衡态所组成的过程。因此，可逆过程与准静态过程一样在坐标图上都可用连续的实线描绘。它们的区别在于，准静态过程只着眼于工质的内部平衡，有无摩擦等耗散效应与工质内部的平衡并无关系。而可逆过程则是分析工质与外界作用所产生的总效果，不仅要求工质内部是平衡的，而且要求工质与外界的作用可以无条件地逆复，过程进行时不存在任何能量的耗散。因此，可逆过程必然是准静态过程，而准静态过程不一定是可逆过程。

实际热力设备中进行的一切热力过程，或多或少地存在各种不可逆因素，如有温差的传热、摩擦生热等，因此实际热力过程都是不可逆过程。但是"可逆过程"这个概念在热力

学中占有重要的地位，首先是它使问题简化，便于抓住问题的主要矛盾；其次，可逆过程提供了一个标杆，虽然它不可能达到，但是它是一个奋斗目标；最后，对理想可逆过程的结果进行修正，即得到实际过程的结果。

本书特别说明，除典型的不可逆过程（如节流、自由膨胀等）外，所有热力过程都可看成可逆过程。

1.5 功和热量

系统与外界之间在不平衡势差作用下会发生能量交换。能量交换的方式有两种——做功和传热。

1. 功

功是系统与外界交换能量的一种方式。力学中把物体间通过力的作用而传递的能量称为功，并定义功等于力 F 和物体在力所作用方向上位移 x 的乘积，即

$$W = Fx \tag{1-9}$$

按此定义，气缸中气体膨胀推动活塞及重物升起时气体就做功，涡轮机中气体推动叶轮旋转时气体也做功，这类功都属于机械功。但除此以外，还可以有许多形式的功，它们并不直接地表现为力和位移，但能够通过转换全部变为机械功，因而它们和机械功是等价的。例如，电池对外输出电能，即可认为电池输出电功。于是，根据能量转换的观点，热力学对功做如下定义：**功是热力系统通过边界而传递的能量，且其全部效果可表现为举起重物。**必须注意，功的这个热力学定义并非意味着真的举起重物，而是说产生的效果相当于重物的举起。这个定义突出了做功和传热的区别。任何形式的功其全部效果可以统一地用举起重物来概括。而传热的全部效果，无论通过什么途径，都不可能与举起重物的效果相当。

热力系统做功的方式是多种多样的，本节重点讨论与体积变化有关的功（膨胀功和压缩功）的表达式。用如图 1-10 所示的活塞气缸装置来推导准静态过程体积变化功的计算公式。首先，确定气缸中质量为 m（kg）的气体为热力系统，活塞面积为 A，初态气缸中气体的压力为 p，活塞上的外部阻力为 p_{ext}，由于讨论的是准静态过程，所以 p 和 p_{ext} 应该随时相差无限小。至于外界阻力来源于何处无关紧要，可以是外界负荷的作用，也可以包括活塞与气缸壁面的摩擦。

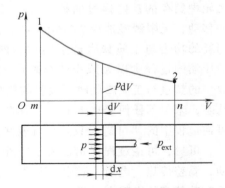

图 1-10　气体可逆膨胀做功过程

这样，当活塞移动一微小距离 dx 后，则系统在微元过程中对外所做的功为

$$\delta W = pA\mathrm{d}x = p\mathrm{d}V \tag{1-10}$$

式中，dV 为活塞移动 dx 时工质的体积变化量。

若活塞从位置 1 移到位置 2，系统在整个过程中所做的功为

$$W = \int_1^2 p\mathrm{d}V \tag{1-11}$$

这就是任意准静态过程体积变化功的表达式，这种在准静态过程中完成的功称为**准静态**

功，由式（1-11）可见，只要已知过程的初、终态，以及描写过程性质的表达式 $p = f(V)$，而无须考虑外界的情况，就可以确定准静态过程的体积变化功。在 p-V 图中，积分 $\int_1^2 p\mathrm{d}V$ 相当于过程曲线 1-2 下的面积 $12nm1$（图 1-10），所以，这种功在 p-V 图上可以用曲线下的面积表示。因此，p-V 图又称为**示功图**。

对于单位质量气体，准静态过程中的体积变化功可以表示为

$$\delta w = \frac{1}{m} p\mathrm{d}V = p\mathrm{d}v \qquad (1\text{-}12)$$

$$w = \int_1^2 p\mathrm{d}v \qquad (1\text{-}13)$$

如果状态点 1 和 2 之间经历的中间过程都处于非平衡状态，即没有确定的状态参数，则 1 和 2 之间的过程线只能画成虚线，如图 1-11 所示，在 p-V 图上虚线下的面积并无物理意义，不等于体积变化功。

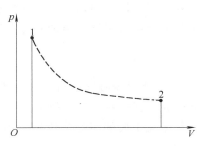

图 1-11 不可逆膨胀过程

显然，从同一初态变化到同一终态，如果经历的过程不同，则体积变化功也就不同，可见**体积变化功是与过程特性有关的过程量，而不是系统的状态参数**，因此，体积变化功的微元形式不能用 $\mathrm{d}W$ 表示，而只能用 δW 表示。

此外，如果气体膨胀，$\mathrm{d}V > 0$，则 $\delta W > 0$，功量为正，表示气体对外做功。反之，如果气体被压缩，$\mathrm{d}V < 0$，则 $\delta W < 0$，功量为负，表示外界对气体做功。

体积变化功只涉及气体体积变化量，而与此体积的空间几何形状无关。因此，不管气体的体积变化是发生于气缸等规则容器中抑或发生在不规则流道的流动过程中，其准静态功都可以用式（1-11）计算。

还应注意，可逆过程是无耗散效应的准静态过程，因此，可逆过程的体积变化功显然也可以用式（1-11）确定。但是非准静态过程就不能用这个式子。实际过程都是不可逆的，故外界获得的有效功要比工质所做的功 $\int_1^2 p\mathrm{d}V$ 小。这是由于存在机械摩擦而要消耗一部分功。在进行热力学分析时，一般采用理想化的方法，即不考虑机械摩擦问题，具体计算热机功率时，则根据实际情况对理论结果予以修正。工程中常用机械效率 η_{m} 来考虑机械摩阻损失对理论功率的修正。

例 1-2 气体膨胀做功

1kg 某种气态工质，在可逆膨胀过程中分别遵循：

1）$p = av$。

2）$p = b/v$，从初态 v_1 到达终态 v_2。

分别求这两个过程中做功各为多少？（a、b 为常数。）

解 由 $w = \int_1^2 p\mathrm{d}v$，则

1）$w = \int_1^2 p\mathrm{d}v = \int_1^2 av\mathrm{d}v = \dfrac{a}{2}(v_2^2 - v_1^2)$。

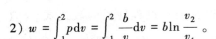

2）$w = \int_1^2 p\mathrm{d}v = \int_1^2 \dfrac{b}{v}\mathrm{d}v = b\ln\dfrac{v_2}{v_1}$。

2. 热量

热量是热力系统与外界之间由于温度不同而通过边界传递的能量，它和功一样是一种能量的传递方式。热量也是过程量而不是状态参数，说某状态下工质含有多少热量是无意义的。一个物体温度高，不能说该物体有很多热量，只有当物体与另一温度不同的物体进行热交换时，才说传递了多少热量。

热量用符号 Q 表示，法定单位为 J 或 kJ。单位质量工质与外界交换的热量用符号 q 表示，单位为 J/kg 或 kJ/kg。热力学中规定：**系统吸热时 Q 取正值，放热时 Q 取负值。**

在这里，顺便引出一个与热量有密切关系的热力学状态参数——**熵**，用符号 S 表示。熵是由热力学第二定律引出的状态参数，其定义式为

$$\mathrm{d}S = \frac{\delta Q}{T} \tag{1-14}$$

式中，δQ 为系统在微元可逆过程中与外界交换的热量；T 为传热时系统的热力学温度；$\mathrm{d}S$ 为此微元可逆过程中系统熵的变化量。**这个定义式只适合于可逆过程。**

每千克工质的熵称为比熵，用 s 表示，比熵的定义式为

$$\mathrm{d}s = \frac{\mathrm{d}S}{m} = \frac{\delta q}{T} \tag{1-15}$$

与 $p\text{-}V$ 图类似，可以用热力学温度 T 作为纵坐标，熵 S 作为横坐标构成 $T\text{-}S$ 图，称为温熵图。因为 $\delta Q = T\mathrm{d}S$，所以 $Q_{1-2} = \int_1^2 \delta Q = \int_1^2 T\mathrm{d}S$。因此，**在 $T\text{-}S$ 图上任意可逆过程曲线与横坐标所包围的面积为在此热力过程中热力系统与外界交换的热量**，如图 1-12 所示，因此，$T\text{-}S$ 图又称为示热图。

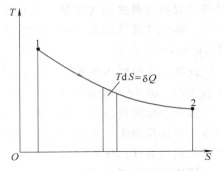

图 1-12　$T\text{-}S$ 图及可逆过程热量的表示

根据 $\delta Q = T\mathrm{d}S$，且热力学温度 $T>0$，所以，$T\text{-}S$ 图不仅可以表示可逆过程热量的大小，而且能表示热量传递的方向。如果可逆过程在 $T\text{-}S$ 图上是沿熵增加的方向进行的，则该过程线下的面积所代表的热量为正值，即系统从外界吸热；反之，如果可逆过程在 $T\text{-}S$ 图上是沿熵减小的方向进行的，则该过程线下的面积所代表的热量为负值，即系统向外界放热。这里说明一个道理，**一个可逆热力过程究竟是吸热还是放热，不是决定于温度的变化，而是决定于熵的变化。** 温度升高，可能是一个放热过程，温度降低可能是一个吸热过程。

1.6　热 力 循 环

1. 概述

工质从某一初态出发，经过一系列中间过程又回到初态，称工质经历了一个**热力循环**或简称**循环**。全部由可逆过程组成的循环就是**可逆循环**；倘使循环中有部分过程或全部过程是不可逆的，则该循环称为**不可逆循环**。在 $p\text{-}v$ 图和 $T\text{-}s$ 图上可逆循环用闭合实线表示，不可

逆循环中的不可逆过程用虚线表示。

在蒸汽动力厂中，水在锅炉中吸热，生成高温高压蒸汽，经主蒸汽管道输入汽轮机中膨胀做功，做完功的蒸汽（通常称为乏汽）排入凝汽器，被冷却为凝结水，凝结水经过水泵升压后，再一次进入锅炉吸热，工质完成一个循环。火力发电厂通过工质连续不断的循环，连续不断地将燃料的化学能转变为机械能，进而转变成电能。在制冷循环装置中，消耗功而使热量从低温物体传输至高温外界环境，使冷库保持低温。它是一种消耗功的循环，相对于对外做功的动力循环（即**正向循环**），这种循环称为**逆向循环**。

热力循环是封闭的热力过程，在 p-v 图和 T-s 图上，热力循环表示为封闭的曲线。如图 1-13 所示，在 p-v 图和 T-s 图上正向循环按顺时针方向进行，逆向循环按逆时针方向进行。

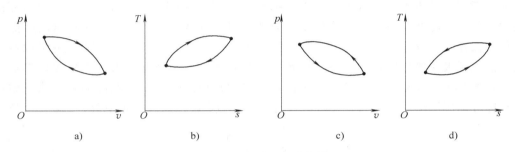

图 1-13 正向循环和逆向循环

a）正向循环 p-v 图　b）正向循环 T-s 图　c）逆向循环 p-v 图　d）逆向循环 T-s 图

不论正向循环还是逆向循环，普遍接受的循环经济性指标的原则定义为

$$经济性指标 = \frac{循环得到的收益}{循环付出的代价} \qquad (1\text{-}16)$$

2. 正向循环

正向循环也称为热动力循环，它是将热能转化为机械能的循环，其性能系数称为热效率，在 p-v 图和 T-s 图上（图 1-13a、b），都是沿顺时针方向变化的。

正向循环的模型如图 1-14 所示，对于单位质量的工质来说，正向循环的总效果是从高温热源吸收 q_1 的热量，对外做出 w_{net} 的循环净功，同时向低温热源排放 q_2 的热量。

正向循环的热效率用 η_t 表示，即

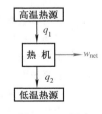

图 1-14 正向循环的模型

$$\eta_t = \frac{w_{net}}{q_1} = \frac{q_1 - q_2}{q_1} = 1 - \frac{q_2}{q_1} \qquad (1\text{-}17)$$

η_t 越大，表示吸入同样 q_1 时得到的循环功 w_{net} 越多，或者说得到相同的循环功 w_{net}，付出的热量 q_1 越小，η_t 越大表明循环的经济性越好。

例 1-3　火力发电厂煤耗与热效率

某火力发电厂平均生产 $1kW \cdot h$ 的电需消耗 $350g$ 标准煤，已知标准煤的热值为 $29308kJ/kg$，试求这个电厂的平均热效率 η_t 是多少？

解　收益：$1kW \cdot h = 1kJ/s \times 3600s = 3600kJ$

代价：$350g$ 标准煤发热 $= 0.35kg \times 29308kJ/kg = 10257.8kJ$

$$\eta_t = \frac{3600}{10257.8} = 35.1\%$$

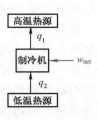

图 1-15　逆向循环的模型

3. 逆向循环

逆向循环主要用于制冷装置或热泵装置，它是将机械能转化为热能的循环，在 $p\text{-}v$ 图和 $T\text{-}s$ 图上（图 1-13c、d），都沿逆时针方向变化。

逆向循环的模型如图 1-15 所示。当然，如果逆向循环是作为热泵来使用，则图 1-15 中的制冷机应改名为热泵。对于单位质量的工质来说，逆向循环的总效果是消耗 w_{net} 的循环净功，从低温热源吸收 q_2 的热量，同时向高温热源排放 q_1 的热量。

逆向循环不管用作制冷循环还是热泵循环，循环付出的代价都是消耗 w_{net}，但循环得到的收益不同。制冷循环的目的是将低温热源的热量排向环境，形成一个比环境温度低的空间，便于保存食物或在夏天给人们提供一个更舒适的工作和生活环境。因此，它的收益是工质从低温热源吸收的热量 q_2。而热泵循环主要是在冬天从环境（低温热源）吸取热量，向房间（高温热源）供热，热泵的收益是向高温热源排放的热量 q_1。制冷循环和热泵循环的经济指标分别用制冷系数 ε 和热泵系数（有时也称为供暖系数或供热系数）ε' 表示，则有

$$\varepsilon = \frac{q_2}{w_{net}} = \frac{q_2}{q_1 - q_2} \tag{1-18}$$

$$\varepsilon' = \frac{q_1}{w_{net}} = \frac{q_1}{q_1 - q_2} > 1 \tag{1-19}$$

很明显，和热效率 η_t 一样，制冷系数 ε 和热泵系数 ε' 越高，表明循环的经济性越好。而且热泵系数 ε' 恒大于 1，可以说热泵是一种很好的节能设备。

思 考 题

1-1　什么是热力系统？闭口系统和开口系统的区别在什么地方？

1-2　表压力（或真空度）与绝对压力有何区别与联系？为什么表压力和真空度不能作为状态参数？

1-3　状态参数具有哪些特性？

1-4　平衡和稳定有什么关系？平衡和均匀有什么关系？

1-5　工质经历一不可逆过程后，能否恢复至初态？

1-6　使系统实现可逆过程的条件是什么？

1-7　实际上可逆过程是不存在的，那么，为什么还要研究可逆过程呢？

1-8　为什么说 Δs 的正负可以表示可逆过程中工质的吸热和放热？温度的变化 ΔT 不行吗？

1-9　气体膨胀一定对外做功吗？为什么？

1-10　"工质吸热温度升高，放热温度降低"，这种说法对吗？

1-11　经过一个不可逆循环后，工质又恢复到起始状态，那么，它的不可逆性表现在什么地方？

1-12　"高温物体所含热量多，低温物体所含热量少。"这种说法对吗？为什么？

1-13　已知某气体的密度和比体积，能否确定气体所处的状态？

习 题

1-1　为了环保，燃煤电站锅炉通常采用负压运行方式。现采用图 1-16 所示的斜管式微压计来测量炉

腔内烟气的真空度，已知斜管倾角 $\alpha = 30°$，微压计中使用密度 $\rho = 1000kg/m^3$ 的水，斜管中液柱的长度 $l = 220mm$，若当地大气压 $p_b = 98.85kPa$，则烟气的绝对压力为多少？

1-2　利用 U 形管水银压力计测量容器中气体的压力时，为了避免水银蒸发，有时需在水银柱上加一段水，如图 1-17 所示。现测得水银柱高 91mm，水柱高 20mm，已知当地大气压 $p_b = 0.1MPa$。求容器内的绝对压力为多少？

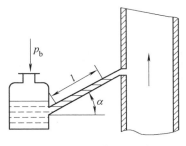

图 1-16　习题 1-1 图

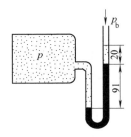

图 1-17　习题 1-2 图

1-3　某容器被一刚性隔板分为两部分，在容器的不同部位安装有压力表，其中压力表 B 放在右侧环境中用来测量左侧气体的压力，如图 1-18 所示。已知压力表 B 的读数为 80kPa，压力表 A 的读数为 0.12MPa，且用气压表测得当地的大气压力为 99kPa，试确定表 C 的读数及容器内两部分气体的绝对压力（以 kPa 表示）。如果表 B 为真空表，且读数仍为 80kPa，表 C 的读数又为多少？

1-4　如图 1-19 所示，容器 A 放在容器 B 中，用 U 形管水银压力计测量容器 B 的压力，压力计的读数为 $L = 20cm$，测量容器 A 的压力表读数为 0.5MPa，已知当地大气压力 $p_b = 0.1MPa$，试求容器 A 和 B 的绝对压力。

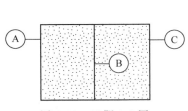

图 1-18　习题 1-3 图

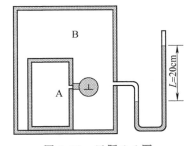

图 1-19　习题 1-4 图

1-5　凝汽器的真空度为 710mmHg，气压计的读数为 750mmHg，求凝汽器内的绝对压力为多少千帕？若凝汽器内的绝对压力不变，大气压力变为 760mmHg，此时真空表的读数有变化吗？若有，变为多少？

1-6　英、美等国在日常生活和工程技术上还经常使用华氏温标（英制单位）t_F。在 1atm 下，水结冰的华氏温度为 $32℉$，水沸腾的温度为 $212℉$。

1）求华氏温度和摄氏温度之间的关系。

2）某人测得自己的体温为 $100℉$，那么该人的体温为多少℃？

1-7　将安全阀放在一压力容器上方的放气孔上，当容器内的表压力达到 200kPa 时，放气孔上的安全阀被顶起放出部分蒸汽，以保证容器不超压，已知放气孔截面积为 $10mm^2$，求安全阀的质量。当地重力加速度 $g = 9.81m/s^2$。

1-8　气体初态，$p_1 = 0.4MPa$，$V_1 = 1.5m^3$，气体经过可逆等压过程膨胀到 $V_2 = 5m^3$，求气体膨胀所做的功。

1-9　气体从 $p_1 = 0.1MPa$，$V_1 = 0.3m^3$ 压缩到 $p_2 = 0.4MPa$。压缩过程中维持下列关系 $p = aV + b$，其中

$a = -1.5 \text{MPa/m}^3$。试计算压缩过程中所需的功，并将压缩过程表示在 $p\text{-}V$ 图上。

1-10　两个直角三角形循环的 $T\text{-}s$ 图如图 1-20 所示，其中 $T_1 = 600\text{K}$，$T_2 = T_3 = 300\text{K}$，$T_4 = T_5 = 290\text{K}$，$T_6 = 250\text{K}$，求：

1）循环 1-2-3-1 的热效率。

2）循环 4-5-6-4 的制冷系数。

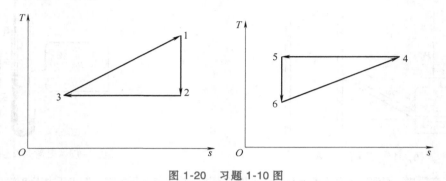

图 1-20　习题 1-10 图

扫描下方二维码，可获取部分习题参考答案。

第 2 章

热力学第一定律

2.1 热力学第一定律的实质

辩证唯物主义告诉我们，世界是物质的，物质处于运动之中，自然界没有不运动的物质，也没有离开物质的运动。能量是运动的度量，每一种物质的运动形式都有与它相应的能量来度量。物质从一种运动形态转变为另一种运动形态，意味着能量由一种形式转变为另一种形式。

"自然界中一切物质都具有能量。能量既不可能被创造，也不可能被消灭，而只能从一种形式转换为另一种形式，在转换过程中，能的总量保持不变。"这就是能量守恒与转换定律，它是自然界的一个基本规律。

热力学第一定律的实质是能量守恒与转换定律在热力学中的应用。它确定了热能与其他形式的能量相互转换时在数量上的关系。热力学第一定律可以表述为："当热能在与其他形式能量相互转换时，能的总量保持不变。"

根据热力学第一定律，为了得到机械能必须花费热能或者其他能量。历史上，有些人曾幻想不花费能量而产生动力的机器，称为第一类永动机，结果从来没有人成功。因此，热力学第一定律又可表述为："**第一类永动机是不可能制成的。**"

从 1849 年到 1878 年，焦耳反复做了 400 多次实验。这些实验是热力学第一定律的主要实验基础。由此人们认识到：能量是守恒的，它既不能消失，也不能被创造，只能从一种形式转变为另一种形式。

焦耳在探索科学真理的道路上，也走过弯路。他年轻的时候，正是永动机热席卷欧洲的时代，许多人钻进了永动机的迷宫，妄想制造出一种不消耗能量永远做功的机器。焦耳也曾经是个"永动机迷"，狂热地研究永动机几乎消磨了他全部的业余时间。他通宵达旦地冥思苦索、设计方案、制作机件，但是没有一个是成功的。失败引起了焦耳的深思，为什么乍一看设计上几乎无懈可击的机器，做出来却总是一堆废物？焦耳没有像有些人那样，明明进入了迷宫，还以为走进了科学的殿堂，碰了壁也不回头。他吸取教训，迷途知返，毅然退出了幻想的迷宫，转向脚踏实地的科学研究，探求隐藏在失败背后的科学真谛。他经过勤奋实践，为建立能量守恒定律做出了杰出的贡献。这个定律好比一块路标，插在寻找永动机的十字路口，警告迷途人：此路不通！据说焦耳还现身说法，语重心长地告诫那些仍旧迷恋永动机的人说："不要永动机，要科学！"

热力学第一定律被恩格斯称为大自然的绝对定律。科学发展至今日，包括牛顿定律在内的许多规律都做了修正，但热力学第一定律仍无须修正。但是应该清醒地看到，热力学第一定律是在地球范围内大量宏观现象的经验总结，它能否适用于微观结构中的少量微粒，或推广至整个宇宙，这个问题还有待进一步的研究。

2.2　热　力　学　能

一个表面上静止不动的物体，其内部微粒（分子、原子等）是在一刻不停地运动着的。系统内分子不规则运动的动能、分子势能和化学能的总和与原子核内部的原子能，以及电磁场作用下的电磁能等一起构成热力学能（也称为内能），用 U 表示。在没有化学反应及原子核反应的过程中，热力学能的变化只包括内动能和内位能的变化。

根据分子运动学说，分子在不断地做不规则的平移运动，这种平移运动的动能是热力学温度的函数。如果是多原子分子，则还在做旋转运动和振动运动，根据能量按自由度均分原理和量子理论，这些能量也是温度的函数。此外，由于分子之间有作用力存在，因此分子还具有位能，也称内位能，它决定于分子之间的平均距离，即决定于比体积。由于温度升高时，分子之间碰撞的频率增强，因而在一定程度上，内位能和温度也有关。

综上所述，气体的热力学能包括：

1）分子的移动动能
2）分子的转动动能 ⎫ 分子的内动能，是温度的函数。
3）分子内部的振动动能 ⎭
4）分子间的内位能　　分子的内位能，是比体积和温度的函数。

显然，在一定的热力状态下，有一定的热力学能，而与达到这一热力学状态的路径无关。因此，热力学能是状态参数。

热力学能 U 的国际单位为焦耳（J）或千焦耳（kJ）。1kg 工质的热力学能称为质量热力学能或比热力学能，用 u 表示，其国际单位为 J/kg 或 kJ/kg。

顺便说一下，当热力系统处于宏观运动状态时，热力系统所储存的能量除了热力学能外，还包括宏观动能 E_k 和宏观势能 E_p，故热力系统所储存的总能量为

$$E = U + E_k + E_p = U + \frac{1}{2}mc^2 + mgz \tag{2-1}$$

单位质量工质的总能量为

$$e = u + e_k + e_p = u + \frac{1}{2}c^2 + gz \tag{2-2}$$

式中，c 为热力系统的流动速度；z 为热力系统的重心高度。

系统总能量的变化量可写成

$$\Delta E = \Delta U + \Delta E_k + \Delta E_p \tag{2-3}$$

或

$$dE = dU + dE_k + dE_p \tag{2-4}$$

在研究能量转换时，人们关心的是系统储存能量的变化，而不是系统储存能量的绝对值。对于热力学能，重要的也是其变化量，至于其绝对值，可以根据使用方便而选择某一状态的热力学能为基点，从而给出其他状态下热力学能的数值。

2.3　闭口系统能量方程

热力学第一定律的能量方程式是热力学中最基本的方程式之一，它根据能量守恒原理得出，集中反映了热力过程中的能量平衡关系。一切热力过程能量平衡关系均可表述为

输入热力系统的能量−热力系统输出的能量=热力系统储存能量的变化

对于一个闭口热力系统来说，热力过程中它与外界的能量交换只限于通过边界传递热量和功。与此同时，由于系统的状态发生变化，系统本身的能量也有所变化。在通常情况下，闭口系统的宏观动能和势能的变化均可忽略，因此系统本身的能量中，只是热力学能发生变化。

一个气缸活塞装置，如图 2-1 所示。气缸壁和活塞为边界，以气缸活塞包围的气体为热力系统，此系统与外界无物质交换，属于闭口系统。这个热力系统经过一个热力过程，外界输入系统的净热量为 Q，系统对外做的总功为 W，系统工质的动能和势能变化可以忽略，系统储存能量的变化即热力学能变化 $\Delta U = U_2 - U_1$。因此，能量方程可写为

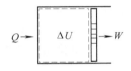

图 2-1　闭口系统
热力过程

$$Q - W = \Delta U \tag{2-5}$$

上式通常写成

$$Q = \Delta U + W \tag{2-6}$$

对于单位质量工质的闭口系统，能量方程可写成

$$q = \Delta u + w \tag{2-7}$$

对于一个微元变化过程，能量方程可写成

$$\delta Q = \mathrm{d}U + \delta W \tag{2-8}$$

或

$$\delta q = \mathrm{d}u + \delta w \tag{2-9}$$

如果热力系统经历的是可逆过程，则以上两式可写成

$$\delta Q = \mathrm{d}U + p\mathrm{d}V \tag{2-10}$$

$$\delta q = \mathrm{d}u + p\mathrm{d}v \tag{2-11}$$

在推导式（2-6）和式（2-7）时，没有对过程进行的条件和工质种类做任何规定，故这两个公式适合于任何工质、任何热力过程。

请注意以上方程中两个无限小符号 δ 和 d 的不同意义：δ 是表示过程量（功和热量）的微量传递，d 则是表示某一状态量的微小变化。δ 和 d 的差别在积分时显得特别重要，δ 的积分是指过程量进入（或离开）体系的总量，而 d 的积分则表示系统中某状态参数的总变化，并且用算符 Δ 表示。

例 2-1　空气的简单热力过程

定量空气在状态变化过程中对外放热 60kJ，热力学能增加 70kJ，问空气是膨胀还是被压缩？功量是多少？

解　虽然不知道过程发生的具体细节，但是肯定不会违背能量守恒。

根据公式 $Q = \Delta U + W$，所以有

$$W = Q - \Delta U = (-60-70)\,\text{kJ} = -130\,\text{kJ}$$

根据计算结果，膨胀功小于 0，说明外界对定量空气做功，即空气被压缩。

2.4　流动功和焓

1. 流动功

功的形式除了膨胀功或压缩功这类与系统的界面移动有关的功外，还有一个因工质在开口系统中流动而传递的功，这种功称为流动功（也称为推进功）。在对开口系统进行功的计算时，需要考虑这种功。

如图 2-2 所示，当质量为 $\mathrm{d}m$ 的工质在外力的推动下移动距离 $\mathrm{d}x$，并通过面积为 A 的截面进入系统时，则外界所做的流动功为

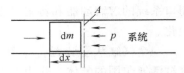

图 2-2　流动功推导示意图

$$\delta W_{\mathrm f} = pA\mathrm{d}x = p\mathrm{d}V = pv\mathrm{d}m$$

对于单位质量工质而言，流动功为

$$w_{\mathrm f} = \frac{\delta W_{\mathrm f}}{\mathrm{d}m} = pv \tag{2-12}$$

可见，对于单位质量工质所做的流动功在数值上等于工质的压力和比体积的乘积 pv。流动功应理解为，由泵或风机加给被输送工质并随着工质的流动而向前传递的一种能量，不是工质本身具有的能量。流动功只有在工质流动过程中才出现。工质在移动位置时总是从后面获得流动功，而对前面做出流动功。当工质不流动时，虽然工质也具有一定的状态参数 p 和 v，但此时它们的乘积 pv 并不代表流动功。

2. 焓

在有关热工计算的公式中，时常有 $U+pV$ 组合出现，为了简化公式和简化计算，把这个组合定义为焓，用 H 表示。规定

$$H = U + pV \tag{2-13}$$

单位质量工质的焓称为比焓，用 h 表示，即

$$h = u + pv \tag{2-14}$$

从焓的定义式可知，焓的国际单位是 J 或 kJ，比焓的国际单位是 J/kg 或 kJ/kg。从焓的定义式还可以看出，焓是一个状态参数，在任一平衡状态下，系统的 u、p 和 v 都有一定的值，因而 h 也有一定的值，而与到达这一点的路径无关。

工程上，人们往往关心的是在热力过程中工质焓的变化量，而不是工质在某状态下焓的绝对值。因此，与热力学能一样，焓的起点可以人为规定，但如果已经预先规定了热力学能的起点，则焓的数值必须根据其定义式来确定。

$u+pv$ 的组合并不是偶然的，当 1kg 工质通过一定的界面流入热力系统时，储存于它内部的热力学能 u 当然随之进入系统，同时还把从后面获得的流动功 pv 带进了系统，因此系统因引进 1kg 工质而获得的总能量就是 $u+pv$，即焓。在热力设备中，工质总是不断地从一处流到另一处，随着工质的移动而转移的能量不等于热力学能而等于焓。因而在热力工程计

算中，焓比热力学能有更广泛的应用。

既然焓作为一个客观存在的热力学状态参数，那么，它不仅在开口系统中出现，而且在分析闭口系统时，焓同样存在，但此时它不具有"热力学能+流动功"的含义。

2.5　稳定流动能量方程及其应用

2.5.1　稳定流动能量方程

工程上，一般热力设备除了起动、停止或增减负荷外，常处在稳定工作的情况下，工质在这些设备中的流动处于稳定流动状态。所谓稳定流动是指热力系统在流动空间任意一点上工质的一切参数都不随时间而变化。其特点如下：

1）流入和流出热力系统的质量流量相等，且不随时间而变化。

2）进、出口处工质的状态不随时间而变化。

3）系统与外界交换的热量和功不随时间而改变。

图 2-3 是一开口系统示意图，工质在开口系统中稳定流动。为了简化起见，先假设流进、流出系统的工质为 1kg。

工质进入系统带进的能量为 $e_1 = u_1 + \frac{1}{2}c_1^2 + gz_1$，流动功为 p_1v_1。

工质流出系统带出的能量为 $e_2 = u_2 + \frac{1}{2}c_2^2 + gz_2$，流动功为 p_2v_2。

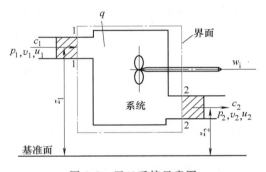

图 2-3　开口系统示意图

又设 1kg 工质流经系统时从外界吸取的热量为 q，对机器设备做功 w_i，w_i 表示工质在机器内部对机器所做的功，称为内部功，以区别于机器的轴对外传的轴功 w_s。两者的差额是机器轴承部分摩擦引起的机械损失，如果忽略这部分摩擦损失，则 $w_i = w_s$。对于这样的稳定流动，可以列出如下的能量平衡方程式，即

$$u_1 + \frac{1}{2}c_1^2 + gz_1 + p_1v_1 + q = u_2 + \frac{1}{2}c_2^2 + gz_2 + p_2v_2 + w_i$$

根据 $h = u + pv$，移项整理可得

$$q = \Delta h + \frac{1}{2}\Delta c^2 + g\Delta z + w_i \qquad (2\text{-}15)$$

其微分形式为

$$\delta q = dh + cdc + gdz + \delta w_i \qquad (2\text{-}16)$$

当流过 m（kg）工质时，稳定流动能量方程式为

$$Q = \Delta H + \frac{1}{2}m\Delta c^2 + mg\Delta z + W_i \qquad (2\text{-}17)$$

在导出以上三式时，除了应用稳定流动的条件外，别无其他限制，所以这些方程对于任何工

质、任何稳定流动过程，包括可逆和不可逆的稳定流动过程，都是适用的。

2.5.2 技术功

工程上常将式（2-15）的后三项称为技术功，用 w_t 表示，即

$$w_t = w_i + \frac{1}{2}\Delta c^2 + g\Delta z \tag{2-18}$$

式（2-18）中后两项是工质动能和势能的增加，动能和势能都是机械能，都可以直接用来对外做功。根据组成，技术功 w_t 也可以理解为在工程技术上可资利用的功。

将式（2-18）代入式（2-15）可得出稳定流动能量方程的另一种形式，即

$$q = \Delta h + w_t \tag{2-19}$$

式（2-19）变形可得

$$\begin{aligned}
w_t &= q - \Delta h = q - \Delta u + (p_1 v_1 - p_2 v_2) \\
&= w + (p_1 v_1 - p_2 v_2)
\end{aligned} \tag{2-20}$$

对于可逆过程，式（2-20）可以写成

$$\begin{aligned}
w_t &= \int_1^2 p\mathrm{d}v + (p_1 v_1 - p_2 v_2) \\
&= \int_1^2 p\mathrm{d}v - \int_1^2 \mathrm{d}(pv) \\
&= \int_1^2 p\mathrm{d}v - \int_1^2 p\mathrm{d}v - \int_1^2 v\mathrm{d}p = -\int_1^2 v\mathrm{d}p
\end{aligned} \tag{2-21}$$

因此，对于微元可逆过程，式（2-19）可变形为

$$\delta q = \mathrm{d}h - v\mathrm{d}p \tag{2-22}$$

由式（2-21）可知，可逆过程 1-2 的技术功可以在 $p\text{-}v$ 图上表示成过程线与纵轴所夹的面积，如图 2-4 所示。

由式（2-21）可知，若 $\mathrm{d}p<0$，即过程中工质的压力是降低的，则技术功为正，此时，工质对机器做功；反之，若 $\mathrm{d}p>0$，即过程中工质的压力是升高的，则技术功为负，此时，机器对工质做功。汽轮机和燃气轮机属于前一种情况，压气机属于后一种情况。

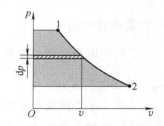

图 2-4 技术功在 $p\text{-}v$ 图上的表示

下面谈一下引进技术功这个概念的意义。首先应该明白，若不计轴承摩擦阻力，则在稳定流动的开口系统中，内部功是实实在在传递到外部而能被人们利用的功（对于压缩过程，则是由外界输入到系统内部的功）。从式（2-18）可以看出，技术功和内部功是有差别的，大部分情况下，工质进、出系统的动能和势能的变化量相对于其他量的变化而言是很小的，可以略去不计。这样，就可以用技术功来替代内部功，使问题简化，产生的误差也在工程允许的范围内。本书绝大多数例题和习题均未给出进出口处的速度和位置高度，直接用技术功表示输入和输出的功。

例 2-2 饱和水等压加热汽化

1kg 温度为 100℃ 的饱和水在 $p = 0.1013\text{MPa}$ 下等压加热汽化变为 100℃ 的饱和蒸汽，已知 $v_1 = 0.00104\text{m}^3/\text{kg}$，$v_2 = 1.6736\text{m}^3/\text{kg}$，加热量 $q = 2256.6\text{kJ/kg}$（这个热量称为汽化热）。求工质热力学能的变化 Δu 和焓的变化 Δh。

解　1) $w = \int_1^2 p \mathrm{d}v = p(v_2 - v_1)$

$$= 0.1013 \times 10^6 \times (1.6736 - 0.00104) \mathrm{J/kg} = 169430 \mathrm{J/kg} = 169.43 \mathrm{kJ/kg}$$

由能量方程 $q = \Delta u + w$，得

$$\Delta u = q - w = (2256.6 - 169.43) \mathrm{kJ/kg} = 2087.17 \mathrm{kJ/kg}$$

2) $w_t = -\int_1^2 v \mathrm{d}p = 0$

由能量方程 $q = \Delta h + w_t$，得

$$\Delta h = q = 2256.6 \mathrm{kJ/kg}$$

可见，等压加热过程中加入的热量等于工质焓值的变化。

例 2-3　水泵耗功

某 600MW 机组汽轮机的排汽量约为 1080t/h，凝结水泵将凝汽器热水井中压力为 5kPa 的凝结水升压到 3MPa，水在升压前后比体积基本不变，约为 $0.001 \mathrm{m}^3/\mathrm{kg}$，设水泵的效率为 $\eta_P = 80\%$。求水泵消耗的功率。

解　先求凝结水泵每流过 1kg 水的理想可逆过程耗功

$$w_t = -\int_1^2 v \mathrm{d}p = v(p_1 - p_2) = 0.001 \times (5 \times 10^3 - 3 \times 10^6) \mathrm{J/kg} = -2995 \mathrm{J/kg}$$

技术功为负数，表示消耗功。

水泵实际消耗的功率为

$$P = \frac{m|w_t|}{t \eta_P} = \frac{1080 \times 10^3 \times 2995}{3600 \times 0.8} \mathrm{W} = 1123.125 \mathrm{kW}$$

2.5.3　稳定流动能量方程的应用

稳定流动的能量方程反映了工质在稳定流动过程中能量转化的一般规律。这个方程在工程中应用很广泛。在研究具体问题时，要与所研究的实际装置和实际热力过程的具体特点结合起来，对于某些次要因素可以略去不计，使能量方程更加简洁明晰。下面以几个典型的热力设备为例，说明稳定流动能量方程的具体应用。

1. 锅炉和各种换热器

锅炉和各种换热器的工作特点是工质不做功，只有热量交换，且进、出口速度相差不大，进、出口的高度也相差不大，故可以忽略动能和势能的变化。如图 2-5 所示，以点画线框出所选取的热力系统，以 1kg 工质考虑。根据过程特征，结合稳定流动能量方程式（2-15）得出

$$q = h_2 - h_1 \tag{2-23}$$

可见，工质在锅炉和各种换热器中的吸热量等于工质的焓升。如果计算出 q 为负，则表示工质在换热器中对外界放热。

2. 汽轮机和燃气轮机

汽轮机和燃气轮机是热力原动机，一个真实汽轮机的转子如图 2-6 所示。这类设备的主要特点是输出轴功，可以视为纯做功设备，为了减少能量损失和现场运行安全，它们的外侧都裹有保温层，可视为 $q = 0$，同时，进、出口处的动能和势能虽有变化，但同输出功相比小得多，故可以不计动能和势能的变化。于是，稳定流动能量方程应用于汽轮机或燃气轮机时，就简化为

$$w_i = w_t = h_1 - h_2 \tag{2-24}$$

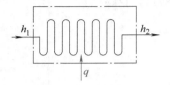

图 2-5 换热器示意图

图 2-6 汽轮机转子

可见，不计动能和势能的变化，**工质在汽轮机或燃气轮机中所做的功就等于工质焓值的降低**，在后面的学习中，将直接用到此结论。

例 2-4 汽轮机做功

一台一股进汽多股抽汽的汽轮机，如图 2-7 所示，1kg 状态为 1 的蒸汽进入汽轮机内膨胀做功，分别抽出 α_1（kg）状态为 2 和 α_2（kg）状态为 3 的蒸汽，最后 $(1-\alpha_1-\alpha_2)$（kg）的蒸汽以状态 4 排出汽轮机，求蒸汽在汽轮机内做的功。

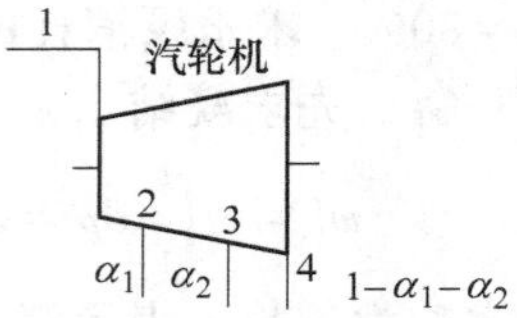

图 2-7 一股进汽多股抽汽的汽轮机

解 把汽轮机分成三段，将每一段做的功加起来就是蒸汽在整个汽轮机做的功

$$w_i = w_t = h_1 - h_2 + (1 - \alpha_1)(h_2 - h_3) + (1 - \alpha_1 - \alpha_2)(h_3 - h_4)$$

或把汽流分成三股，将三股汽流做的功加起来也可以求出蒸汽在汽轮机内做的功

$$w_i = w_t = \alpha_1(h_1 - h_2) + \alpha_2(h_1 - h_3) + (1 - \alpha_1 - \alpha_2)(h_1 - h_4)$$

可以验算，两种方法最后得出的结果是一样的。

例 2-5 汽轮机功率

已知汽轮机入口处水蒸气的比焓 $h_1 = 3340$kJ/kg，出口处水蒸气的比焓 $h_2 = 2210$kJ/kg，水蒸气的流量为 600t/h，不考虑汽轮机的散热，也不考虑入口和出口动能及势能的差。求汽轮机的功率。

解 根据式 (2-24)，1kg 水蒸气在汽轮机内做的技术功为

$$w_t = h_1 - h_2 = (3340 - 2210)\text{kJ/kg} = 1130\text{kJ/kg}$$

则汽轮机的功率为

$$P = \frac{600 \times 10^3 \times 1130}{3600}\text{kW} = 188333\text{kW}$$

虽然不知道水蒸气在汽轮机内的膨胀做功过程是可逆的还是不可逆的，但是都可以用式 (2-24) 或者式 (2-19) 求解。这是因为它们都是从能量守恒的前提推导出来的，对过程是否可逆不做要求。

3. 压缩机械

当工质流经泵、风机、压气机等压缩机械时，压力增加，外界对工质做功，故 $w_i < 0$，习惯上压缩机械消耗的功用 w_c 表示，且令 $w_c = -w_i$。一般情况下，进、出口工质的动能和势能差均可忽略，所选用的热力系统如图 2-8 所示。此时稳定流动能量方程可

写成

$$w_c = -w_i = -w_t = (h_2 - h_1) - q \qquad (2-25)$$

对于轴流式压缩设备，$q = 0$；对于活塞式压缩设备，一般 q 不等于 0，由计算可知，散热越多，压缩单位质量气体消耗的功越少。

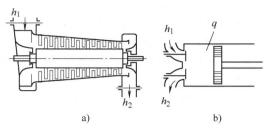

图 2-8　压缩机械

a) 轴流式压气机　b) 活塞式压缩机

4. 喷管

如图 2-9 所示，喷管是一种特殊管道，工质流经喷管后，压力下降，速度增加。通常工质在喷管中动能变化很大，势能的变化可以忽略，且工质在管内流动，不对外做功，$w_i = 0$，又因为在喷管中工质流速一般很高，故可按绝热过程处理。根据这些特点，工质在喷管中的稳定流动能量方程可写成

$$h_1 + \frac{1}{2}c_1^2 = h_2 + \frac{1}{2}c_2^2 \qquad (2-26)$$

5. 绝热节流

工质流过阀门或孔板（图 2-10）时，流体截面突然收缩，压力下降，这种现象称为节流。设流动是绝热的，前后两截面间的动能差和势能差是可以忽略的，又不对外界做功，则对两截面间工质应用稳定流动能量方程，可得

$$h_1 = h_2 \qquad (2-27)$$

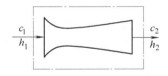

图 2-9　气体在喷管中的流动

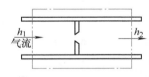

图 2-10　绝热节流过程

虽然绝热节流前后焓不变，但由于存在摩擦和涡流，流动是不可逆的，因此**不能说绝热节流是等焓过程**，在坐标图上绝热节流过程要画成虚线。另外，从热力学第一定律的角度看，绝热节流前后焓不变，没有能量损失，但是，从后面将要讲到的热力学第二定律可以看出，绝热节流后，工质的熵增加，做功能力是要降低的。从这一点可以看出，热力学第一定律分析能量问题有其不足之处。

思 考 题

2-1　制冷系数或供热系数均可大于 1，这是否违反热力学第一定律？

2-2　某绝热的静止无摩擦气缸内装有不可压缩流体。试问：

1）气缸中的活塞能否对流体做功？

2）流体的压力会改变吗？

3）假定使流体压力从 0.2MPa 提高到 4MPa，那么流体的热力学能和焓有无变化？

2-3　微分形式的热力学第一定律解析式和焓的定义式为

$$\delta q = \mathrm{d}u + p\mathrm{d}v$$

$$dh = du + d(pv)$$

两者形式非常相像，为什么 q 是过程量，而 h 却是状态量？

2-4 地球上水的含量非常丰富，通过电解水可以获得大量的氢气和氧气，利用氢气和氧气可以进行热力发电，或者可以利用氢-氧燃料电池发电。因此，有人认为人类不会有能源危机。这种想法对吗？为什么？

2-5 汽车配有发电机，有人认为可以让汽车边行驶边发电，发出的电再带动电动机驱动汽车，这样汽车就不用消耗燃料，这种想法对吗？

2-6 某报纸刊登了一则标题为"涡流技术真奇妙 冷水变热不用烧"的广告，其主要内容是："公司引进国外发明专利技术生产的液体动力加热器，是一种全新概念的供热设备，无须任何加热元件，依靠电动机带动水泵使高速运动的液体经过热能发生器形成空化现象，利用产生微颗粒气泡破裂释能机理，实现高效热能转化。产品的特点如下：对加热水质无特殊要求，不结垢，不需要任何水处理及化验设备；彻底实现水电隔离，产品安全可靠；环境无污染，自动控制，无须专人操作，一经设定即可长期安全使用；热效率达 94% 以上，长期使用，热效率不衰减。"

请利用所学的热力学知识，从能量转化的角度，对这个广告进行评价。

2-7 某公司生产"量子能供热机组"，其广告宣传称量子液是新型科技产品，是全球独创的、安全环保节能的高分子合成材料。量子能供热机组能合理有效地吸收量子液在激活状态下的量子能量及运行速度，不断使量子液激活而发生量变，量子液不断在激活状态下倍增释放能量，在加热过程中不断改变分子结构及运行速度，不断改变运行方向，不断产生摩擦，真正做到低能耗高能量转换之功效，从而获得大量的高温热水。它无污染、零排放、无噪声；使用寿命长，用户体验优越，不受环境温度的影响。几种产品的参数如下：

机型	1 型机	2 型机	3 型机	4 型机	5 型机	6 型机
产热水量/(kg/h)	400	600	1180	1770	2360	3550
采暖面积/m²	100~120	220~300	500~600	800~1000	1200~1500	1800~2000
电压/V	220/380	380				
额定功率/kW	10	15	30	45	60	90
制热量/kW	22	33	66	99	132	198

试利用所学的热力学知识分析这种产品宣称是否科学、恰当。

2-8 有人认为，既然冰箱能够制冷，那么，在夏天里使门窗紧闭而把电冰箱门打开，室内温度就会降低。这种想法对吗？

习　题

2-1 定量工质，经历了下表所列的 4 个过程组成的循环，根据热力学第一定律和状态参数的特性填充表中空缺的数据。

过程	Q/kJ	W/kJ	$\Delta U/kJ$
1-2	0	100	
2-3		80	−190
3-4	300		
4-1	20		80

2-2 一闭口系统从状态 1 沿过程 1-2-3 到状态 3，对外放出 47.5kJ 的热量，对外做功为 30kJ，如图 2-11 所示。

1）若沿途径 1-4-3 变化时，系统对外做功为 6kJ，求过程中系统与外界交换的热量。

2）若系统由状态 3 沿 3-5-1 途径到达状态 1，外界对系统做功为 15kJ，求该过程与外界交换的热量。

3）若 $U_2 = 175$kJ，$U_3 = 87.5$kJ，求过程 2-3 传递的热量及状态 1 的热力学能 U_1。

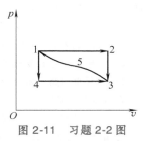

图 2-11 习题 2-2 图

2-3 某电站锅炉省煤器 1h 把 670t 水从 230℃ 加热到 330℃，1h 流过省煤器的烟气量为 710t，烟气流经省煤器后的温度为 310℃，已知：水的比定压热容为 4.1868kJ/(kg·K)，烟气的比定压热容为 1.034kJ/(kg·K)。求烟气流经省煤器前的温度（不计省煤器的散热损失）。

2-4 一台锅炉给水泵，将凝结水由 $p_1 = 6$kPa 升至 $p_2 = 2$MPa，假定凝结水流量为 200t/h，水的密度为 1000kg/m³，水泵的效率为 88%，问带动此水泵至少需要多大功率的电动机？

2-5 制造某化合物时，要把一定质量的液体在大桶中搅拌，为了不致因搅拌而引起温度上升，该桶外装有冷却水套，利用水进行冷却。已知：冷却水 1h 取走的热量为 29140kJ，化合物在合成时 1h 放出 20950kJ 的热量。求该搅拌机消耗的功率。

2-6 发电机的额定输出功率为 100MW，发电机的效率为 98.4%，发电机的损失基本上都转化成热能，为了维持发电机正常运行，需要对发电机冷却，将产生的热量传到外界。假设全部用氢气冷却，氢气进入发电机的温度为 22℃，离开时的温度不能超过 65℃，求氢气的质量流量至少为多少？已知氢气的平均比定压热容 $c_{p,m} = 14.3$kJ/(kg·K)。

2-7 某实验室用如图 2-12 所示的电加热装置来测量空气的质量流量。已知：加热前后空气的温度分别为 $t_1 = 20$℃，$t_2 = 25.5$℃，电加热器的功率为 800W。假设空气的平均比定压热容 $c_{p,m} = 1.005$kJ/(kg·K)，试求空气的质量流量。

2-8 某蒸汽动力厂中，锅炉以 40t/h 的蒸汽量供给汽轮机。汽轮机进口处的压力表读数为 9MPa，蒸汽的比焓为 3440kJ/kg，汽轮机出口处的真空表读数为 95kPa，当时当地大气压力为 0.1MPa，出口蒸汽比焓为 2245kJ/kg，汽轮机对环境换热率为 6.36×10^5kJ/h。求：

1）进口和出口处蒸汽的绝对压力分别是多少？

2）若不计进、出口宏观动能和重力势能的差值，汽轮机输出功率是多少千瓦？

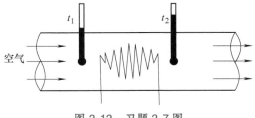

图 2-12 习题 2-7 图

3）如进口处蒸汽流速为 70m/s，出口处速度为 140m/s，对汽轮机功率有多大影响？

2-9 某发电厂一台发电机的功率为 25000kW，燃用发热量为 27800kJ/kg 的煤，该发电机组的效率为 32%。求：

1）该机组每昼夜消耗多少吨煤？

2）每发 1kW·h 电要消耗多少千克煤（1kW·h = 3600kJ）？

2-10 某机组汽轮机高压缸进口蒸汽的比焓为 3461kJ/kg，出口比焓为 3073kJ/kg，功率为 100MW，求流经该汽轮机高压缸的蒸汽流量（kg/s）。

2-11 某电厂有一台国产 400t/h 的直流锅炉，蒸汽出口比焓 3550kJ/kg，锅炉给水比焓为 1008kJ/kg，已知燃用发热量为 22300kJ/kg 的煤时，锅炉的耗煤量为 53t/h。求：

1）该锅炉的效率是多少？

2）若该锅炉产汽量提高到 430t/h，耗煤量增加 3t/h，入口和出口参数不变，则锅炉效率有何变化？

2-12 在一台水冷式空气压缩机的试验中，测出压缩 1kg 空气压缩机需要的功为 176.3kJ，空气离开压缩机时比焓增加 96.37kJ/kg。求压缩 1kg 空气从压缩机传给冷却水的热量。

2-13 一个拟用氦冷却的高温核反应堆的排热系统如图 2-13 所示，氦入口温度 $t_1 = 230℃$，出口温度 $t_2 = 40℃$，流量为 5000t/h。水在干冷塔被冷却到 $t_3 = 32℃$，流量为 9000t/h。

1）试确定水流经换热器后的出口温度 t_5（不考虑水经过水泵后的温升）。

2）如果水回路中由于管道阻力有 0.05MPa 的压力降，需要水泵提高压力来弥补，且水泵效率为 0.72，试计算所需要的泵功率。

3）干冷塔中空气入口温度 $t_6 = 20℃$，出口温度 $t_7 = 70℃$，计算所需空气的流量。

已知氦、水、空气的比定压热容分别为 5.204kJ/(kg·K)、4.1868kJ/(kg·K) 和 1.004kJ/(kg·K)。

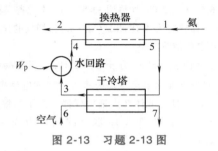

图 2-13 习题 2-13 图

扫描下方二维码，可获取部分习题参考答案。

第 3 章

理想气体的性质

3.1　理想气体状态方程

1. 理想气体和实际气体

理想气体是实际上不存在的假想气体，从微观上看，理想气体的分子是不占体积的弹性质点，分子之间不存在相互作用力。在这两点假设条件下，气体的状态方程非常简单。当实际气体处于压力低、温度高、比体积大的状态时，由于分子本身所占的体积与它的活动空间（即容积）相比要小得多，这时分子间平均距离大，相互作用力弱，实际气体处于这种状态就接近于理想气体。所以理想气体是实际气体在压力趋近于零（$p \to 0$）、比体积趋近于无穷大（$v \to \infty$）时的极限状态。常见的气体，如 H_2、O_2、N_2、CO、空气、火力发电厂的烟气等，在压力不是特别高、温度不是特别低的情况下，都可以按理想气体处理，由此产生的误差都在工程允许的范围内。本书习题中对于上述气体，均按理想气体计算。

对于那些离液态不远的气态物质，如蒸汽动力装置中作为工质的水蒸气、制冷装置中所用的工质（如氨气）等，都不能当作理想气体看待。这些不能当作理想气体的气体称为实际气体。实际气体分子运动规律极其复杂，状态参数之间的函数关系式也极为复杂，用于分析计算相当困难，热工计算中往往借助于为各种蒸气专门编制的图和表，如水蒸气表和焓熵图、制冷剂的压焓图等。现在有很多成熟的软件用来计算它们的各种热力性质。

对于大气或燃气中所含的少量水蒸气，因其分压力甚小，分子浓度很低，也可当作理想气体处理。

2. 理想气体状态方程的三种形式

通过大量的实验，人们发现理想气体的温度、压力、比体积之间存在一定的函数关系，这就是大家熟知的波意耳-马略特定律、盖-吕萨克定律和查里定律。这三条定律可以综合表达为

$$pv = R_g T \tag{3-1}$$

上式称为理想气体状态方程，1834 年由法国科学家克拉珀龙（B. P. Clapeyron，1799—1864）首先导出，因此也称为克拉珀龙方程。对于质量为 m（kg）的理想气体和物质的量为 n

（kmol）的理想气体，状态方程分别为

$$pV = mR_g T \tag{3-2}$$

$$pV = nRT \tag{3-3}$$

式（3-1）~式（3-3）中，p 为气体的绝对压力（Pa）；v 为气体的比体积（m^3/kg）；V 为气体所占有的体积（m^3）；T 为气体的热力学绝对温度（K）；R_g 为气体常数 $[J/(kg \cdot K)]$，其数值与气体的状态无关，而只与气体种类有关；R 为摩尔气体常数，它不仅与气体所处的状态无关，而且与气体种类无关，故又称为通用气体常数，$R = 8314.3 J/(kmol \cdot K)$。

气体常数 R_g 和摩尔气体常数 R 之间的关系为

$$R = MR_g \quad \text{或} \quad R_g = \frac{R}{M} \tag{3-4}$$

式中，M 为摩尔质量（kg/kmol），它在数值上等于气体的相对分子质量。

例如氮气的相对分子质量为 28，即 $M = 28 kg/kmol$，则氮气的气体常数为 $R_g = (8314.3/28) J/(kg \cdot K) = 296.9 J/(kg \cdot K)$。

例 3-1　理想气体状态方程应用

有一容积 $V = 10 m^3$ 的刚性储气瓶，内盛氧气，开始时储气瓶压力表的读数为 $p_{g1} = 4.5 MPa$，温度为 $t_1 = 35 ℃$。使用了部分氧气后，压力表的读数变为 $p_{g2} = 2.6 MPa$，温度变为 $t_2 = 30 ℃$。在这个过程中当地大气压保持 $p_b = 0.1 MPa$ 不变。求使用了多少千克氧气？

解　氧气是理想气体，其平均相对分子质量为 32，故氧气的气体常数为

$$R_g = \frac{R}{M} = \frac{8314.3}{32} J/(kg \cdot K) = 259.8 J/(kg \cdot K)$$

开始时氧气的绝对压力为　　　　$p_1 = p_{g1} + p_b = 4.6 MPa$

终态氧气的绝对压力为　　　　$p_2 = p_{g2} + p_b = 2.7 MPa$

根据式（3-2），得

$$m = \frac{pV}{R_g T}$$

所以，使用氧气的质量为

$$\Delta m = m_1 - m_2 = \frac{V}{R_g}\left(\frac{p_1}{T_1} - \frac{p_2}{T_2}\right) = \frac{10}{259.8} \times \left(\frac{4.6 \times 10^6}{308.15} - \frac{2.7 \times 10^6}{303.15}\right) kg = 231.77 kg$$

注意：计算中要用到绝对压力和热力学温度。

3.2　理想气体的比热容

3.2.1　热容的定义

物体温度升高 1℃（或 1K）所需要的热量称为该物体的热容量，简称热容。一定量的物质，其热容的大小决定于工质本身的性质和所经历的具体过程。如果工质在一个微元过程中吸热 δQ，温度升高 dT，则该工质的热容可表示为

$$C = \frac{\delta Q}{dT} = \frac{\delta Q}{dt} \tag{3-5}$$

单位质量物质的热容量称为该物质的**比热容或质量热容**，用 c 表示，单位为 J/（kg·K）或 J/（kg·℃）。于是

$$c = \frac{C}{m} = \frac{\delta q}{\mathrm{d}T} = \frac{\delta q}{\mathrm{d}t} \tag{3-6}$$

1kmol 物质的热容称为该物质的**摩尔热容**，用 C_m 表示，单位为 J/（kmol·K）。摩尔热容与比热容的关系为

$$C_m = Mc \text{ 或 } c = \frac{C_m}{M} \tag{3-7}$$

对于气体物质来说，有时也用到体积热容。标准状态下 $1\mathrm{m}^3$ 气体温度升高 1℃（或 1K）所吸收的热量称为该气体的**体积热容**，用 c' 表示，单位为 J/（m^3·K）。由于 1kmol 任何理想气体在标准状态下所占有的体积都为 $22.4\mathrm{m}^3$，故对于理想气体而言，三种热容的关系为

$$C_m = Mc = 22.4c' \tag{3-8}$$

3.2.2 比定压热容和比定容热容的关系

热量是过程量，因此，热容也和过程特性有关。根据过程特性的不同，热容可以为正，也可以为负；可以为 0，也可以为无穷。热力设备中，工质的热力过程往往接近于压力不变或体积不变，因此定压热容和定容热容最常用，对于单位质量气体，分别称为比定压热容（或质量定压热容，用 c_p 表示）和比定容热容（或质量定容热容，用 c_V 表示）。

引用热力学第一定律的解析式，对于可逆过程有

$$\delta q = \mathrm{d}u + p\mathrm{d}v, \qquad \delta q = \mathrm{d}h - v\mathrm{d}p$$

定容时（$\mathrm{d}v = 0$）

$$c_V = \left(\frac{\delta q}{\mathrm{d}T}\right)_V = \left(\frac{\mathrm{d}u + p\mathrm{d}v}{\mathrm{d}T}\right)_V = \left(\frac{\partial u}{\partial T}\right)_V \tag{3-9}$$

定压时（$\mathrm{d}p = 0$）

$$c_p = \left(\frac{\delta q}{\mathrm{d}T}\right)_p = \left(\frac{\mathrm{d}h - v\mathrm{d}p}{\mathrm{d}T}\right)_p = \left(\frac{\partial h}{\partial T}\right)_p \tag{3-10}$$

以上两式是直接由 c_V、c_p 的定义导出的，因此，它们适合于一切工质，而不是仅仅限于理想气体。

焦耳实验证明，对于单位质量的理想气体，其热力学能是温度的单值函数，即 $u = f(T)$。根据焓的定义式 $h = u + pv$，以及理想气体的状态方程，对于理想气体有 $h = u + R_g T$，可见，理想气体的焓也是温度的单值函数。因而，理想气体的比定容热容 c_V 和比定压热容 c_p 的关系式为

$$c_V = \left(\frac{\partial u}{\partial T}\right)_V = \frac{\mathrm{d}u}{\mathrm{d}T} \tag{3-11}$$

$$c_p = \left(\frac{\partial h}{\partial T}\right)_p = \frac{\mathrm{d}h}{\mathrm{d}T} \tag{3-12}$$

再根据 $h = u + R_g T$，因此有 $\mathrm{d}h = \mathrm{d}u + R_g \mathrm{d}T$，代入式（3-12）有

$$c_p = c_V + R_g \tag{3-13}$$

对式（3-13）两边各乘以摩尔质量 M，就可以得到摩尔定压热容 $C_{p,m}$ 和摩尔定容热容

$C_{V,m}$ 的关系

$$C_{p,m} - C_{V,m} = R = 8.3143 \text{kJ}/(\text{kmol} \cdot \text{K}) \tag{3-14}$$

式（3-13）和式（3-14）都称为迈耶公式。它给出了理想气体比定压热容（或摩尔定压热容）和比定容热容（或摩尔定容热容）之间的关系，若知道了其中一个，则另一个可由迈耶公式确定。

比定压热容和比定容热容的比值称为比热容比，用符号 γ 表示，对于理想气体，$\gamma = \kappa$，κ 为等熵指数，即

$$\kappa = \frac{c_p}{c_V} = \frac{C_{p,m}}{C_{V,m}} \tag{3-15}$$

由于 $c_p > c_V$，因此 $\kappa > 1$。联立求解式（3-13）与式（3-15），得

$$c_p = \frac{\kappa}{\kappa - 1} R_g \tag{3-16}$$

$$c_V = \frac{1}{\kappa - 1} R_g \tag{3-17}$$

3.2.3 理想气体的定值摩尔热容

对于理想气体，根据气体分子运动论和能量按自由度均分原理，可以导出理想气体的摩尔定压热容 $C_{p,m}$ 和摩尔定容热容 $C_{V,m}$ 为定值，其值见表3-1。

表 3-1 理想气体的定值摩尔热容

	$C_{V,m}$	$C_{p,m}$	κ
单原子气体	$\frac{3}{2}R$	$\frac{5}{2}R$	1.67
双原子气体	$\frac{5}{2}R$	$\frac{7}{2}R$	1.4
多原子气体	$\frac{7}{2}R$	$\frac{9}{2}R$	1.29

试验表明，表中数据是在低温范围内的近似值，气体的温度越高或原子数越多，其计算误差越大。通常只有在温度不太高、变化范围不太大，且计算精度要求不高，或者为了分析问题方便的情况下才能将摩尔热容看作定值。

定值摩尔热容确定后，定值比热容和定值体积热容可以根据式（3-7）和式（3-8）算出。

3.2.4 比热容和温度的关系

实验证明，气体的比热容是温度、压力的函数，即

$$c = f(t, p) \tag{3-18}$$

理想气体的分子间不存在相互作用力，所以理想气体的比热容仅是温度的函数，而与压力无关，此时，比热容和温度的关系可用下述一般式表示，即

$$c = f(t) = a + bt + dt^2 + et^3 + \cdots \tag{3-19}$$

式中，a、b、d、e 等是与气体性质有关的常数，需根据实验确定，图 3-1 画出了比热容随温度变化的曲线。由于比热容随温度的升高而增大，所以在给出比热容的数据时，必须同时指明是哪个温度下的比热容。

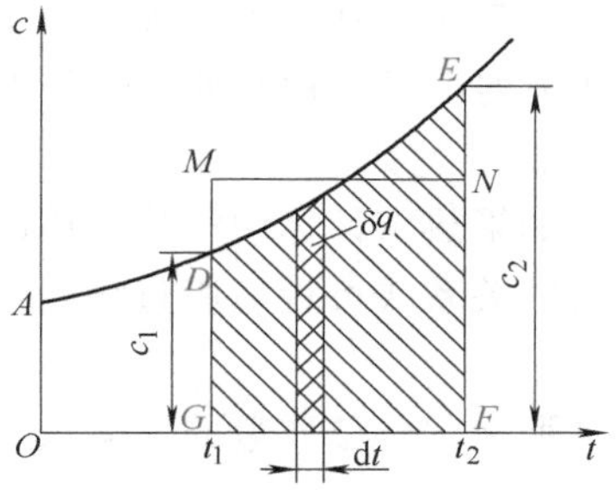

给定比热容和温度的函数关系式，就可以方便地利用比热容来计算热量。由式（3-6）得

$$\delta q = c \mathrm{d}t$$

$$q = \int_{t_1}^{t_2} c \mathrm{d}t = \int_{t_1}^{t_2} f(t)\,\mathrm{d}t \tag{3-20}$$

图 3-1 比热容与温度的关系曲线

它等于图 3-1 中的面积 $FEDGF$。气体的真实摩尔定压热容与温度关系式中的系数可查有关工具书。显然这种积分运算不适合工程应用，工程上常用平均比热容求解热量。

所谓平均比热容是一个假想的近似比热容。单位质量的气体温度自 t_1 升高到 t_2 的平均比热容等于过程所需的热量除以温差，即

$$c_{\mathrm{m}}\Big|_{t_1}^{t_2} = \frac{q_{12}}{t_2 - t_1} = \frac{\int_{t_1}^{t_2} f(t)\,\mathrm{d}t}{t_2 - t_1} \tag{3-21}$$

显然可见，在图 3-1 上作一与 $FEDGF$ 面积相等的同底矩形 $MNFG$，则矩形的高度 NF 即表示平均比热容 $c_{\mathrm{m}}\Big|_{t_1}^{t_2}$。

1. 平均比热容表法

如果预先将气体的平均比热容编制成表，热量就可以按下式进行计算

$$q = c_{\mathrm{m}}\Big|_{t_1}^{t_2}(t_2 - t_1) \tag{3-22}$$

但这种与 t_1、t_2 都有关的平均比热容制表十分复杂、困难。为了制表方便，工程上往往固定一个平均比热容的下限温度。例如，确定起始温度为 $t = 0\,℃$，可以通过实验预先确定从 $0\,℃$ 开始至任意温度 t 的平均比热容 $c_{\mathrm{m}}\Big|_0^t$，这样就简化了数据表的编制。

$$q = A_{0FEA0} - A_{0GDA0}$$

$$= \int_0^{t_2} c \mathrm{d}t - \int_0^{t_1} c \mathrm{d}t$$

$$= c_{\mathrm{m}}\Big|_0^{t_2} t_2 - c_{\mathrm{m}}\Big|_0^{t_1} t_1$$

气体从 t_1 到 t_2 的平均比热容为

$$c_{\mathrm{m}}\Big|_{t_1}^{t_2} = \frac{q}{t_2 - t_1} = \frac{c_{\mathrm{m}}\Big|_0^{t_2} t_2 - c_{\mathrm{m}}\Big|_0^{t_1} t_1}{t_2 - t_1} \tag{3-23}$$

已知温度 t_1、t_2，可以查得 $c_{\mathrm{m}}\Big|_0^{t_1}$、$c_{\mathrm{m}}\Big|_0^{t_2}$，即可利用式（3-23）计算出两个温度之间的平均比热容 $c_{\mathrm{m}}\Big|_{t_1}^{t_2}$。将单位质量的理想气体从 t_1 加热到 t_2，需要的热量为

$$q = c_{\mathrm{m}}\Big|_{t_1}^{t_2}(t_2 - t_1) = c_{\mathrm{m}}\Big|_0^{t_2} t_2 - c_{\mathrm{m}}\Big|_0^{t_1} t_1 \tag{3-24}$$

热工手册和其他工程热力学书籍都附有详细的平均比热容表，本书的附录 A.1 和附录 A.2 中列出了几种常见气体的平均比热容，精确计算时可以查用。

2. 平均比热容直线关系式

如果热工计算中气体工质的温度变化范围不大，或计算的精确度要求不高，则比热容和温度的关系式可近似用直线表示，即

$$c = a + bt$$

那么，单位质量的气体从 t_1 加热到 t_2 需要的热量为

$$q = \int_{t_1}^{t_2} (a + bt)\,\mathrm{d}t = \left[a + \frac{b}{2}(t_1 + t_2) \right](t_2 - t_1)$$

可见，理想气体从 t_1 加热到 t_2 的平均比热容为

$$c_{\mathrm{m}} \Big|_{t_1}^{t_2} = a + \frac{b}{2}(t_1 + t_2) \tag{3-25}$$

本书附录 A.3 中直线比热容公式是按 $c_{\mathrm{m}} \Big|_{t_1}^{t_2} = a + bt$ 整理得出的，因此，在计算从 t_1 加热到 t_2 的平均比热容时，只需将公式中的 t 代以 $t_1 + t_2$ 即可。

本书附录 A.4 列出了空气的热力性质，已知温度可以很方便地查出空气的热力性质。

例 3-2　锅炉空气预热器的加热

某锅炉空气预热器将空气由 $t_1 = 20℃$ 定压加热到 $t_2 = 262℃$，空气的流量折合成标准状态，为 $5000\mathrm{m}^3/\mathrm{h}$，求每小时加给空气的热量。

1）按定值比热容计算。

2）按平均比热容表计算。

3）按平均比热容直线关系式计算。

4）按空气热力性质表计算。

解　首先，计算空气的质量流量。空气的平均相对分子质量为 28.97，故空气的气体常数为

$$R_{\mathrm{g}} = \frac{R}{M} = \frac{8314.3}{28.97}\mathrm{J/(kg \cdot K)} = 287\mathrm{J/(kg \cdot K)}$$

$$q_{\mathrm{m}} = \frac{p\dot{V}}{R_{\mathrm{g}}T} = \frac{1.01325 \times 10^5 \times 5000}{287 \times 273.15}\mathrm{kg/h} = 6462.5\mathrm{kg/h}$$

1）按定值比热容计算。空气的比定压热容为

$$c_p = \frac{C_{p,\mathrm{m}}}{M} = \frac{3.5 \times 8.3143}{28.97}\mathrm{kJ/(kg \cdot K)} = 1.0045\mathrm{kJ/(kg \cdot K)}$$

每小时加给空气的热量为

$$Q = q_{\mathrm{m}}c_p\Delta t = 6462.5 \times 1.0045 \times 242\mathrm{kJ/h} = 1570962.7\mathrm{kJ/h}$$

2）按平均比热容表计算。查附录 A.1，空气的平均比定压热容为

$$c_{p,\mathrm{m}} \Big|_0^0 = 1.004\mathrm{kJ/(kg \cdot K)}, \quad c_{p,\mathrm{m}} \Big|_0^{100} = 1.006\mathrm{kJ/(kg \cdot K)}$$

$$c_{p,\mathrm{m}} \Big|_0^{200} = 1.012\mathrm{kJ/(kg \cdot K)}, \quad c_{p,\mathrm{m}} \Big|_0^{300} = 1.019\mathrm{kJ/(kg \cdot K)}$$

利用内插法得

$$c_{p,\mathrm{m}}\Big|_0^{20} = \left[1.004 + \frac{20}{100}(1.006-1.004)\right]\mathrm{kJ/(kg\cdot K)} = 1.0044\mathrm{kJ/(kg\cdot K)}$$

$$c_{p,\mathrm{m}}\Big|_0^{262} = \left[1.012 + \frac{62}{100}(1.019-1.012)\right]\mathrm{kJ/(kg\cdot K)} = 1.0163\mathrm{kJ/(kg\cdot K)}$$

每小时加给空气的热量为

$$Q = q_m\left(c_{p,\mathrm{m}}\Big|_0^{262} t_2 - c_{p,\mathrm{m}}\Big|_0^{20} t_1\right)$$
$$= 6462.5\times(1.0163\times262 - 1.0044\times20)\mathrm{kJ/h} = 1590955.1\mathrm{kJ/h}$$

3）按平均比热容直线关系式计算。查附录 A.3，空气的平均比定压热容直线关系式为

$$c_{p,\mathrm{m}} = 0.9956 + 0.000093t$$

所以，空气从 $t_1 = 20℃$ 等压加热到 $t_2 = 262℃$ 的平均比定压热容为

$$c_{p,\mathrm{m}} = [0.9956 + 0.000093\times(20+262)]\mathrm{kJ/(kg\cdot K)} = 1.022\mathrm{kJ/(kg\cdot K)}$$

每小时加给空气的热量为

$$Q = q_m c_{p,\mathrm{m}}\Delta t = 6462.5\times1.022\times242\mathrm{kJ/h} = 1598331.4\mathrm{kJ/h}$$

4）按空气的热力性质表计算。查附录 A.4 得

$T = 290\mathrm{K}$ 时，$h = 290.16\mathrm{kJ/kg}$；$T = 300\mathrm{K}$ 时，$h = 300.19\mathrm{kJ/kg}$

$T = 530\mathrm{K}$ 时，$h = 533.98\mathrm{kJ/kg}$；$T = 540\mathrm{K}$ 时，$h = 544.35\mathrm{kJ/kg}$

利用内插法得

$t_1 = 20℃$，　$T_1 = 293\mathrm{K}$，　$h_1 = [290.16 + 0.3\times(300.19-290.16)]\mathrm{kJ/kg} = 293.17\mathrm{kJ/kg}$

$t_2 = 262℃$，　$T_2 = 535\mathrm{K}$，　$h_2 = [(533.98+544.35)/2]\mathrm{kJ/kg} = 539.17\mathrm{kJ/kg}$

每小时加给空气的热量为

$$Q = q_m(h_2 - h_1) = 6462.5\times(539.17 - 293.17)\mathrm{kJ/h} = 1589775\mathrm{kJ/h}$$

可见，采用平均比热容表、平均比热容直线关系式以及空气热力性质表计算的结果都比较精确，而采用定值比热容计算会带来一定的误差。

3.3　理想气体的热力学能、焓、熵

1. 理想气体的热力学能

理想气体的热力学能是温度的单值函数，这个结论是焦耳于 1843 年通过著名的焦耳实验首先确定的。其实验装置如图 3-2 所示。两个有阀门相连的金属容器 A、B 放置于一个有绝热壁的水槽中，因而两容器可以通过其金属壁与水实现热交换。实验前先在 A 中充以低压的空气，而将 B 抽成真空。当整个装置达到稳定时，先测量水和空气的温度，然后打开阀门，让空气自由膨胀充满两容器。当状态又达到稳定时，再测量一次温度，发现空气自由膨胀前后的温度相同，水的温度也没有改变。若把空

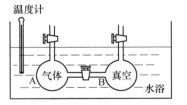

图 3-2　焦耳实验装置示意图

气取作一个闭口系统，空气向真空自由膨胀不做功，而系统从作为外界的水得到的热量为零。根据 $Q = \Delta U + W$，则自由膨胀前后系统的热力学能不变。改变 A 中空气的压力，多次实验，所得结果仍相同，从而说明：只要空气的温度相同，其热力学能也就相同，而与空气的

压力和比体积无关。

由于实验时空气处于低压状态，可以认为它具有理想气体的性质，因而上述结果可推广为理想气体的共同属性，**即理想气体的热力学能仅仅和温度有关，而和压力及比体积无关**。理想气体的这个性质常称为焦耳定律。

对于单位质量的理想气体，由式（3-11）得

$$du = c_V dT \tag{3-26}$$

积分得

$$\Delta u = \int_{t_1}^{t_2} c_V dT = c_{V,\,m} \Big|_{t_1}^{t_2} (t_2 - t_1) \tag{3-27}$$

若比定容热容为定值，则

$$\Delta u = c_V \Delta t = c_V \Delta T \tag{3-28}$$

利用式（3-27）或式（3-28）求解热力学能的变化量时，并没有规定过程的种类，因此，理想气体任何过程热力学能的变化量都可由式（3-27）或式（3-28）求取。

上述计算只确定了单位质量理想气体的热力学能从某一状态变化至另一状态的变化量，是相对差值，而非绝对值。求取绝对值必须事先规定某一基准状态作为热力学能的零点。习惯上对气体取 $t = 0^\circ C$ 或 $T = 0K$ 时的热力学能为零，由此求得任何温度下热力学能的绝对值。

当规定 $t = 0^\circ C$ 时，$u = 0$，则

$$u = \int_0^t c_V dt = c_{V,m} t \tag{3-29}$$

若取比定容热容为定值，则

$$u = c_V t \tag{3-30}$$

当规定 $T = 0K$ 时，$u = 0$，同样有

$$u = c_{V,m} T \tag{3-31}$$

若取比定容热容为定值，则

$$u = c_V T \tag{3-32}$$

这两种方法各有优点，但要注意，在同一问题中只能取一种基准态。

2. 理想气体的焓

如前所述，理想气体的焓也是温度的单值函数，根据式（3-12）的理想气体比定压热容计算公式得

$$dh = c_p dT \tag{3-33}$$

积分后，得

$$\Delta h = \int_1^2 c_p dT = c_{p,m} \Delta T \tag{3-34}$$

若比定压热容为定值，则

$$\Delta h = c_p \Delta T = c_p \Delta t \tag{3-35}$$

式（3-34）和式（3-35）只以工质是理想气体为条件，对过程性质并未做任何限制。因此，单位质量理想气体任何过程焓的变化量都可由式（3-34）或式（3-35）求取。

同理，上述计算只确定了从某一状态变化至另一状态焓的变化量。为了求取焓的绝对值，必须规定某一基准态，使其焓为零。由此可求得任何温度下焓的绝对值。

当规定 $t = 0℃$ 时，$h = 0$，则

$$h = \int_0^t c_p \mathrm{d}t = c_{p,\mathrm{m}}t \tag{3-36}$$

若取比定压热容为定值，则

$$h = c_p t \tag{3-37}$$

当规定 $T = 0\mathrm{K}$ 时，$h = 0$，同样有

$$h = c_{p,\mathrm{m}}T \tag{3-38}$$

若取比定压热容为定值，则

$$h = c_p T \tag{3-39}$$

需要注意，在同一问题中只能取一种基准态，而且热力学能和焓只能规定一个基准态，规定焓的基准态，热力学能可由定义式求出，反之亦然。

3. 理想气体的熵

熵是不能直接测量的参数，只能通过它与基本状态参数的关系计算得到。

下面通过熵的定义式，结合理想气体性质和热力学第一定律解析式，并且认为比热容为定值，推导出单位质量理想气体的熵差计算公式。

$$\mathrm{d}s = \frac{\delta q}{T} = \frac{c_V \mathrm{d}T + p\mathrm{d}v}{T} = c_V \frac{\mathrm{d}T}{T} + R_\mathrm{g} \frac{\mathrm{d}v}{v} \tag{3-40}$$

积分得

$$\Delta s = c_V \ln \frac{T_2}{T_1} + R_\mathrm{g} \ln \frac{v_2}{v_1} \tag{3-41}$$

同理

$$\mathrm{d}s = \frac{\delta q}{T} = \frac{c_p \mathrm{d}T - v\mathrm{d}p}{T} = c_p \frac{\mathrm{d}T}{T} - R_\mathrm{g} \frac{\mathrm{d}p}{p} \tag{3-42}$$

积分得

$$\Delta s = c_p \ln \frac{T_2}{T_1} - R_\mathrm{g} \ln \frac{p_2}{p_1} \tag{3-43}$$

式（3-40）两边乘以 c_p，得

$$c_p \mathrm{d}s = c_p c_V \frac{\mathrm{d}T}{T} + c_p R_\mathrm{g} \frac{\mathrm{d}v}{v} \tag{a}$$

式（3-42）两边乘以 c_V，得

$$c_V \mathrm{d}s = c_p c_V \frac{\mathrm{d}T}{T} - c_V R_\mathrm{g} \frac{\mathrm{d}p}{p} \tag{b}$$

式（a）减去式（b），且利用 $c_p - c_V = R_\mathrm{g}$，得到熵变的第三个表达式，即

$$\mathrm{d}s = c_V \frac{\mathrm{d}p}{p} + c_p \frac{\mathrm{d}v}{v} \tag{3-44}$$

其积分式为

$$\Delta s = c_V \ln \frac{p_2}{p_1} + c_p \ln \frac{v_2}{v_1} \tag{3-45}$$

熵是一个状态参数，熵的变化完全取决于它的初态和终态，而与过程无关。因此，式（3-41）、式（3-43）、式（3-45）可以求在定比热容前提下单位质量理想气体任何过程

（包括不可逆过程）熵的变化量。

例 3-3 自由膨胀——一个典型的不可逆过程

一绝热刚性容器用不计体积的隔板分为两部分，使 $V_A = V_B = 3m^3$，如图 3-3 所示，A 部分储有温度为 25℃、压力为 0.5MPa 的氧气，B 部分为真空。抽去隔板，氧气即充满整个容器，最后达到平衡状态。试求系统熵的变化量。

解 取定量氧气作为热力系统。由于是绝热刚性容器，因此 $q = 0$、$w = 0$，根据热力学第一定律解析式 $q = \Delta u + w$，得

$$\Delta u = 0$$

又因氧气可作为理想气体，故当 $\Delta u = 0$ 时，$\Delta T = 0$，即 $T_1 = T_2$。

理想气体自由膨胀前后，状态方程分别为

$$p_1 V_1 = mR_g T_1$$
$$p_2 V_2 = mR_g T_2$$

因 $T_1 = T_2$，故有

$$p_1 V_1 = p_2 V_2$$

$$p_2 = \frac{p_1 V_1}{V_2} = \frac{p_A V_A}{V_A + V_B} = \frac{0.5 \times 3}{3 + 3} MPa = 0.25 MPa$$

由式（3-43）得

$$\Delta s = c_p \ln\frac{T_2}{T_1} - R_g \ln\frac{p_2}{p_1} = -\frac{8.3143}{32}\ln\frac{0.25}{0.5} kJ/(kg \cdot K) = 0.18 kJ/(kg \cdot K)$$

氧气的质量为

$$m = \frac{p_A V_A}{R_g T_A} = \frac{0.5 \times 10^6 \times 3}{260 \times 298} kg = 19.36 kg$$

所以

$$\Delta S = m\Delta s = 19.36 \times 0.18 kJ/K = 3.48 kJ/K$$

注意：此题不可根据熵的定义式 $ds = \delta q/T$ 且热力过程绝热而得出熵的变化量为零的结论，因为这个定义的前提是要求过程可逆，气体向真空自由膨胀是典型的不可逆过程。而式（3-43）对于理想气体任何过程都适用，当然适用于自由膨胀这个不可逆过程。同时，这个例题还说明了孤立系统内有不可逆过程发生时，孤立系统的熵必然增加的原理。从热力学第一定律的角度看，自由膨胀前后系统的热力学能不变，看不出能量损失。但是，从后面将要讲到的热力学第二定律的角度看，孤立系统熵增即意味着做功能力损失。事实上，自由膨胀后，气体的温度虽然不变，但是压力降低了，再也不会有像原来那样的做功能力了。

3.4 理想气体混合物

在工程上遇到的许多气体都是多种气体的混合物，如空气就是由 N_2、O_2 和少量其他气体混合而成的，锅炉和燃气轮机燃烧室中燃料燃烧所产生的燃气也是 CO_2、N_2、少量 O_2 和水蒸气等气体组成的混合气体。由于组成理想气体的各组分均可单独视为理想气体，因此这种混合物称为理想气体混合物。在混合气体中，各组元间不发生化学反应，它们各自互不影响地充满整个容器。混合气体作为整体，仍具有理想气体的性质，仍满足理想气体的状态方

程，它的热力学能和焓仍是温度的单值函数。

3.4.1 混合气体的成分

只是知道混合气体的两个独立的状态参数，如温度和压力，还不能完整地描述混合气体的性质，还需要详细说明它的成分。

1. 质量分数

混合气体中任一种组元的质量与混合气体的总质量之比称为该组元气体的质量分数，以 w_i 表示，即

$$w_i = \frac{m_i}{m} \tag{3-46}$$

2. 摩尔分数

混合气体中任一种组元的物质的量与混合气体的总物质的量之比称为该组元气体的摩尔分数，以 x_i 表示，即

$$x_i = \frac{n_i}{n} \tag{3-47}$$

对于质量分数和摩尔分数，都有

$$\sum w_i = \sum x_i = 1 \tag{3-48}$$

当计算了混合气体各种组元的含量后，一定要用式（3-48）进行校核计算，如果含量都计算错了，后面的计算肯定会有问题。

3.4.2 道尔顿分压力定律

对于单一成分的气体无所谓分压力，分压力这个概念是用来描述混合气体特性的。如图 3-4 所示，当混合气体中的某一种组元单独存在，且具有与混合气体相同的体积和温度时，该组元的压力称为这种组元在混合气体中的**分压力**，用 p_i 表示。

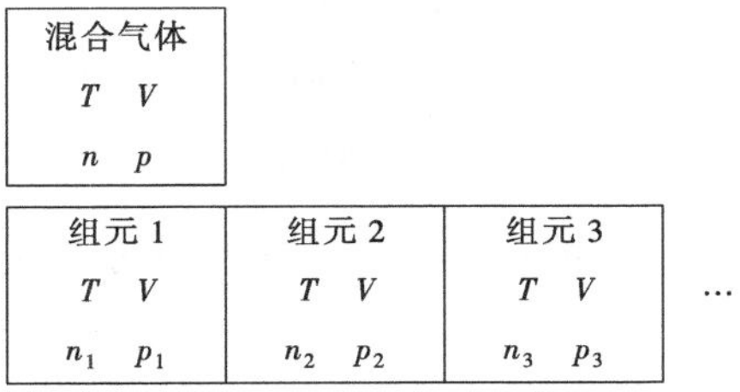

混合气体
T V
n p

组元 1	组元 2	组元 3	
T V	T V	T V	$\cdots$
n_1 p_1	n_2 p_2	n_3 p_3	

图 3-4 分压力的概念

对于整个混合气体有

$$pV = nRT \tag{a}$$

对于混合气体中的任一组元 i 有

$$p_i V = n_i RT \tag{b}$$

将各组元的式（b）相加，有

$$V \sum p_i = RT \sum n_i$$

由于混合气体的总物质的量等于各组元的物质的量之和，即 $n = \sum n_i$，上式和式（a）比

较，有

$$p = \sum p_i \tag{3-49}$$

式（3-49）表明，理想气体混合物的总压力等于各组元气体的分压力之和。这就是所谓的**道尔顿分压力定律**，此定律在1801年被道尔顿的实验所证实。

将式（b）与式（a）相除，得

$$\frac{p_i}{p} = \frac{n_i}{n} = x_i \quad 或 \quad p_i = x_i p \tag{3-50}$$

可见理想气体混合物各组元气体的分压力等于总压力与其摩尔分数的乘积。

3.4.3 分体积定律

分体积这个概念也是用来描述混合气体特性的。当混合气体中的某一种组元单独存在，且具有与混合气体相同的压力和温度时，该组元所占有的体积称为这种组元在混合气体中的**分体积**，用 V_i 表示，如图3-5所示。

图3-5 分体积的概念

对于整个混合气体有

$$pV = nRT \tag{c}$$

对于混合气体中的任一组元 i 有

$$pV_i = n_i RT \tag{d}$$

将各组元的式（d）相加，利用 $n = \sum n_i$ ，并和式（c）比较，有

$$V = \sum V_i \tag{3-51}$$

式（3-51）表明，理想气体混合物的总体积等于各组元气体的分体积之和。这就是所谓的**分体积定律**。

将式（d）与式（c）相除，得

$$\frac{V_i}{V} = \frac{n_i}{n} = x_i \quad 或 \quad V_i = x_i V$$

混合气体中任一组元的分体积与混合气体总体积之比称为该组元的体积分数，用 φ_i 表示，即

$$\varphi_i = \frac{V_i}{V} \tag{3-52}$$

很显然有

$$x_i = \varphi_i \tag{3-53}$$

式（3-53）表明，理想混合气体中各组元气体的摩尔分数和体积分数相等。

3.4.4 混合气体的折合气体常数 R_g 和折合摩尔质量 M

混合气体中各种组元的分子由于杂乱无章的热运动而处于均匀混合状态。可以设想有一种单一气体，其分子数和总质量恰与混合气体的相同，这种假拟单一气体的气体常数和摩尔质量就是混合气体的折合气体常数（又称为平均气体常数）和折合摩尔质量（又称为平均摩尔质量）。

1. 已知混合气体的摩尔分数 x_i（或体积分数 φ_i），可先求折合摩尔质量 M

$$M = \frac{m}{n} = \frac{\sum n_i M_i}{n} = \sum x_i M_i \tag{3-54}$$

然后，根据 $MR_g = R = 8314.3 \text{J/(kmol·K)}$ 求折合气体常数 R_g。

2. 已知混合气体的质量分数 w_i，可先求折合气体常数 R_g

对于整个混合气体有

$$pV = mR_g T \tag{e}$$

对于混合气体中的任一组元 i 有

$$p_i V = m_i R_{g,i} T \tag{f}$$

将各组元的式（f）相加，利用 $p = \sum p_i$，并和式（e）比较，有

$$mR_g = \sum m_i R_{g,i}$$

上式两边除以 m，得

$$R_g = \sum w_i R_{g,i} \tag{3-55}$$

然后，根据 $MR_g = R = 8314.3 \text{J/(kmol·K)}$ 求折合摩尔质量 M。

3.4.5 混合气体的比热容、热力学能、焓、熵

1. 混合气体的比热容

根据能量守恒定律，加给混合气体的热量应该等于加给混合气体中各组元热量的总和。再结合比热容的定义，不难得出：

比热容　　　　　　　　$$c = \sum w_i c_i \tag{3-56}$$

摩尔热容　　　　　　　$$C_m = \sum x_i C_{mi} = \sum \varphi_i C_{mi} \tag{3-57}$$

2. 混合气体的热力学能和焓

热力学能 U 和焓 H 都是广延量，具有可加性。因此，混合气体的热力学能和焓分别等于各组元的热力学能和焓之和，即

$$U = U_1 + U_2 + \cdots + U_n = \sum U_i \tag{3-58}$$

$$H = H_1 + H_2 + \cdots + H_n = \sum H_i \tag{3-59}$$

对于单位质量的混合气体，有

$$u = \sum w_i u_i \tag{3-60}$$

$$h = \sum w_i h_i \tag{3-61}$$

3. 混合气体的熵

状态参数 S 也是广延量，具有可加性。因此，混合气体的熵等于各组元的熵之和，即

$$S = \sum S_i \tag{3-62}$$

单位质量混合气体的熵 s 为

$$s = \sum w_i s_i \tag{3-63}$$

式中，w_i、s_i 分别为任一组元的质量分数和比熵值。根据熵差的计算公式，当混合气体成分不变时，任一组元在微元过程中的比熵变为

$$ds = c_{p,i} \frac{dT}{T} - R_{g,i} \frac{dp_i}{p_i} \tag{3-64}$$

则 1kg 混合气体的比熵变为

$$ds = \sum w_i c_{p,i} \frac{dT}{T} - \sum w_i R_{g,i} \frac{dp_i}{p_i} \tag{3-65}$$

同理，1mol 混合气体的熵变为

$$dS_m = \sum x_i C_{p,m,i} \frac{dT}{T} - \sum x_i R_i \frac{dp_i}{p_i} \tag{3-66}$$

例 3-4 混合气体计算

今用气体分析仪测得一锅炉烟道中烟气各组元的体积分数为 $\varphi_{CO_2} = 0.12$，$\varphi_{O_2} = 0.05$，$\varphi_{N_2} = 0.75$，$\varphi_{H_2O} = 0.08$。已知该段烟道内的真空度为 60mmH$_2$O，当时的大气压力 $p_b = 750$mmHg。求：

1）各组元的质量分数。

2）烟气的折合气体常数。

3）各组成气体的分压力。

解 1）根据 $\varphi_i = x_i$，所以有 $x_{CO_2} = 0.12$、$x_{O_2} = 0.05$、$x_{N_2} = 0.75$、$x_{H_2O} = 0.08$。

设有 1kmol 烟气，则各组元的质量为

$$m_{CO_2} = 0.12 \times 44\text{kg} = 5.28\text{kg}, \qquad m_{O_2} = 0.05 \times 32\text{kg} = 1.6\text{kg}$$

$$m_{N_2} = 0.75 \times 28\text{kg} = 21\text{kg}, \qquad m_{H_2O} = 0.08 \times 18\text{kg} = 1.44\text{kg}$$

总质量为 $m = 29.32$kg，所以，各组元的质量分数为

$$w_{CO_2} = \frac{5.28}{29.32} = 0.18, \qquad w_{O_2} = \frac{1.6}{29.32} = 0.05$$

$$w_{N_2} = \frac{21}{29.32} = 0.72, \qquad w_{H_2O} = \frac{1.44}{29.32} = 0.05$$

校核，$\sum w_i = 1$，计算结果正确。

2）烟气的折合气体常数为

$$R_g = \sum w_i R_{g,i} = R \sum \frac{w_i}{M_i} = 8314.3 \times \left(\frac{0.18}{44} + \frac{0.05}{32} + \frac{0.72}{28} + \frac{0.05}{18} \right) \text{J/(kg · K)} = 283.9 \text{J/(kg · K)}$$

3）各组成气体的分压力。烟气的绝对压力为

$$p = p_b - p_v = (750 \times 133.3 - 60 \times 9.81) \text{ Pa} = 99386.4\text{Pa}$$

各组成气体的分压力为

$$p_{CO_2} = x_{CO_2}p = 0.12 \times 99386.4 Pa = 11926.4 Pa$$

$$p_{O_2} = x_{O_2}p = 0.05 \times 99386.4 Pa = 4969.3 Pa$$

$$p_{N_2} = x_{N_2}p = 0.75 \times 99386.4 Pa = 74539.8 Pa$$

$$p_{H_2O} = x_{H_2O}p = 0.08 \times 99386.4 Pa = 7950.9 Pa$$

例 3-5 气体混合

一不计体积的隔板将绝热刚性容器分隔为两部分。一部分盛有 3kg 氧气，其绝对压力为 0.8MPa，温度为 100℃；另一部分盛有 2kg 氮气，其绝对压力为 0.6MPa，温度为 200℃。将隔板抽去后，氧气和氮气均匀混合。试求混合气体的温度和压力，以及热力学能、焓、熵的变化。设气体比热容为定值。

解 将氧气部分用下角标 A 表示，氮气部分用下角标 B 表示；初始状态用下角标 1 表示，混合后状态用下角标 2 表示。

根据初始状态确定氧气和氮气的体积为

$$V_{A1} = \frac{m_A R_{g,A} T_{A1}}{p_{A1}} = \frac{3 \times 8314.3 \times 373.15}{0.8 \times 10^6 \times 32} m^3 = 0.3636 m^3$$

$$V_{B1} = \frac{m_B R_{g,B} T_{B1}}{p_{B1}} = \frac{2 \times 8314.3 \times 473.15}{0.6 \times 10^6 \times 28} m^3 = 0.4683 m^3$$

氧气和氮气的物质的量分别为

$$n_A = \frac{m_A}{M_A} = \frac{3}{32 \times 10^{-3}} mol = 93.75 mol, \quad n_B = \frac{m_B}{M_B} = \frac{2}{28 \times 10^{-3}} mol = 71.43 mol$$

选取刚性容器内全部气体为热力系统，其是一个闭口系统，由于容器刚性绝热，故系统与外界无任何能量交换，根据热力学第一定律 $Q = \Delta U + W$，可得 $\Delta U = 0$。设混合后气体的温度为 T_2，有

$$\Delta U = \Delta U_A + \Delta U_B = n_A C_{V,m,A}(T_2 - T_{A1}) + n_B C_{V,m,B}(T_2 - T_{B1}) = 0$$

气体比热容为定值，因此可得理想气体摩尔定容热容 $C_{V,m,A} = C_{V,m,B} = \frac{5}{2}R$。

$$93.75 \times \frac{5}{2} \times 8.3143 \times (T_2 - 373.15) + 71.43 \times \frac{5}{2} \times 8.3143 \times (T_2 - 473.15) = 0$$

由上式计算可得混合后气体温度 $T_2 = 416.39K$，而混合后气体压力为

$$p_2 = \frac{(n_A + n_B)RT_2}{V_{A1} + V_{B1}} = \frac{(93.75 + 71.43) \times 8.3143 \times 416.39}{0.3636 + 0.4683} Pa = 6.874 \times 10^5 Pa$$

系统热力学能变化量 $\Delta U = 0$。

系统焓变化量 $\Delta H = \Delta H_A + \Delta H_B = n_A C_{p,m,A}(T_2 - T_{A1}) + n_B C_{p,m,B}(T_2 - T_{B1}) = 0$。

混合后氧气和氮气的分压力分别为

$$p_{A2} = x_A p_2 = \frac{n_A}{n_A + n_B}p_2 = \frac{93.75}{93.75 + 71.43} \times 6.874 \times 10^5 Pa = 3.901 \times 10^5 Pa$$

$$p_{B2} = x_B p_2 = \frac{n_B}{n_A + n_B}p_2 = \frac{71.43}{93.75 + 71.43} \times 6.874 \times 10^5 Pa = 2.973 \times 10^5 Pa$$

系统熵变化量 $\Delta S = \Delta S_A + \Delta S_B = n_A \Delta S_{m,A} + n_B \Delta S_{m,B}$

$$= n_A \left(C_{p,m,A} \ln \frac{T_2}{T_{A1}} - R\ln \frac{p_{A2}}{p_{A1}} \right) + n_B \left(C_{p,m,B} \ln \frac{T_2}{T_{B1}} - R\ln \frac{p_{B2}}{p_{B1}} \right)$$

$$= 93.75 \times \left(\frac{7}{2} \times 8.3143 \times \ln \frac{416.39}{373.15} - 8.3143 \times \ln \frac{0.3901}{0.8} \right) \text{J/K} +$$

$$71.43 \times \left(\frac{7}{2} \times 8.3143 \times \ln \frac{416.39}{473.15} - 8.3143 \times \ln \frac{0.2973}{0.6} \right) \text{J/K} = 1010.4 \text{J/K}$$

可见，气体的混合是一个典型的不可逆过程，其结果必然使得孤立系统的熵增加。这个例题还告诉我们，在计算混合气体熵的变化时需要用其分压力。

思 考 题

3-1 理想气体的热力学能和焓是温度的单值函数，理想气体的熵也是温度的单值函数吗？

3-2 气体的比热容 c_p、c_V 究竟是过程量还是状态量？

3-3 理想气体经绝热节流后，其温度、压力、比体积、热力学能、焓、熵分别如何变化？

3-4 理想气体熵变化 Δs 公式有三个，它们都是从可逆过程的前提推导出来的，那么，在不可逆过程中，这些公式也可以应用吗？

3-5 热力学第一定律的数学表达式可写成

$$q = \Delta u + w$$

或

$$q = c_V \Delta T + \int_1^2 p \mathrm{d}v$$

两者有何不同？

3-6 理想气体的 c_p 和 c_V 之差及 c_p 和 c_V 之比值是否在任何温度下都等于一个常数？

3-7 理想气体的热力学能和焓为零的起点是以它的压力值、还是温度值、还是压力和温度一起来规定的？

3-8 理想气体混合物的热力学能是否是温度的单值函数？其 c_p-c_V 是否仍遵守迈耶公式？

3-9 对一个压力维持不变，但是门窗打开的房间加热，房间内的总热力学能将如何变化？

3-10 一般说来，T-s 图是用来表示热量的，想办法在 T-s 图上用面积表示出理想气体从某一初态经过一任意过程到达终态时气体热力学能和焓的变化。

习 题

3-1 3kg 空气，测得其温度为 20℃，表压力为 1.4MPa，求空气占有的体积和此状态下空气的比体积。已知当地大气压为 0.1MPa。

3-2 在煤气表上读得煤气的消耗量为 600m³。若在煤气消耗期间，煤气表压力平均值为 0.5kPa，温度平均为 18℃，当地大气压力为 0.1MPa。设煤气可以按理想气体处理。试计算：

1）消耗了多少标准立方米煤气？

2）假设在节假日，由于煤气消耗量大，使煤气的表压力降低至 0.3kPa，此时若煤气表上消耗的煤气读数相同，实际上消耗了多少标准立方米煤气？

3-3 某锅炉 1h 烧煤 20t，估计 1kg 煤燃烧后可产生 10m³ 的烟气（标准状态下）。测得烟囱出口处烟气的压力为 0.1MPa，温度为 150℃，烟气的流速为 $c=8$m/s，烟囱截面为圆形，试求烟囱出口处的内径。

3-4 一封闭的刚性容器内储有某种理想气体，开始时容器的真空度为 60kPa，温度 $t_1=100$℃，问需将气体冷却到什么温度才可能使其真空度变为 75kPa。已知当地大气压保持为 $p_b = 0.1MPa$。

3-5 某活塞式压气机向容积为 $10m^3$ 的储气箱中充入压缩空气。压气机每分钟从压力 $p_0 = 0.1MPa$、温度 $t_0 = 20℃$ 的大气中吸入 $0.5m^3$ 的空气。充气前储气箱压力表的读数为 0.1MPa，温度为 20℃。问需要多长时间才能使储气箱压力表的读数提高到 0.5MPa，温度上升到 40℃？

3-6 空气在 −30℃ 和 0.012MPa 下进入喷气发动机，在入口状态下测得空气的流量为 $15000m^3/min$。设空气全部用来供燃料燃烧，已知该发动机每燃烧 1kg 燃料需要 60kg 空气。求该发动机每小时消耗多少燃料？

3-7 据有关机构统计，2016 年世界一次能源消费量为 1327630 万 t 油当量，1kg 油当量的热值按 42.62MJ 计算，假设这些能量全部用于加热地球周围的大气，求地球的温度将升高多少？已知地球周围大气的质量大约为 500 万亿 t，空气的比定压热容为 $1.004kJ/(kg \cdot K)$。

3-8 某理想气体，由状态 $p_1 = 0.52MPa$、$V_1 = 0.142m^3$，经某过程变为 $p_2 = 0.17MPa$、$V_2 = 0.274m^3$，过程中气体的焓值降低了 67.95kJ。设比热容为定值，$c_V = 3.123kJ/(kg \cdot K)$，求：

1）过程中气体热力学能的变化。

2）气体的比定压热容。

3）该气体的气体常数。

3-9 1kg 空气从初态 $p_1 = 0.1MPa$、$T_1 = 300K$ 变化至终态 $p_2 = 1MPa$、$T_2 = 500K$，设过程可逆，试计算该过程熵的变化量，并分析该过程是吸热还是放热。取空气的比热容为定值。

3-10 某种理想气体的相对分子质量为 29，将该气体从 $t_1 = 320℃$ 定容加热到 $t_2 = 940℃$，若加热过程中比热力学能变化为 700kJ/kg，求理想气体焓和熵的变化量。

3-11 某理想气体的比定压热容直线关系式为 $c_p = 0.9203 + 0.000010651t$，若将 10kg 该气体从 $t_1 = 15℃$ 定压加热到 $t_2 = 300℃$，求加入的热量及加热过程的平均比定压热容。

3-12 一容积为 $5m^3$ 的刚性容器，内盛 $p_1 = 0.1MPa$、$t_1 = 20℃$ 的空气，现用一真空泵对其抽真空，抽气率恒为 $0.2m^3/min$，假设在抽气过程中容器内的空气温度保持不变。问经过多长时间后容器内的绝对压力为 $p_2 = 0.01MPa$？

3-13 某高原地区有一供氧站，内有一个容积为 $10m^3$ 的装氧气的钢瓶，开始时钢瓶压力表读数 $p_{g1} = 0.8MPa$，温度 $t_1 = 40℃$，给游客提供了 58.478kg 氧气后，钢瓶压力表读数 $p_{g2} = 0.3MPa$，温度 $t_2 = 20℃$，使用过程中当地大气压力保持不变。假定大气压力与密度之间的关系为 $p = c\varphi^{1.4}$，c 为常数，且海平面上空气的压力和密度分别为 $1.013×10^5 Pa$ 和 $1.177kg/m^3$，重力加速度为常数且 $g = 9.81m/s^2$。求：

1）当地的大气压力（MPa）。

2）当地的海拔高度。

3-14 状态参数为 $p_1 = 0.5MPa$、$t_1 = 100℃$ 的空气经过一绝热节流过程，压力降为 $p_2 = 0.1MPa$，试计算空气比熵的变化（空气按理想气体处理）。

3-15 体积为 $20m^3$ 的刚性容器内盛装氧气，开始时表压力为 0.8MPa，温度为 50℃，使用了部分氧气后，表压力变为 0.5MPa，温度变为 25℃，在这个过程中大气压力保持不变为 0.1MPa，求：

1）使用了多少千克氧气？

2）再补充 50kg 氮气进去，混合气体的摩尔分数及折合气体常数为多少？

3）若混合气体最终的温度为 30℃，那么混合气体的总压力及氧气和氮气的分压力各为多少？

3-16 一带回热的燃气轮机装置，用燃气轮机排出的乏气在回热器中对空气进行加热，然后将加热后的空气送到燃烧室燃烧。若空气在回热器中从 137℃ 定压加热到 357℃。试求每千克空气在回热器中的吸热量。

1）按定值比热容计算。

2）按空气热力性质表计算。

3-17 锅炉烟气各组元的体积分数为 $\varphi_{CO_2} = 0.14$、$\varphi_{H_2O} = 0.09$，其余为 N_2。当其进入一段受热面时温度为 1200℃，流出时温度为 800℃。烟气压力保持 $p = 0.1MPa$ 不变。求烟气对受热面的放热量（用平均比热容计算）。

3-18 某锅炉燃烧 1kg 燃料产生烟气的体积为 $10m^3$（标准状态），如果锅炉 1h 消耗 60t 燃料，烟气各组元的含量为 $x_{N_2} = 0.78$、$x_{CO_2} = 0.13$、$x_{H_2O} = 0.05$、$x_{O_2} = 0.04$，烟气的温度为 180℃，大气温度为 20℃。试求：

1）烟气的折合气体常数和平均相对分子质量。

2）烟气中水蒸气的分压力。

3）锅炉每小时的排烟热损失。

扫描下方二维码，可获取部分习题参考答案。

第 4 章

理想气体的热力过程

热能和机械能的相互转化是通过工质的一系列状态变化过程实现的，不同热力过程的能量转化特性是不同的。研究热力过程的基本任务，是根据过程进行的条件，确定过程中工质状态参数的变化规律，并分析过程中的能量转换关系。

本章只讨论理想气体的热力过程，那些不能作为理想气体看待的工质，如水蒸气、氨气等，其热力过程的分析计算一般可借助于图表进行，在后面的章节中再讲它们。热力设备中的实际过程是很复杂的，所有状态参数都可能发生变化。为了简化分析，需要进行科学抽象。首先，假定过程是可逆的；其次，假定状态参数在过程中的变化有一定的规律，如等容、等压、等温、等熵以及多变过程。

压气机是常用的热工设备，用理想气体热力过程的理论分析压气机的耗功，可以得到一些对现场实际运行有指导作用的结论。

4.1　等 容 过 程

以工质比体积保持不变为特征的热力过程称为等容过程。对于等质量体系，气体的体积也保持不变。例如，汽油机在点火瞬间，进气阀和排气阀均关闭，此时燃烧可近似视为等容加热过程。

1. 过程方程式

$$v = 常数 \quad 或 \quad \mathrm{d}v = 0$$

或

$$\frac{p}{T} = \frac{R_{\mathrm{g}}}{v} = 常数$$

初终态参数之间的关系为

$$\frac{p_1}{p_2} = \frac{T_1}{T_2}$$

对于等容过程，过程前后的压力比等于热力学温度比。

2. 过程功和热量

膨胀功

$$w = \int_1^2 p \mathrm{d}v = 0$$

技术功 $\qquad w_{t} = -\int_{1}^{2} v\mathrm{d}p = v(p_1 - p_2) = R_\mathrm{g}(T_1 - T_2)$ $\qquad$ (4-1)

热量 $\qquad q_v = \int_{1}^{2} c_V \mathrm{d}T$ $\qquad$ (4-2)

当 c_V 为定值时，有 $\qquad q_v = c_V \Delta T = c_V \Delta t$ $\qquad$ (4-3)

或根据热力学第一定律，有

$$q_v = \Delta u = u_2 - u_1 \qquad (4-4)$$

可见，在等容过程中加入的热量全部变为气体热力学能的增加，这是等容过程中能量转换的特点。

3. 等容过程的 $p\text{-}v$ 图和 $T\text{-}s$ 图

在 $p\text{-}v$ 图上表示单位质量理想气体的等容过程很简单，它是一条垂直于 v 轴的直线，如图 4-1a 所示。

在 $T\text{-}s$ 图上，等容过程的过程曲线可用下面的方法确定：

根据式（3-40），等容过程的熵变为

$$\mathrm{d}s = c_V \frac{\mathrm{d}T}{T}$$

将上式积分

$$\int_{s_0}^{s} \mathrm{d}s = \int_{T_0}^{T} c_V \frac{\mathrm{d}T}{T}$$

若 c_V 为定值，得

$$T = T_0 \mathrm{e}^{(s-s_0)/c_V}$$

可见，等容过程在 $T\text{-}s$ 图上为一条指数函数曲线，其斜率为

$$\left(\frac{\partial T}{\partial s}\right)_v = \frac{T}{c_V} \qquad (4-5)$$

T 和 c_V 都是正数，所以，等容过程在 $T\text{-}s$ 图上是一条斜率为正值的指数曲线，而且温度越高，等容线的斜率越大，如图 4-1b 所示。从图中还可以看出，1-2 是等容加热过程，压力升高；1-2′是等容放热过程，压力降低。

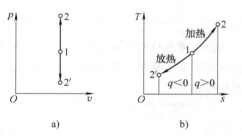

a) b)

图 4-1 理想气体的等容过程

例 4-1 通风的必要性

有 20 个人在一个面积为 70m² 、高度为 3m 的房间内开会，设每人每小时散出的热量为 450kJ，每个人的体积为 0.07m³，其他物体占有的体积不计，房间内开始的压力为 $1.01 \times 10^5 \mathrm{Pa}$，温度为 10℃，假设房间完全封闭并且绝热。试计算 15min 内空气的温升。已知空气的比定容热容为定值，$c_V = 0.717\mathrm{kJ/(kg \cdot K)}$，$R_\mathrm{g} = 0.287\mathrm{kJ/(kg \cdot K)}$。

解 选取房间内的空气作为热力系统，这是一个等容加热过程，空气的体积为

$$V = （70 \times 3 - 20 \times 0.07）\mathrm{m}^3 = 208.6\mathrm{m}^3$$

空气的质量为 $\qquad m = \dfrac{pV}{R_\mathrm{g}T} = \dfrac{1.01 \times 10^5 \times 208.6}{287 \times 283.15}\mathrm{kg} = 259.26\mathrm{kg}$

根据
$$Q_v = m c_V \Delta t$$

有
$$\Delta t = \frac{Q_v}{m c_V} = \frac{20 \times 450 \times 15}{259.26 \times 0.717 \times 60} \text{℃} = 12.1 \text{℃}$$

此题说明：当很多人聚集在一个小空间内时，要有适当的通风。

4.2　等压过程

以工质压力保持不变为特征的热力过程称为等压过程。实际热力设备中的很多吸热和放热过程都是在接近等压的情况下进行的，如工质在燃气轮机燃烧室内的吸热过程、在锅炉过热器等表面式换热器内的吸热过程。所以，等压过程是实际上极有用的热力过程。

1. 过程方程式
$$p = 常数 \quad 或 \quad \mathrm{d}p = 0$$

或
$$\frac{v}{T} = \frac{R_\mathrm{g}}{p} = 常数$$

初终态参数之间的关系为
$$\frac{v_1}{v_2} = \frac{T_1}{T_2}$$

对于等压过程，过程前后的比体积比等于热力学温度比。

2. 过程功和热量

膨胀功
$$w = \int_1^2 p \mathrm{d}v = p(v_2 - v_1) = R_\mathrm{g}(T_2 - T_1) \tag{4-6}$$

技术功
$$w_\mathrm{t} = -\int_1^2 v \mathrm{d}p = 0$$

热量
$$q_p = \int_1^2 c_p \mathrm{d}T \tag{4-7}$$

当 c_p 为定值时，有
$$q_p = c_p \Delta T = c_p \Delta t \tag{4-8}$$

由于等压过程中，$w_\mathrm{t} = 0$，根据热力学第一定律，有
$$q_p = \Delta h \tag{4-9}$$

可见，在单位质量理想气体的等压过程中加入的热量，全部变为气体比焓的增加，这是等压过程中能量转换的特点。

3. 等压过程的 p-v 图和 T-s 图

在 p-v 图上表示等压过程很简单，它是一条垂直于 p 轴的直线，如图 4-2a 所示。

和等容过程类似，也可以导出等压过程线，它在 T-s 图上是一条斜率为正值的指数曲线，如图 4-2b 所示。从图 4-2 中还可以看出，1-2 为等压加热过程，1-2′为等压放热过程。

理想气体等压过程线的斜率为
$$\left(\frac{\partial T}{\partial s}\right)_p = \frac{T}{c_p} \tag{4-10}$$

对于同一种理想气体来说，在相同的温度下恒有 $c_p > c_V$，等容过程线的斜率必大于等压过程线的斜率，即等容过程线比等压过程线要陡一些，如图 4-3 所示。

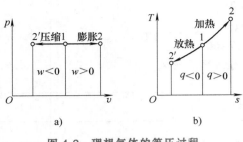

图 4-2 理想气体的等压过程

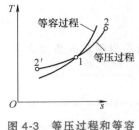

图 4-3 等压过程和等容
过程在 T-s 图的区别

4.3 等温过程

以工质温度保持不变为特征的热力过程称为等温过程。例如：水在锅炉的汽化段加热，温度保持不变，就是等温加热过程；压气机在带有水套时如进行缓慢压缩，也可视为等温过程。

1. 过程方程式

$$T = 常数 \quad 或 \quad dT = 0$$

或

$$pv = 常数$$

初终态参数之间的关系为

$$p_1 v_1 = p_2 v_2$$

2. 过程功和热量

膨胀功

$$w = \int_1^2 p \mathrm{d}v = \int_1^2 pv \frac{\mathrm{d}v}{v} = pv\ln\frac{v_2}{v_1} = R_g T\ln\frac{v_2}{v_1} \tag{4-11}$$

技术功

$$w_t = -\int_1^2 v\mathrm{d}p = -\int_1^2 pv\frac{\mathrm{d}p}{p} = -pv\ln\frac{p_2}{p_1} = -R_g T\ln\frac{p_2}{p_1} \tag{4-12}$$

由于理想气体等温过程中，有

$$\frac{p_2}{p_1} = \frac{v_1}{v_2}$$

因此，不难得出等温过程中

$$w = w_t$$

单位质量理想气体的热力学能和焓都是温度的单值函数，所以在等温过程中，$\Delta u = 0$，$\Delta h = 0$，根据热力学第一定律，有

$$q_T = w = w_t \tag{4-13}$$

这表明，在等温过程中加入的热量全部用来对外做功，这是等温过程中能量转换的特点。

3. 等温过程的 p-v 图和 T-s 图

在 T-s 图上表示等温过程很简单，它是一条垂直于 T 轴的直线，如图 4-4b 所示。又由于等温过程中 $pv = $ 常数，因此它在 p-v 图上是等边双曲线，如图 4-4a 所

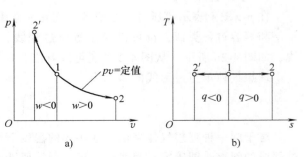

图 4-4 理想气体的等温过程

示。其中 1-2 为等温吸热过程，1-2′为等温放热过程。

4.4　可逆绝热过程

在过程进行的每一个瞬间，热力系统和外界都无热量交换的过程称为绝热过程。如蒸汽在汽轮机中膨胀做功及燃气在燃气轮机中膨胀做功，其散热量和做功量相比数量微乎其微，故可以近似地视为绝热过程。为了使分析的问题简化，这里只研究可逆绝热过程。

1. 过程方程式

理想气体可逆绝热过程的过程方程式的推导可以有不同的办法，这里只选取简单的一种，有兴趣的读者可以从有关参考书中查看其他方法。

对于可逆绝热过程，有

$$\mathrm{d}s = \frac{\delta q}{T} = 0$$

根据单位质量理想气体熵差的计算公式（3-44），有

$$\mathrm{d}s = c_V \frac{\mathrm{d}p}{p} + c_p \frac{\mathrm{d}v}{v} = 0$$

两边除以 c_V，则

$$\kappa \frac{\mathrm{d}v}{v} + \frac{\mathrm{d}p}{p} = 0 \tag{4-14}$$

式中，比热容比 $\kappa = c_p/c_V$，此时称为等熵指数。因为理想气体的 c_V 和 c_p 是温度的复杂函数，故 κ 也是温度的复杂函数。为了方便计算，假设比热容为定值，这时 κ 也是定值，式（4-14）就可以直接积分，即

$$\kappa \ln v + \ln p = 常数$$
$$pv^\kappa = 常数 \tag{4-15}$$

严格说来，式（4-15）只适用于理想气体定比热容比的可逆绝热过程。对于水蒸气和其他实际气体的可逆绝热过程是不适用的，但有时作为估算和定性比较，将水蒸气绝热过程的数据也整理成 $pv^\kappa =$ 常数的形式，但是，其中的 κ 已不再等于 c_p/c_V，而是指某一经验常数，如过热水蒸气，$\kappa = 1.3$。即使如此，水蒸气的绝热过程如按 $pv^\kappa =$ 常数计算，误差往往较大，一般只用于定性分析或计算。

2. 初终态参数关系

因为

$$pv^\kappa = p_1 v_1^\kappa = p_2 v_2^\kappa = 常数$$

所以有如下初终态参数关系，即

$$\frac{p_2}{p_1} = \left(\frac{v_1}{v_2}\right)^\kappa \tag{4-16}$$

由于工程中温度和压力容易测量，因此，往往更想了解理想气体可逆绝热过程中 p 和 T 的关系，将 $v = R_g T/p$ 代入式（4-16），整理可得

$$\frac{T_2}{T_1} = \left(\frac{p_2}{p_1}\right)^{\frac{\kappa-1}{\kappa}} \tag{4-17}$$

式（4-17）是一个很重要的关系式，以后会经常用到。使用时，注意 T 为热力学温度，

p 为绝对压力。

3. 过程功和热量

对于绝热过程，有

$$q = 0$$

根据热力学第一定律，单位质量工质绝热过程的膨胀功为

$$w = -\Delta u = u_1 - u_2 \tag{4-18}$$

这表明，工质经过一绝热过程后所做的功等于热力学能的减少，这个结论对于任何工质的绝热过程都适用，不管过程是可逆的还是不可逆的。

对于比热容为定值的单位质量理想气体，绝热过程（可逆或不可逆）的膨胀功表示为

$$w = c_V(T_1 - T_2) = \frac{R_g}{\kappa - 1}(T_1 - T_2) \tag{4-19}$$

一般气体压缩或膨胀过程的设计参数是过程前后的压力比，对于比热容为定值的单位质量理想气体可逆绝热过程，膨胀功可以表示为

$$w = \frac{R_g T_1}{\kappa - 1}\left[1 - \left(\frac{p_2}{p_1}\right)^{\frac{\kappa-1}{\kappa}}\right] \tag{4-20}$$

同样的道理，对于任何单位质量工质的可逆或不可逆绝热过程，技术功为

$$w_t = -\Delta h = h_1 - h_2 \tag{4-21}$$

对于比热容为定值的单位质量理想气体，绝热过程（可逆或不可逆）的技术功表示为

$$w_t = c_p(T_1 - T_2) = \frac{\kappa R_g}{\kappa - 1}(T_1 - T_2) \tag{4-22}$$

对于比热容为定值的单位质量理想气体可逆绝热过程，技术功可以表示为

$$w_t = \frac{\kappa R_g T_1}{\kappa - 1}\left[1 - \left(\frac{p_2}{p_1}\right)^{\frac{\kappa-1}{\kappa}}\right] \tag{4-23}$$

4. 可逆绝热过程的 p-v 图和 T-s 图

在 T-s 图上表示可逆绝热过程很简单，它是一条垂直于 s 轴的直线，如图 4-5b 所示。又由于可逆绝热过程中 pv^κ = 常数，因此它在 p-v 图上是一条高次双曲线，如图 4-5a 所示。从图中还可以看出，1-2 为可逆绝热膨胀过程，1-2′为可逆绝热压缩过程。

在 p-v 图上，理想气体的等温过程线和可逆绝热过程线看起来差不多，可以用比较斜率 $\partial p / \partial v$ 的方法将它们区分开来。

等温过程 pv = 常数，$pdv + vdp = 0 \Rightarrow \left(\frac{\partial p}{\partial v}\right)_T = -\frac{p}{v}$

可逆绝热过程 $\kappa\frac{dv}{v} + \frac{dp}{p} = 0 \Rightarrow \left(\frac{\partial p}{\partial v}\right)_s = -\kappa\frac{p}{v}$

因为 $\kappa > 1$，所以 $\left|\left(\frac{\partial p}{\partial v}\right)_s\right| > \left|\left(\frac{\partial p}{\partial v}\right)_T\right|$。可见，在 p-v 图上可逆绝热过程线和等温过程线的斜率都是负值，但是，可逆绝热过程线斜率的绝对值要大于等温过程线，即可逆绝热过程线要陡一些，如图 4-6 所示。

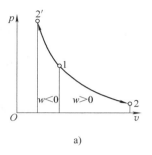

a)

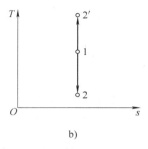

b)

图 4-5 理想气体的可逆绝热过程

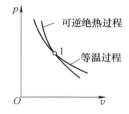

图 4-6 在 p-v 图区分可逆绝热
过程线和等温过程线

4.5 多变过程

1. 多变过程的定义与方程

前面讨论了理想气体的四个典型热力过程，其特点是工质的某一状态参数保持不变或者与外界无热量交换。而在实际热力过程中有些过程所有的状态参数都有显著变化，而且与外界交换的热量也不能忽略，但是通过研究发现，这些过程中状态参数变化的特征往往比较接近指数方程式 $pv^n =$ 常数。热力学中把整个热力过程都服从过程方程式 $pv^n =$ 常数的热力过程称为多变过程，指数 n 称为多变指数。

多变过程描述了一类过程，每一个特定的多变过程具有一个确定不变的多变指数 n，不同的多变过程则有不同的 n 值。理论上，n 可以是 $-\infty$ 到 $+\infty$ 之间的任何一个实数。如果过程很复杂，就很难用一个统一的多变过程方程来描述，这时，可以将整个过程划分成几段具有不同 n 值的多变过程来加以分析。

前面讲的四个典型热力过程都可看作是多变过程的特例。如：

$n = 0$ 时，$pv^0 =$ 常数，即 $p =$ 常数，为等压过程；

$n = 1$ 时，$pv^1 =$ 常数，即 $T =$ 常数，为等温过程；

$n = \kappa$ 时，$pv^\kappa =$ 常数，即为可逆绝热过程；

$n = \pm\infty$ 时，$p^{\frac{1}{\pm\infty}}v =$ 常数，即 $v =$ 常数，为等容过程。

将前面讲过的四种典型热力过程画在同一个 p-v 图和 T-s 图上，结果如图 4-7 所示。通过分析比较，可以得到一个规律：沿顺时针方向，n 由 $0 \rightarrow 1 \rightarrow \kappa \rightarrow \pm\infty$ 变化。

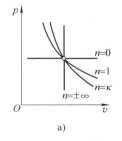

a)

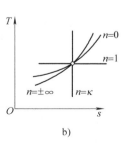

b)

图 4-7 多变过程变化规律

2. 初态和终态参数的关系

$$p_1 v_1^n = p_2 v_2^n \tag{4-24}$$

$$\frac{p_2}{p_1} = \left(\frac{v_1}{v_2}\right)^n \tag{4-25}$$

$$\frac{T_2}{T_1} = \frac{p_2 v_2}{p_1 v_1} = \frac{p_2}{p_1}\left(\frac{p_2}{p_1}\right)^{-\frac{1}{n}} = \left(\frac{p_2}{p_1}\right)^{\frac{n-1}{n}} \tag{4-26}$$

3. 过程功和热量

对于单位质量的工质，膨胀功、技术功、热量的计算如下：

（1）膨胀功

$$
\begin{aligned}
w &= \int_1^2 p\,\mathrm{d}v = \int_1^2 pv^n \frac{\mathrm{d}v}{v^n} \\
&= \frac{1}{n-1} pv^n (v_1^{1-n} - v_2^{1-n}) \\
&= \frac{1}{n-1} (p_1 v_1 - p_2 v_2) \\
&= \frac{1}{n-1} R_g (T_1 - T_2) \\
&= \frac{1}{n-1} R_g T_1 \left[1 - \left(\frac{p_2}{p_1}\right)^{\frac{n-1}{n}} \right]
\end{aligned}
\tag{4-27}
$$

（2）技术功

$$
\begin{aligned}
w_t &= -\int_1^2 v\,\mathrm{d}p = -\int_1^2 p^{\frac{1}{n}} v p^{-\frac{1}{n}}\,\mathrm{d}p \\
&= \frac{n}{n-1} p^{\frac{1}{n}} v (p_1^{\frac{n-1}{n}} - p_2^{\frac{n-1}{n}}) \\
&= \frac{n}{n-1} (p_1 v_1 - p_2 v_2) \\
&= \frac{n}{n-1} R_g (T_1 - T_2) \\
&= \frac{n}{n-1} R_g T_1 \left[1 - \left(\frac{p_2}{p_1}\right)^{\frac{n-1}{n}} \right]
\end{aligned}
\tag{4-28}
$$

（3）热量　根据热力学第一定律的基本能量方程，有

$$q = \Delta u + w = c_V(T_2 - T_1) + \frac{R_g}{n-1}(T_1 - T_2) = \left(c_V - \frac{R_g}{n-1}\right)(T_2 - T_1)$$

将 $c_V = \dfrac{R_g}{\kappa - 1}$ 代入上式，得

$$q = \frac{n-\kappa}{n-1} c_V (T_2 - T_1) = c_n(T_2 - T_1) \tag{4-29}$$

式中，$c_n = \dfrac{n-\kappa}{n-1} c_V$，称为**多变比热容**，随着 n 值的不同，c_n 可以是正数（吸热温度升高，放

热温度降低），也可以是负数（吸热温度降低，放热温度升高）；可以是0（绝热过程），也可以是无穷大（等温过程）。

式（4-29）也可以由热力学第一定律的另一个解析式 $q = \Delta h + w_t$ 得到，这个工作请有兴趣的读者自己完成。

对比多变过程和可逆绝热过程的方程式、初终态关系、膨胀功、技术功，可以得到一个结论，将可逆绝热过程公式中的 κ 变成 n 就得到多变过程的公式，因此并不需要死记硬背。

例 4-2 多变过程计算

空气的初态参数为 $V_1 = 3\mathrm{m}^3$，$p_1 = 0.4\mathrm{MPa}$，$t_1 = 30℃$，经一多变过程压缩到 $p_2 = 2\mathrm{MPa}$，$V_2 = 0.8\mathrm{m}^3$。已知空气的比热容为定值，$c_V = 0.717\mathrm{kJ/(kg \cdot K)}$，$R_g = 0.287\mathrm{kJ/(kg \cdot K)}$。求过程的多变指数、压缩功、空气在被压缩过程中放出的热量，以及空气熵的变化量。

解 多变指数为

$$n = \frac{\ln(p_2/p_1)}{\ln(V_1/V_2)} = \frac{\ln(2/0.4)}{\ln(3/0.8)} = 1.22$$

压缩功为

$$W = mw = m\frac{1}{n-1}(p_1 v_1 - p_2 v_2) = \frac{1}{n-1}(p_1 V_1 - p_2 V_2)$$

$$= \frac{1}{1.22-1} \times (0.4 \times 10^6 \times 3 - 2 \times 10^6 \times 0.8)\mathrm{J} = -1.82 \times 10^6 \mathrm{J} = -1820\mathrm{kJ}$$

空气的质量为

$$m = \frac{p_1 V_1}{R_g T_1} = \frac{0.4 \times 10^6 \times 3}{287 \times 303}\mathrm{kg} = 13.8\mathrm{kg}$$

空气的终态温度为

$$T_2 = T_1 \left(\frac{p_2}{p_1}\right)^{\frac{n-1}{n}} = 303 \times \left(\frac{2}{0.4}\right)^{\frac{1.22-1}{1.22}}\mathrm{K} = 405\mathrm{K}$$

热力学能的变化为

$$\Delta U = mc_V(T_2 - T_1) = 13.8 \times 0.717 \times (405 - 303)\mathrm{kJ} = 1009.2\mathrm{kJ}$$

热量为

$$Q = \Delta U + W = (1009.2 - 1820)\mathrm{kJ} = -810.8\mathrm{kJ} \qquad （负号表示对外放热）$$

空气熵的变化量为

$$\Delta S = m\left(c_V \ln\frac{T_2}{T_1} + R_g \ln\frac{V_2}{V_1}\right)$$

$$= 13.8 \times \left(0.717\ln\frac{405}{303} + 0.287\ln\frac{0.8}{3}\right)\mathrm{kJ/K} = -2.364\mathrm{kJ/K}$$

4.6 气体的压缩

1. 压气机概述

工程上广泛应用着各种不同类型的气体压缩设备，例如，电厂锅炉设备的送风机和引风机，燃气轮机装置和压缩制冷装置的压气机等。广义来说，凡是能够升高空气或其他气体压力的机械设备均可称为"压气机"。所有压气机设备都要消耗外功，要用热机或电动机带动它工作，使气体受到压缩而压力升高。习惯上，常根据增压比 $\pi = p_2/p_1$（p_1、p_2 分别代表压缩前和压缩后的压力）的值把压气机划分为下列三类：

通风机　$\pi = 1.0 \sim 1.1$；

鼓风机　$\pi = 1.1 \sim 4.0$；

狭义的压气机　$\pi \geqslant 4.0$。

压气机以其结构不同，可分为"往复式"和"回转式（叶轮式）"两种，前者总是活塞式（图4-8a），后者可分为离心式（图4-8b）和轴流式（图4-8c）。

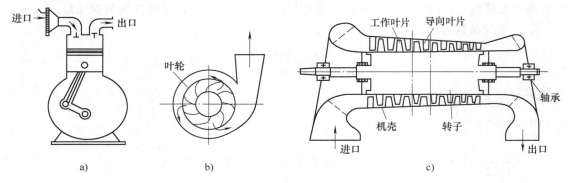

图 4-8　压气机的种类

活塞式压气机与叶轮式压气机的结构和工作原理不同，工作特点也不同。但从热力学观点来看，都是消耗外部功，使气体压力升高的过程。本节主要讨论压气机中能量转换的特点及压气过程计算所用的各种基本关系式，以便从理论上寻求提高压气机的性能和完善其热力过程的途径。

2. 单级活塞式压气机

图4-9是单级活塞式压气机的设备简图及 $p\text{-}V$ 图。活塞式压气机由气缸、活塞、进气阀和排气阀组成。它的工作原理为：当活塞被机轴带动自左向右移动时，在气缸内让出新的空间，外界气体就可以在压力 p_1 下经进气阀进入气缸，这个阶段称为"吸气过程"，在不考虑各种损失的情况下，如 $p\text{-}V$ 图上线段4-1所示，进气阀只许气体单方向通过。活塞达到右"死点"（指往复运动的极端位置）而开始回行时，进气阀立即关闭，已进入气缸的气体就被封闭在气缸内，受活塞挤压而压力上升，这个阶段称为"压缩过程"，如线段1-2所示。当气缸内气体的压力达到输气管或储气筒里的压力 p_2 时，活塞继续左行就将使气体推开排气阀而被压出气缸，这个阶段称为

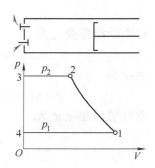

图 4-9　单级活塞式压气机的设备简图及 $p\text{-}V$ 图

"排气过程"，如线段2-3所示。这里暂时先认为活塞达到左"死点"时能够紧贴在气缸盖上，而把气缸内的气体完全压送出去。当活塞再次向右移动时，又开始新一轮"吸气过程"。如此，随着活塞不断来回运动，就能不断地把压力为 p_1 的气体压缩成压力为 p_2 的气体并排出。

从 $p\text{-}V$ 图上可以看出，代表吸气过程的4-1线和代表排气过程的2-3线，并不是热力过程

线，因为气体的状态并没有发生变化。在 1-2 过程中气体被压缩，比体积减小，压力升高，发生了状态变化，因而 1-2 过程才是热力过程。

压缩过程 1-2 有两种极限情况：其一是过程进行得极快，热量来不及通过缸壁面传向外界，或者传出的热量极少，可以忽略不计，则过程可视为绝热过程，如图 4-10 上的 1-2_s；其二是过程进行得十分缓慢，过程中气体与外界有足够的时间进行充分的热交换，从而使气体温度在整个压缩过程中保持不变，这种压缩过程就是等温压缩过程，如图 4-10 上的 1-2_T。

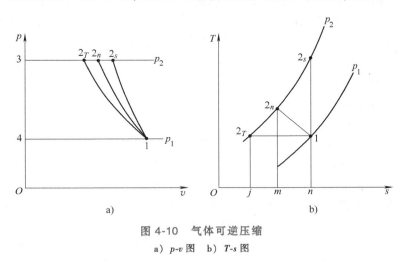

图 4-10　气体可逆压缩

a）p-v 图　b）T-s 图

从 p-v 图上可以看出，等温压缩过程消耗的技术功要少于绝热过程所消耗的技术功。从 T-s 图上可以看出，等温压缩过程排气温度要低于绝热过程的排气温度。因此，为了节省压气机耗功量，同时，也为了防止在高增压比情况下，气缸里的润滑油因升温过高而炭化变质，活塞式压气机实际上常采用冷却措施。例如，大、中型压气机在气缸壁内制成水套夹层，让冷却水在其中流过而带走一部分热量，以降低气体在被压缩时的温度升高。小型的压气机常在气缸外壁装有突出的肋片——风翼，以增加散热面积，让外界的空气把热量带走，这种冷却方式称为风冷。不过，气体在气缸里被压缩时，受气缸尺寸的限制，气体和气缸壁接触的面积不够大，接触的时间又不够长，所以不论水冷还是风冷总难以把热量充分地散出去，要维持等温压缩实际上是做不到的，也即实际的压气过程应当像图 4-10 上的 1-2_n 线所表示的，是一个多变指数介于 1 与 κ 之间的多变过程。

分析压气机中的耗功时，为简便计算，视空气为理想气体，忽略进气阀、排气阀的节流损失，流经压气机的气流可作为可逆稳定流动处理，由于热力系统为开口系统，动能和势能的变化可忽略，对外做功为技术功 W_t，由于压力升高，技术功为负，为了表示方便，习惯上用 W_C 表示压气机所需要的功，即

$$W_C = -W_t$$

对于 1kg 工质，可写成 $$w_C = -w_t$$

可逆绝热压缩耗功为

$$w_{C,s} = \frac{\kappa}{\kappa-1} R_g T_1 \left[\left(\frac{p_2}{p_1} \right)^{\frac{\kappa-1}{\kappa}} - 1 \right] \tag{4-30}$$

多变过程压缩耗功为

$$w_{C,n} = \frac{n}{n-1} R_g T_1 \left[\left(\frac{p_2}{p_1} \right)^{\frac{n-1}{n}} - 1 \right] \tag{4-31}$$

等温过程压缩耗功为

$$w_{C,T} = R_g T_1 \ln \frac{p_2}{p_1} \tag{4-32}$$

T-s 图上能够很容易地表示可逆过程的热量，利用热力学第一定律解析式和理想气体的性质，也能表示出压气机消耗的功，这是一个很有意思的问题。下面以多变过程为例加以说明，对于等温过程和可逆绝热过程，读者可以举一反三地自己推导一下。

根据热力学第一定律 　　　　　　　$q = \Delta h + w_t$

对于多变压缩过程，有

$$\begin{aligned}
w_{C,n} = -w_{t,n} &= \Delta h - q_n \\
&= (h_{2n} - h_1) + (-q_n) \\
&= (h_{2n} - h_{2T}) + (-q_n) \quad [\text{因为 } h = f(T)] \\
&= q_{2T-2n} + (-q_n) \quad (\text{因为 } 2_T \text{ 与 } 2_n \text{ 在定压线上}, w_t = 0) \\
&= A_{1-2_n-2_T-j-n-1} \quad (\text{因为 } q_n < 0, -q_n > 0)
\end{aligned}$$

可见，理想气体多变压缩过程消耗的功可以在如图 4-10b 所示的 T-s 图上表示成 1-2_n-2_T-j-n-1 所包围的一块面积。

活塞式压气机为了减少功耗和运行可靠，都尽可能采用冷却措施，力求接近等温压缩。由于摩擦、扰动等因素，压气机实际压缩过程要比理想的可逆等温过程耗功多。工程上常用压气机的等温效率来作为活塞式压气机性能优劣的指标。当压缩前气体状态相同，压缩后气体压力相同时，可逆等温压缩过程所消耗的功 $w_{C,T}$ 和实际压缩过程所消耗的功 w_C 之比，称为**压气机的等温效率**，用 $\eta_{C,T}$ 表示，即

$$\eta_{C,T} = \frac{w_{C,T}}{w_C} \tag{4-33}$$

3. 余隙容积的影响

上面为了简化分析，认为活塞达到左"死点"时能够紧贴在气缸盖上，而把气缸内的气体完全压送出去。实际上，为了避免活塞与气缸盖的碰撞，还由于气缸头上布置有进气阀和排气阀，当活塞达到左"死点"时，气缸中仍需留有一定的空隙。这个空隙的容积称为余隙容积。图 4-11 为考虑了余隙容积影响后活塞式压气机的示功图。

图 4-11 中 V_3 表示余隙容积，$V_h = V_1 - V_3$ 是活塞从左死点到右死点所扫过的容积，称为活塞排量。由于余隙容积的存在，排气过程只能进行到点 3。这时气缸的余隙容积中保留了一部分高压的气体。当活塞由左向右回行时，余隙容积内剩余的高压气体便开始膨胀，膨胀过程线如曲线 3-4 所示。当气体压力降低到进气压力 p_1 时，进气阀才能打开，开始进气。4-1 为进气过程。可见，由于余隙容积的存在，

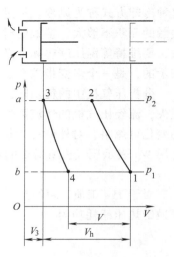

图 4-11　考虑了余隙容积影响后活塞式压气机的示功图

实际进入气缸的气体容积不是活塞排量 V_h，而是所谓的气缸有效容积，用 V 表示，$V = V_1 - V_4$。

下面计算有余隙容积时，压气机所消耗的功，假设压缩过程 1-2 和膨胀过程 3-4 均为多变过程，且多变指数 n 相同。

$$W_C = 面积_{12341}$$
$$= 面积_{12ab1} - 面积_{43ab4}$$
$$= \frac{n}{n-1} p_1 V_1 \left[\left(\frac{p_2}{p_1} \right)^{\frac{n-1}{n}} - 1 \right] - \frac{n}{n-1} p_4 V_4 \left[\left(\frac{p_3}{p_4} \right)^{\frac{n-1}{n}} - 1 \right]$$

因为 $p_1 = p_4$，$p_3 = p_2$，所以有

$$W_C = \frac{n}{n-1} p_1 (V_1 - V_4) \left[\left(\frac{p_2}{p_1} \right)^{\frac{n-1}{n}} - 1 \right]$$

$$= \frac{n}{n-1} p_1 V \left[\left(\frac{p_2}{p_1} \right)^{\frac{n-1}{n}} - 1 \right] \tag{4-34}$$

$$= \frac{n}{n-1} m R_g T_1 \left(\pi^{\frac{n-1}{n}} - 1 \right) \tag{4-35}$$

式中，V 是实际进入气缸的有效容积。

可见，有余隙容积后，进气容积虽然减小，但所需要的功也相应减小。如果以同样的增压比 π 压缩同质量的气体，则理论上所消耗的功与无余隙容积时相同。

活塞式压气机的余隙容积虽然不影响压缩单位质量气体至相同的增压比所消耗的功，但是压气机每一工作循环所产生的高压气体的量都由于余隙容积的影响而有所减少。因而，要采用一个**容积效率**来考虑这一影响。容积效率用符号 η_V 表示，其定义为气缸内有效容积与活塞排量之比，即

$$\eta_V = \frac{V}{V_h} \tag{4-36}$$

下面分析一下容积效率与哪些因素有关。

$$\eta_V = \frac{V}{V_h} = \frac{V_1 - V_4}{V_1 - V_3} = \frac{(V_1 - V_3) - (V_4 - V_3)}{V_1 - V_3}$$

$$= 1 - \frac{V_3}{V_1 - V_3} \left(\frac{V_4}{V_3} - 1 \right)$$

$$= 1 - \frac{V_3}{V_h} \left[\left(\frac{p_2}{p_1} \right)^{\frac{1}{n}} - 1 \right] = 1 - \frac{V_3}{V_h} \left(\pi^{\frac{1}{n}} - 1 \right) = 1 - C_V \left(\pi^{\frac{1}{n}} - 1 \right) \tag{4-37}$$

式中，$V_3 / V_h = C_V$ 称为**余隙容积比**。由式（4-37）可知，在增压比和多变指数一定的情况下，余隙容积比越大，容积效率越低。因此，在设计制造活塞式压气机时，应该尽量使余隙容积减小。对于实际工业压气机，在小型设备中，余隙容积比可能高达 8%，而在设计良好的大型压气机时可低到 1% 以下。

由式（4-37）可知，当余隙容积比 C_V 和多变指数 n 为一定时，增压比 π 越大，则容积效率越低，当 π 增加至某一值时容积效率为零。这时，虽然活塞在气缸内来回运动，但压

气机却既不吸气，又无排气。从图 4-12 中也可以看出，气体将沿线 1-2″压缩又沿线 2″-1 膨胀至点 1。

例 4-3 考虑余隙容积的压气机

希望用一台单级活塞式压气机（气缸外壁用循环水进行冷却）24h 将 $3000m^3$ 空气从初态的 $p_1 = 1.01 \times 10^5 Pa$、$t_1 = 17℃$ 压缩到 $p_2 = 10 \times 10^5 Pa$，假设压缩过程方程为 $pv^{1.2} = $ 常数，活塞行程为 810mm，转速为 150r/min，余隙容积比为 6%，试计算：

1) 压气机气缸内径。

2) 压气机每天所需理论压缩功。

3) 冷却水每天所需带走的热量。

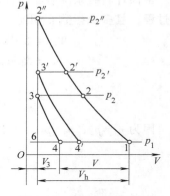

图 4-12　余隙容积的影响

解 首先计算容积效率，由式（4-37），有

$$\eta_V = 1 - \frac{V_3}{V_h}\left(\pi^{\frac{1}{n}} - 1\right) = 1 - 0.06 \times \left[\left(\frac{10}{1.01}\right)^{\frac{1}{1.2}} - 1\right] = 0.655$$

1) 设活塞内径为 d，活塞一个行程的有效容积为

$$V = \frac{3000}{24 \times 60 \times 150}m^3 = 0.013889m^3$$

活塞排量为

$$V_h = \frac{1}{4}\pi d^2 l = 0.63585 d^2$$

由

$$\eta_V = \frac{V}{V_h} \Rightarrow V = \eta_V V_h$$

$$0.013889 = 0.655 \times 0.63585 d^2$$

解得

$$d = 0.1826m = 182.6mm$$

2) 消耗的功由式（4-34）得

$$W_C = -W_t = \frac{n}{n-1}p_1 V\left[\left(\frac{p_2}{p_1}\right)^{\frac{n-1}{n}} - 1\right]$$

$$= \frac{1.2}{1.2-1} \times 1.01 \times 10^5 \times 3000 \times \left[\left(\frac{10}{1.01}\right)^{\frac{1.2-1}{1.2}} - 1\right]J$$

$$= 846 \times 10^6 J = 8.46 \times 10^5 kJ$$

3) 24h 压缩气体的质量为

$$m = \frac{pV}{R_g T} = \frac{1.01 \times 10^5 \times 3000}{287 \times (273.15 + 17)}kg = 3638.6kg$$

压缩终了温度为

$$T_2 = \left(\frac{p_2}{p_1}\right)^{\frac{n-1}{n}} T_1 = \left(\frac{10}{1.01}\right)^{\frac{1.2-1}{1.2}} \times (273.15 + 17)K = 425.18K$$

空气焓的变化为

$$\Delta H = mc_p\Delta T = 3638.6 \times 1.004 \times (425.18 - 273.15 - 17)kJ = 4.93 \times 10^5 kJ$$

根据热力学第一定律，有

$$Q = \Delta H + W_t = (4.93 \times 10^5 - 8.46 \times 10^5) kJ = - 3.53 \times 10^5 kJ$$

负号表示工质对外散热，散出的热量被冷却水带走。

4. 多级压气机

为了制取压力较高的气体，需采用多级压缩的方法，图 4-13 所示为两级压气机简图，原动机带动机轴 7 转动时，由于连杆 5 和 6 的传动，使活塞 3 和 4 上下移动，而且两曲柄相差 180°，所以活塞 3 上升时，活塞 4 下降。当活塞 3 向下移动时，气体经进气阀 9 进入低压缸 1；当活塞 3 向上移动时，低压缸里的气体受到压缩而达到压力 p_2、温度 t_2；活塞 3 继续上升，该压缩气体就由排气阀 10 流入级间冷却器 8，在其中被等压冷却，当活塞 4 向下移动时，又将冷却后的中压气体经进气阀 11 吸入高压缸 2，在高压缸里，因活塞 4 的作用，气体被压缩到压力 p_3，然后经排气阀 12 排入储气罐，或直接送到需要压缩气体的地方。

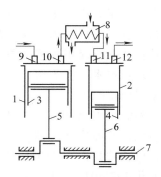

图 4-13 两级压气机简图
1—低压缸 2—高压缸 3、4—活塞
5、6—连杆 7—机轴 8—级间冷却器
9、11—进气阀 10、12—排气阀

采用两级压缩后，每一级的增压比可减小，从而提高每一级的容积效率，这是不难想到的。那么采用两级压缩时，为什么要用级间冷却器呢？从图 4-14 可以看出，如果不采用级间冷却器，气体将在低压缸中沿 1-2 被压缩，在高压缸中沿 2-3′ 被压缩，两级压气机消耗的功在图 4-14 上表示为面积 13′461，这和把气体直接从 1 压缩到 3′ 所消耗的功是一样的。采用级间冷却器后，在低压缸中消耗的功表示为面积 12561，在高压缸中消耗的功表示为面积 2′3452′。相比之下，采用级间冷却器后，高压缸中消耗的功可减少如图 4-14 中阴影所表示的那一块面积，而且使得高压缸压缩终了温度由 T_3' 下降到 T_3，有利于压气机的安全正常运行。

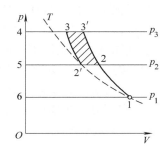

图 4-14 两级压缩级间
冷却的 p-V 图

适当地选择中间压力 p_2 的值，可以使压气机两级气缸消耗功的总量为最小。取压缩气体的质量为 1kg，由式（4-31）得

$$w_C = \frac{n_1}{n_1 - 1} R_g T_1 \left[\left(\frac{p_2}{p_1} \right)^{\frac{n_1 - 1}{n_1}} - 1 \right] + \frac{n_2}{n_2 - 1} R_g T_2' \left[\left(\frac{p_3}{p_2} \right)^{\frac{n_2 - 1}{n_2}} - 1 \right]$$

若气体在级间冷却器中能得到充分冷却，使气体的温度 $T_2' = T_1$，又设两级气缸中压缩过程的多变指数相同，即 $n_1 = n_2 = n$，则上式可表示为

$$w_C = \frac{n}{n - 1} R_g T_1 \left[\left(\frac{p_2}{p_1} \right)^{\frac{n-1}{n}} + \left(\frac{p_3}{p_2} \right)^{\frac{n-1}{n}} - 2 \right]$$

式中，变数为 w_C 与 p_2，求 dw_C / dp_2 使之等于零，于是可得最佳中间压力为

$$p_2 = \sqrt{p_1 p_3} \quad 或 \quad \frac{p_2}{p_1} = \frac{p_3}{p_2} \tag{4-38}$$

此时，两级压气机的增压比相同，而且此时两级压气机所需功相等，即 $w_{C1} = w_{C2}$。这样可使各气缸的负担均匀，有利于曲轴的平衡，增加全机的耐用性。

如果采用级间冷却的压气机具有更多的级数，则可节省更多的功。用与两级压缩相类似的方法，可推导出各级的增压比相同时，压气机耗功为最少。从热力学理论上分析，分级越多，就越接近于等温过程，耗功越少。但级数过多，往往因压气机的结构复杂化而工作不可靠，所以，一般常用的以两级和三级为限。从技术经济的角度，总的增压比小于7的活塞式压气机通常采用单级。

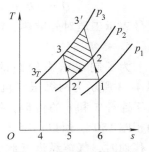

图4-15 两级压缩级间冷却的 $T\text{-}s$ 图

两级压缩级间冷却的 $T\text{-}s$ 图如图4-15所示。设经级间冷却器后气体的温度 $T_2' = T_1$。图中，1-2-3' 为不分级的多变压缩过程，所耗功为面积 $123'3_T461$。1-2 为低压缸的压气过程，耗功为面积 $122'561$。2-2' 为从低压缸中排出的气体在级间冷却器中的等压冷却过程，2'-3 为高压缸的压气过程，耗功为面积 $2'33_T452'$。相比之下，采用两级压缩级间冷却后，可省功，所省功如图上阴影部分面积所示。

例4-4 两级压气机

为了把1kg状态为0.1MPa、290K的空气压缩到1.6MPa，现用一个有级间冷却器的两级压气机，设两级压缩过程的多变指数均为1.25，余隙容积比 $C_V = 5\%$，且设在级间冷却器中，空气能被冷却到压缩前的初始温度290K。求：

1）按压气机耗功量为最小值确定其中间压力。

2）压气机总耗功量、容积效率、压缩终了温度。

3）和不分级压缩的情况相比较。

解 1）最佳中间压力 p_2 为

$$p_2 = \sqrt{p_1 p_3} = \sqrt{0.1 \times 1.6} \text{ MPa} = 0.4\text{MPa}$$

2）采用最佳中间压力时，两级消耗的功相同，单位质量空气的总耗功为

$$w_C = 2w_{C1} = 2 \times \frac{n}{n-1} R_g T_1 \left[\left(\frac{p_2}{p_1} \right)^{\frac{n-1}{n}} - 1 \right]$$

$$= 2 \times \frac{1.25}{1.25-1} \times 0.287 \times 290 \times (4^{\frac{0.25}{1.25}} - 1) \text{ kJ/kg} = 266\text{kJ/kg}$$

容积效率为

$$\eta_V = 1 - C_V \left(\pi^{\frac{1}{n}} - 1 \right) = 1 - 0.05 \times \left(4^{\frac{1}{1.25}} - 1 \right) = 0.898$$

高压缸和低压缸压缩终了温度相同，为

$$T_2 = \left(\frac{p_2}{p_1} \right)^{\frac{n-1}{n}} T_1 = 4^{\frac{0.25}{1.25}} \times 290\text{K} = 382.7\text{K}$$

3）如果不采用分级压缩，而采用一级压缩，则：

单位质量空气的耗功为

$$w_C = \frac{n}{n-1} R_g T_1 \left(\pi^{\frac{n-1}{n}} - 1 \right)$$

$$= \frac{1.25}{1.25-1} \times 0.287 \times 290 \times \left(16^{\frac{0.25}{1.25}} - 1 \right) \text{kJ/kg} = 308.4\text{kJ/kg}$$

容积效率为

$$\eta_V = 1 - C_V\left(\pi^{\frac{1}{n}} - 1\right) = 1 - 0.05 \times \left(16^{\frac{1}{1.25}} - 1\right) = 0.591$$

压缩终了温度为

$$T_2 = \left(\frac{p_2}{p_1}\right)^{\frac{n-1}{n}} T_1 = 16^{\frac{0.25}{1.25}} \times 290\text{K} = 505\text{K}$$

上述计算结果表明，采用具有级间冷却器的两级压气机可以显著地节省压气机消耗的功，提高容积效率，降低压缩终了温度。

5. 叶轮式压气机

活塞式压气机的最大缺点是单位时间内产气量小，其原因是转速不高、间歇性吸气与排气，以及有余隙容积的影响。叶轮式压气机克服了这些缺点，由于没有往复运动部件，它的转速比活塞式的高几十倍，能连续不断地吸气和排气，没有余隙容积，产气量大，广泛应用于燃气轮机中。其缺点是每级的增压比小，如果需要得到较高的压力，则需要很多的级数。其次，因气体流速很大，各部分的摩擦损耗较大，故效率偏低。因此，对叶轮式压气机的设计和制造的技术水平要求甚高。

叶轮式压气机分离心式和轴流式两种类型。下面讨论如图4-16所示的轴流式压气机的工作原理。

状态参数为p_1、t_1，初速为c_1的气体，自进气管流经收缩器10，使气流均匀并得到初步加速。气流流经固定在机壳上的进口导向叶片1间的流道，使气流被整理成轴向流动，并使气流速度有少许提高。转子8由外力（原动机或电动机）驱动高速旋转。固定在转子上的工作叶片2使气流提速。高速气流流经固定在机壳上的导向叶片3间的流道，流速降低，压力提高，这些流道起到了扩压管的作用。一列工作叶片和一列导向叶片构成一个工作级。气流经过若干个工作级后压力逐步提高，最后气流经扩散器7，并在其中进一步利用气流的余速使气体升压。终态参数为p_2、t_2，流速为c_2的高压气体从排气管排出压气机。

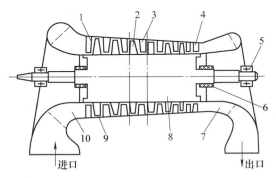

图4-16 轴流式压气机
1—进口导向叶片 2—工作叶片 3—导向叶片
4—整流装置 5—轴承 6—密封 7—扩散器
8—转子 9—机壳 10—收缩器

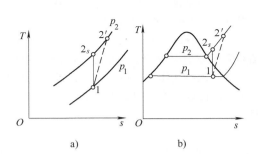

图4-17 轴流式压气机的绝热压缩过程
a）理想气体的绝热压缩过程
b）水蒸气的绝热压缩过程

轴流式压气机不像活塞式压气机那样能够用冷水套冷却，因此，气体在轴流式压气机内的压缩可看成是绝热压缩。理想气体和水蒸气的绝热压缩过程如图4-17所示。其中1-2$_s$为可逆绝热压缩过程，1-2′为不可逆绝热压缩过程。

叶轮式压气机工作情况的好坏，用压气机的绝热效率来考察。所谓**压气机的绝热效率**是指对于单位质量气体，在压缩前气体状态相同，压缩后气体压力也相同的情况下，可逆绝热压缩时压气机消耗的功 $w_{C,s}$ 与不可逆绝热压缩时所消耗的功 w'_C 的比值，用 $\eta_{C,s}$ 表示，即

$$\eta_{C,s}=\frac{w_{C,s}}{w'_C}=\frac{h_{2s}-h_1}{h_{2'}-h_1} \tag{4-39}$$

对于比热容为定值的理想气体，有

$$\eta_{C,s}=\frac{T_{2s}-T_1}{T_{2'}-T_1} \tag{4-40}$$

思 考 题

4-1 "理想气体在绝热过程中的技术功，无论可逆与否均可由 $w_t=\dfrac{\kappa}{\kappa-1}R_g(T_1-T_2)$ 计算"对吗？为什么？

4-2 试根据理想气体在 p-v 图上四种基本热力过程的过程曲线的位置（图 4-7a），画出自四线交点出发的下述过程的过程曲线，并指出其变化范围：

1）热力学能增大且比体积减小的过程。

2）吸热且压力降低的过程。

4-3 试根据理想气体在 T-s 图上四种基本热力过程的过程曲线的位置（图 4-7b），画出自四线交点出发的下述过程的过程曲线，并指出其变化范围：

1）吸热且膨胀做功的过程。

2）压力升高且温度降低的过程。

4-4 多变过程的膨胀功、技术功、热量三个公式在 $n=1$ 时就失效了，怎么处理这个问题？

4-5 如果通过各种冷却方法而使压气机的压缩过程实现为等温过程，则采用多级压缩的意义是什么？

4-6 试分析，在增压比及余隙容积比相同时，采用等温压缩和采用绝热压缩的压气机的容积效率何者高？

4-7 理想气体由状态 1 经可逆过程至状态 2，如图 4-18 所示。试在该图中，用面积表示出过程的技术功，并说明根据。

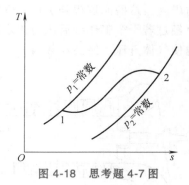

图 4-18　思考题 4-7 图

习 题

4-1　2.268kg 的某种理想气体，经可逆等容过程，其比热力学能的变化为 $\Delta u=139.6$kJ/kg，求过程膨胀功、过程热量。

4-2　某理想气体在缸内进行可逆绝热膨胀，当比体积变为原来的 2 倍时，温度由 40℃ 降为 −36℃，同时气体对外做膨胀功 60kJ/kg。设比热容为定值，试求比定压热容 c_p 与比定容热容 c_V。

4-3　空气经历了一个循环：从状态 1（$p_1=0.1$MPa，$t_1=20℃$）经过可逆绝热压缩过程变为状态

2（$p_2 = 0.8\text{MPa}$），再经过一个等温吸热过程变为状态 3（$p_3 = 0.4\text{MPa}$），再经过一个可逆绝热膨胀过程变为状态 4（$t_4 = 20℃$），再经过一个可逆等温放热过程回到状态 1。求：

1）1kg 空气在 2-3 过程的吸热量。

2）1kg 空气的循环净功。

3）循环的热效率。

4-4　将气缸中温度为 30℃、压力为 0.1MPa、体积为 0.1m^3 的某理想气体可逆等温压缩至 0.4MPa，然后又可逆绝热地膨胀至初始体积。已知该气体的 $c_p = 0.93\text{kJ}/(\text{kg}\cdot\text{K})$，$\kappa = 1.4$。求：

1）该气体的气体常数和质量。

2）压缩过程中气体与外界交换的热量。

3）膨胀过程中气体热力学能的变化。

4-5　有若干空气在由气缸活塞构成的空间中被压缩，空气的初态为：$p_1 = 0.2\text{MPa}$，$t_1 = 115℃$，$V = 0.14\text{m}^3$。活塞缓慢移动将空气压缩到 $p_2 = 0.6\text{MPa}$，已知压缩过程中空气体积变化按照如下规律：$V = 0.16 - 0.1p$（V 的单位为 m^3，p 的单位为 MPa），空气：$R_g = 0.287\text{kJ}/(\text{kg}\cdot\text{K})$，$c_V = 0.707\text{kJ}/(\text{kg}\cdot\text{K})$，求：

1）空气质量。

2）空气做功量。

3）压缩终了温度。

4）过程吸热量。

4-6　空气的初态参数为 $p_1 = 0.5\text{MPa}$ 和 $t_1 = 50℃$，此空气流经阀门发生绝热节流作用，并使空气体积增大到原来的 2 倍。求节流过程中空气的熵增，并求其最后的压力。

4-7　如图 4-19 所示，两端封闭而且具有绝热壁的气缸，被可移动的、无摩擦的、绝热的活塞分为体积相同的 A、B 两部分，其中各装有同种理想气体 1kg。开始时活塞两边的温度和压力都相同，分别为 0.2MPa、10℃。现通过 A 腔气体内的一个加热线圈，对 A 腔内气体缓慢加热，使活塞向右缓慢移动，直至 $p_{A2} = p_{B2} = 0.4\text{MPa}$ 时，试求：

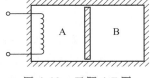

图 4-19　习题 4-7 图

1）A、B 腔内气体的终态体积各是多少？

2）A、B 腔内气体的终态温度各是多少？

3）过程中 A 腔内气体获得的热量是多少？

4）A、B 腔内气体的熵变各是多少？

5）整个系统的熵变是多少？

6）在 p-v 图和 T-s 图上表示出 A、B 腔气体经历的过程。已知该气体的比热容为定值，$c_p = 1.01\text{kJ}/(\text{kg}\cdot\text{K})$，$c_V = 0.72\text{kJ}/(\text{kg}\cdot\text{K})$。

4-8　压力为 0.12MPa，温度为 30℃，体积为 0.5m^3 的空气在气缸中被可逆绝热压缩，终态压力为 0.6MPa，试计算终态温度、终态体积以及所消耗的功。

4-9　2kg 某理想气体按可逆多变过程膨胀到原有体积的 3 倍，温度从 300℃ 下降至 60℃，膨胀过程中的膨胀功为 100kJ，自外界吸热 20kJ。求该气体的 c_p 和 c_V。

4-10　理想气体的比热容与温度的关系为 $c_p = a + bT$，$c_V = d + bT$，试证明：对等熵过程有 $p^{d/a}v = ce^{-bpv/(aR_g)}$，其中 a、b、c、d 均为常数，e 为自然对数的底。

4-11　设理想气体经历了参数 x 保持不变的可逆过程，c_x 为该过程的比热容，试证明：$pv^\alpha = $ 常数，其中 $\alpha = (c_x - c_p)/(c_x - c_V)$。

4-12　一个气缸活塞系统如图 4-20 所示，活塞的截面积为 40cm^2，活塞离气缸底部 10cm，活塞加重物质量共 20kg，初态温度为 300K，大气压

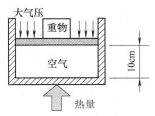

图 4-20　习题 4-12 图

力为 101325Pa。求：

1）如果使重物升高 2cm，需要加入多少热量？

2）然后，当可逆绝热情况下使活塞回到原位置，需要再加上多少重物？

4-13 一个立式气缸通过能自由活动且无摩擦的活塞密封有 0.3kg 空气。已知：空气的初始温度 $t_1 = 20℃$，体积 $V_1 = 0.14m^3$。试计算：

1）若向空气中加入 30kJ 热量后，空气的温度、压力以及体积各是多少？气体对外做的功是多少？

2）当活塞上升到最终位置并加以固定、再向空气中加入 30kJ 热量后，空气的压力将上升至多少？

3）整个过程空气的热力学能、焓、熵变化多少？

4-14 一装有阀门的刚性透热容器内盛有某种理想气体，开始时其表压力 $p_{g1} = 0.01MPa$，温度等于大气温度，突然打开阀门放气（可看成是可逆绝热过程），当容器内气体绝对压力降为大气压力 $p_0 = 0.1MPa$ 时，关上阀门。经一段时间后，容器内的气体温度又与大气恢复到热平衡，此时表压力变为 $p_{g2} = 0.003MPa$。求该理想气体的比热容比（绝热指数）κ。

4-15 1kmol 理想气体，从状态 1 经过等压过程到状态 2，再经过等容过程到达状态 3，另一途径为从状态 1 直接到达状态 3，如图 4-21 所示，1-3 为直线。已知：$p_1 = 0.1MPa$，$T_1 = 300K$，$v_2 = 3v_1$，$p_3 = 2p_1$。试证明：

1）$Q_{12} + Q_{23} \neq Q_{13}$。

2）$\Delta S_{12} + \Delta S_{23} = \Delta S_{13}$。

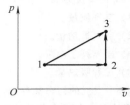

图 4-21 习题 4-15 图

4-16 气枪击发时，气室内的压缩空气迅速膨胀，将子弹推离枪口，某气枪气室内可容 900kPa、21℃ 的空气 $5.58 \times 10^{-5}kg$，若空气的 $R_g = 0.287kJ/(kg \cdot K)$，$\kappa = 1.4$，大气压力 $p = 100kPa$，子弹的质量为 1.1g，试求子弹出枪口时的速度。

4-17 某理想气体状态变化过程中符合 $dp = apdv/v$ 的规律（a 为常数），试推导该过程的摩尔热容。

4-18 有理想气体 3.5kg，初温 $T_1 = 440K$，经过可逆等容过程，其热力学能增加了 323.8kJ，求过程的热量及熵的变化量。设该气体的气体常数 $R_g = 0.41kJ/(kg \cdot K)$，$\kappa = 1.35$，并假定比热容为定值。

4-19 画出由两个等压过程和两个绝热过程组成的理想气体可逆正向循环的 p-v 图和 T-s 图，并证明其热效率为

$$\eta_t = 1 - \left(\frac{p_1}{p_2}\right)^{\frac{\kappa-1}{\kappa}}$$

式中，$p_1 < p_2$，κ 为等熵指数。

4-20 温度为 17℃ 的空气被绝热压缩至 260℃，增压比为 6，求压缩前后空气的热力学能、焓、熵的变化及压气机的绝热效率。

4-21 一具有级间冷却器的两级压气机，吸入空气的温度为 27℃，压力为 0.1MPa，压气机将空气压缩到 $p_3 = 1.6MPa$。压气机的生产量为 360kg/min，两级压气机压缩过程均按 $n = 1.3$ 进行。若两级压气机进气温度相同，且以压气机耗功最少为条件。试求：

1）空气在低压缸中被压缩所达到的压力 p_2。

2）压气机所耗总功率。

3）空气在级间冷却器所放出的热量。

4-22 压气机入口空气温度为 17℃，压力为 0.1MPa，1min 吸入空气 $500m^3$，经绝热压缩后其温度变为 207℃，压力为 0.4MPa。求：

1）压气机的实际耗功率。

2）压气机的绝热效率。

4-23 一台轴流式压气机 1min 压缩 100kg 空气，空气进入压气机时的压力为 0.1MPa，温度为 20℃，

经压缩后压力提高到 0.4MPa。试求：

1）压气机消耗的理论功率是多少？

2）如果压气机的绝热效率为 $\eta_{C,s}=0.85$，则实际消耗功率为多少？出口处空气温度变为多少？

4-24 空气状态参数为 $p_1=0.1$MPa，$t_1=20℃$。经过三级活塞式压气机压缩后，压力提高到 12.5MPa。设每一级压缩过程的多变指数相同，为 $n=1.3$，级间冷却后都能将空气冷却到 20℃。试求：

1）最佳的中间压力。

2）压气机每压缩 1kg 空气消耗的功。

3）压气机出口处空气的温度。

4）如果级间冷却器都出了故障而没法使用，则压气机消耗的功和最后空气的温度分别是多少？

4-25 单位质量理想气体经等熵、等压、等容过程组成一可逆循环，在 $p\text{-}v$ 图和 $T\text{-}s$ 图上画出该循环，并导出循环热效率的表达式（以 $\varepsilon=p_2/p_1$，$\kappa=c_p/c_v$ 表示，即 $\eta=\eta(\varepsilon,\kappa)$ 的具体形式）。

扫描下方二维码，可获取部分习题参考答案。

第 5 章

热力学第二定律

5.1 自发过程的方向性

热力学第一定律阐明了热能和机械能以及其他形式的能量在传递和转换过程中数量上的守恒关系：能量不生不灭，它只能从一种形式转化为另一种形式，或者从一物体转移到另一物体，而孤立系统内具有的总能量不变。实践证明，热力学第一定律是正确的。但是热力学第一定律不能确定能量转化究竟沿什么方向进行，也没有考虑能量在质方面的差异。

从暖瓶中倒出一杯热水后，热量会由热水传递到周围的空气中，最后这杯水会和周围的空气处于相同的温度，这是一个不需要人为干涉就可以进行的自发过程。那么，能不能将散失到空气中的热量自发地聚集起来，使这杯水重新变热呢？答案是否定的，虽然这并不违反热力学第一定律。

又例如，转动的飞轮可以自发地停下来，飞轮原来的动能变成热能耗散于大气，但是不能反过来再自发地将热能变回到机械能使飞轮重新转起来。

再例如，一个绝热刚性容器被隔板分成两部分，一部分内盛有一定压力的气体，另一部分为真空。抽掉隔板后，则气体迅速膨胀，很快充满整个容器，直到容器内压力一致为止。在此膨胀过程中，虽然气体压力降低，体积增加，但由于气体是流向没有压力的空间，这称为自由膨胀，所以也就未做出任何功。那么，气体能否自动回到原来状态呢？由经验可知，这也是不可能的。使气体回到原来状态必须消耗压缩功，气体的自由膨胀过程是一个典型的不可逆过程。

读者可以举出自己身边的一些自发过程方向性的例子。

因此，自然界一切事物，除服从热力学第一定律外，还要服从另外一条定律，这就是热力学第二定律。热力学第二定律建立在能量自发贬值的原理上，从而指明了过程进行的方向、条件和限度。

5.2 热力学第二定律的表述

热力学第二定律揭示了自然界中一切过程进行的方向、条件和限度。由于工程实践中热现象普遍存在，热力学第二定律应用范围极广泛。针对各类具体问题，热力学第二定律有各种形式的表述方式。由于各种表述所揭示的是一个共同的客观规律，因此各种表述形式是等效的。这里只介绍两种最基本、最具代表性的表述。

克劳修斯表述：**热不可能自发地、不付代价地从低温物体传至高温物体**。这个表述是德国数学家、物理学家克劳修斯（R. Clausius，1822—1888）于1850年提出的。它表明了热量只能自发地从高温物体传向低温物体，反之的非自发过程并非不能实现，而是必须花费一定的代价。

开尔文-普朗克表述：**不可能制造出从单一热源吸热、使之全部转化为功而不留下其他任何变化的热力发动机**。这个表述是英国物理学家开尔文于1851年提出的，1897年普朗克也发表了内容相同的表述，后来，称之为开尔文-普朗克表述。在这个表述中，"不留下其他任何变化"是不可缺少的条件。例如，根据能量方程和理想气体的特性，理想气体等温膨胀过程的结果，就是从单一热源取热并将其全部变成了功。但与此同时，气体的压力降低，体积增大，即气体的状态发生了变化，或者说"留下了其他变化"。可见，并非热不能全部变为功，而是必须有其他影响为代价才能实现。

在人类历史上，有人曾设想制造一台机器，它从单一热源取热并使之完全变为功。显然，在转变过程中能量是守恒的，所以它并不违反热力学第一定律，但是，有史以来，从来没有人成功制造出这种机器。如果这种机器可以制造成功，就可以以环境大气或海洋等作为单一热源，将其中无穷无尽的热能完全转变为机械能，机械能又可变为热，循环使用，取之不尽，用之不竭。这种从单一热源取热并使之完全转变为功的机器称为第二类永动机，它有别于无中生有的第一类永动机，但同样是不存在的。因此，热力学第二定律又可以表述为：**第二类永动机是不可能制造成功的**。

热力学第二定律的以上两种表述，各自从不同的角度反映了热力过程的方向性，实质上是统一的、等效的。可以证明，如果违反了其中一种表述，也必然违反另一种表述。

值得指出的是，热力学第二定律在形式上似乎是热力学第一定律的补充，但其含义却更为广泛而深刻。实际上这两个定律是互相独立的基本定律，都是正确的，都是人类长期生产、生活实践经验的总结，都没法用数学方法严密地推导出来，一切实际过程必须同时遵守这两条基本定律，违反其中任何一条定律的过程都是不可能实现的。热力学第一定律揭示在能量转换和传递过程中能量在数量上必定守恒。热力学第二定律揭示了热力过程进行的方向、条件和限度，一个热力过程能不能发生，由热力学第二定律决定，热力过程发生之后，能量的量必定是守恒的。但是，由于自然界中发生的实际过程都是不可逆的，根据热力学第二定律，在能量转换和传递过程中，能量在品质上必然贬值。

5.3　卡诺循环与卡诺定理

热力学第二定律指出，热机的热效率不可能达到100%。那么，在一定条件下，热机的热效率最大能达到多少？它又与哪些因素有关？法国工程师卡诺（S. Carnot，1796—1832）在1824年成功地提出了最理想的热机工作方案，这就是著名的卡诺循环，并在此基础上发表了卡诺定理。但受"热质说"的影响，他的证明方法有错误。1850年和1851年克劳修斯和开尔文先后在热力学第二定律的基础上，重新证明了卡诺定理。历史上，卡诺定理成为确立热力学第二定律的重要出发点，开尔文在 1848 年根据卡诺定理制定了"热力学温标"（热力学绝对温标），克劳修斯根据卡诺定理提出了一个新的热力学状态参数"熵"。

1. 卡诺循环

卡诺循环由两个可逆等温过程和两个可逆绝热过程组成，工质为理想气体的卡诺循环如图 5-1 所示。图中 a-b 为工质从高温热源 T_1 等温吸热的过程，c-d 为工质向低温热源 T_2 等温放热的过程，d-a 为绝热压缩过程，b-c 为绝热膨胀过程。

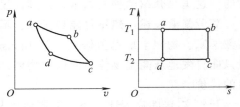

图 5-1 卡诺循环示意图

根据式（1-17），卡诺循环的热效率为

$$\eta_C = \frac{w_{net}}{q_1} = 1 - \frac{q_2}{q_1} = 1 - \frac{T_2(s_c - s_d)}{T_1(s_b - s_a)} = 1 - \frac{T_2}{T_1} \tag{5-1}$$

分析式（5-1）可以得出以下结论：

1）卡诺循环的热效率与工质种类无关，只决定于高温热源的温度 T_1 和低温热源的温度 T_2，提高高温热源的温度，降低低温热源的温度，都可以提高热效率。

2）因为 $T_1 = \infty$ 或 $T_2 = 0K$ 都不可能实现，故卡诺循环的热效率只能小于 1，不可能等于 1，更不可能大于 1。这就是说，在循环发动机中即使在最理想的情况下，也不可能将热能全部转化为机械能。这一点很好理解，因为热能是分子杂乱无章的热运动的表现，是无序能；而机械能是宏观物体朝一个固定的方向运动所具有的能量，是有序能。两种能量是不同的。图 5-2 就能很好地说明这一点。

3）当 $T_1 = T_2$ 时，卡诺循环的热效率等于零。这说明没有温差是不可能连续不断地将热能转变为机械能的，即只有单一热源的第二类永动机是不可能制造成功的。

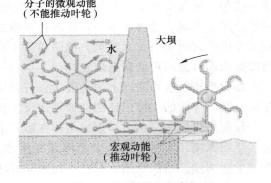

图 5-2 无序能与有序能

虽然卡诺循环是一个实际不可能存在的理想循环，但是卡诺循环及其热效率公式具有重大意义，它为提高各种热力发动机的热效率指明了方向：尽可能提高高温热源的温度和尽可能降低低温热源的温度。现代火力发电厂正是在这种思想指导下不断提高蒸汽参数从而容量不断增加、效率不断提高的。

例 5-1 海水温差发电

某科学家设想利用海水的温差发电。设海洋表面的温度为 20℃，在 500m 深处，海水的温度为 5℃，如果采用卡诺循环，其热效率是多少？

解 计算卡诺循环热效率时，要用热力学温度

$$T_1 = (20 + 273.15)K = 293.15K, \quad T_2 = (5 + 273.15)K = 278.15K$$

$$\eta_C = 1 - \frac{T_2}{T_1} = 1 - \frac{278.15}{293.15} = 5.12\%$$

可见，即使采用最理想的卡诺循环，其热效率也很低，实际循环的热效率将更低，这是

由于温差太小的缘故，地热发电的热效率不高也是同样的道理。

2. 逆向卡诺循环

逆向卡诺循环与卡诺循环构成相同，但工质的状态变化是沿逆时针方向进行的，总的效果是消耗外界的功，将热量由低温物体传向高温物体。根据作用不同，逆向卡诺循环可分为卡诺制冷循环和卡诺热泵循环，如图 5-3 所示。图中 T_0 为环境温度，很容易得到卡诺制冷循环的制冷系数 ε_C 和卡诺热泵循环的热泵系数（供热系数）ε'_C

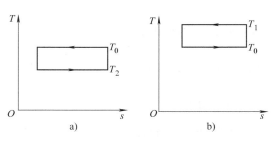

$$\varepsilon_C = \frac{q_2}{w_{net}} = \frac{q_2}{q_1 - q_2} = \frac{T_2}{T_0 - T_2} \quad (5\text{-}2)$$

$$\varepsilon'_C = \frac{q_1}{w_{net}} = \frac{q_1}{q_1 - q_2} = \frac{T_1}{T_1 - T_0} \quad (5\text{-}3)$$

图 5-3　卡诺制冷循环和卡诺热泵循环的 T-s 图
a) 卡诺制冷循环　b) 卡诺热泵循环

由式（5-2）可知，在 T_0 一定的条件下，T_2 越低，制冷系数 ε_C 也越低。因此，在保证冰箱内食物不变质的前提下，没有必要将冰箱冷冻室的温度调得过低。2006 年 8 月 6 日公布的《国务院关于加强节能工作的决定》第 27 条规定，所有公共建筑内的单位，包括国家机关、社会团体、企事业组织和个体工商户，除特定用途外，夏季室内空调温度设置不低于 26℃。

下面是一个热泵系数的计算问题。

例 5-2　热泵供暖

冬天利用热泵给房间供暖，已知环境温度 $t_0 = -10℃$，房间温度 $t_1 = 20℃$，如果采用在这两个温度之间最为理想的逆向卡诺循环，求热泵系数。

解　环境温度 $T_0 = 263.15K$，房间温度 $T_1 = 293.15K$，代入式（5-3）可得

$$\varepsilon'_C = \frac{T_1}{T_1 - T_0} = \frac{293.15}{293.15 - 263.15} = 9.77 = 977\%$$

通过上面的计算可知，给这台热泵提供 1kJ 的功，它可以给房间提供 9.77kJ 的热量，相对于直接用电炉给房间供热，热泵要节省很多能量，因此，热泵是一个很好的节能设备。但是，热泵也有弱点，由式（5-3）可知，当环境温度 T_0 很低，正是房间需要多供热的时候，热泵系数（供热系数）ε'_C 却下降了。用老百姓的话来说，就是"关键的时候掉链子"。因此，在特别严寒的地区，热泵的作用受到了限制。

值得说明的是，虽然降低低温热源的温度可以提高正向卡诺循环的热效率，但是有个极限条件，即不可以人为地将热机低温热源的温度降至环境温度以下，否则将得不偿失，这一点可以通过例 5-3 得到证明。可见，热力学第二定律的一个特点是与环境有紧密联系，这一点是它和热力学第一定律一个显著不同的地方，大家可以从后面要介绍到的"做功能力损失"和"㶲分析"的相关内容中进一步地体会这个特点。

例 5-3　不能人为地将热机低温热源温度降低至环境温度以下

图 5-4a 中 A 为工作于 $T_1 = 800K$、环境温度 $T_0 = 300K$ 之间的卡诺热机，输出功为 W_A。图 5-4b 中 B 为一工作于 $T_1 = 800K$、$T_2 = 250K$ 之间卡诺热机，其低温热源的温度低于环境温度，这是由于逆向卡诺制冷机 C 人为地将热机 B 的低温热源的温度降低至 $T_2 = 250K$，两个

Q_3 是相等的。热机 B 产生的功一部分要传给制冷机 C，输出的净功为 W_B。图 5-4a、b 中高温热源提供的热量都是 100kJ。求证：$W_A = W_B$。

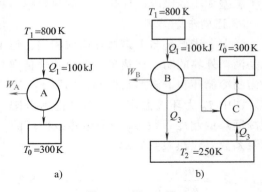

证明

1）热机 A 的输出功为

$$W_A = \left(1 - \frac{T_0}{T_1}\right) Q_1 = \left(1 - \frac{300}{800}\right) \times 100\text{kJ}$$

$$= 62.5\text{kJ}$$

图 5-4　例 5-3 图

2）热机 B 产生的总功为

$$W = \left(1 - \frac{T_2}{T_1}\right) Q_1 = \left(1 - \frac{250}{800}\right) \times 100\text{kJ} = 68.75\text{kJ}$$

传递给低温热源 T_2 的热量为

$$Q_3 = Q_1 - W = (100 - 68.75)\text{kJ} = 31.25\text{kJ}$$

卡诺制冷机 C 的制冷系数为

$$\varepsilon_C = \frac{T_2}{T_0 - T_2} = \frac{250}{300 - 250} = 5$$

卡诺制冷机 C 消耗的功为

$$W_C = \frac{Q_3}{\varepsilon_C} = \frac{31.25}{5}\text{kJ} = 6.25\text{kJ}$$

$$W_B = W - W_C = (68.75 - 6.25)\text{kJ} = 62.5\text{kJ}$$

因此，$W_A = W_B$。

分析：在 C 为卡诺制冷机的情况下，热机 A、B 得到的功是一样的；如果 C 不可逆，则 $W_A > W_B$。因此，指望给火力发电厂凝汽器加空调，人为降低低温热源温度至环境温度以下从而提高机组效率，进而提高输出功率是不可能的。

3. 两个恒温热源间的极限回热循环——概括性卡诺循环

除了卡诺循环外，工作在两个恒温热源之间的可逆循环也具有卡诺循环的性质，因此，把它们统称为概括性卡诺循环，它由两个等温过程 a-b、c-d 与两个水平间距处处相等的过程 b-c 及 d-a 构成，如图 5-5 所示。过程 b-c 放出的热量等于过程 d-a 吸收的热量，这种方法称为回热加热。为了符合可逆的条件，必须随时为等温传热，这需要无穷多个"中间热源"，因此，概括性卡诺循环是极限回热循环。

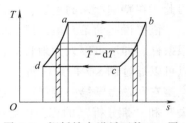

图 5-5　概括性卡诺循环的 T-s 图

对于整个循环来说，单位质量的工质从高温热源吸收的热量为 $q_1 = T_1 \Delta s_{a-b}$，工质向低温热源放出的热量为 $q_2 = T_2 \Delta s_{d-c}$，因 $\Delta s_{a-b} = \Delta s_{d-c}$，所以概括性卡诺循环的热效率为

$$\eta_{t} = 1 - \frac{q_2}{q_1} = 1 - \frac{T_2}{T_1} = \eta_C$$

可见，概括性卡诺循环的热效率等于同温限间工作的卡诺循环的热效率。

虽然完全按概括性卡诺循环工作的热机无法实现，但由此提出的回热加热的思想对提高动力装置的效率有重要的指导意义，在现代大型动力设备中，回热加热得到了广泛的应用。

4. 卡诺定理

1824 年卡诺在他的热机理论中首先阐明了可逆热机的概念，并阐述了有重要意义的卡诺定理。

定理一：在两个恒温热源之间工作的一切可逆热机具有相同的热效率，其热效率等于在同样热源间工作的卡诺循环热效率，与工质的性质无关。

证明：如图 5-6 所示，设两个恒温热源的温度分别为 T_1 和 T_2，A 为理想气体工质进行卡诺循环的热机，B 为任意工质进行卡诺循环或其他任意可逆循环的热机。使热机 B 逆向运行时，因热机 B 进行的是可逆循环，逆向运行与正向运行时相比，和两个恒温热源交换热量的绝对值不变，而方向相反。

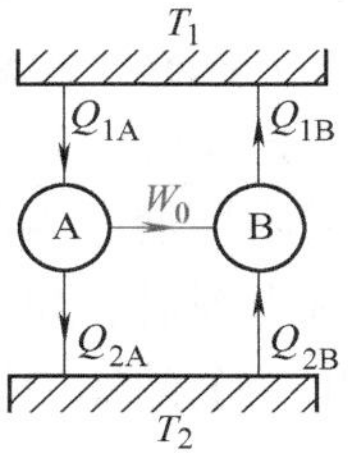

现在用热机 A 带动 B，由热力学第一定律，有

图 5-6 两个恒温热源之间
工作的可逆热机示意图

$$Q_{1A} - Q_{2A} = W_0 = Q_{1B} - Q_{2B}$$

或

$$Q_{2B} - Q_{2A} = Q_{1B} - Q_{1A}$$

假设

$$\eta_{tA} > \eta_{tB}$$

则有

$$\frac{W_0}{Q_{1A}} > \frac{W_0}{Q_{1B}}$$

可见

$$Q_{1B} > Q_{1A}$$

这样，高温热源得到净热量 $Q_{1B}-Q_{1A}$，低温热源失去净热量 $Q_{2B}-Q_{2A}$，两者相等，而外界并没有功输入，热量自发地从低温热源传向高温，这违反了热力学第二定律克劳修斯说法，证明了上述所作的假定是错误的，即 η_{tA} 不可能大于 η_{tB}。同理，可使热机 A 逆行，热机 B 带动 A，也可证明 η_{tB} 不可能大于 η_{tA}，所以只能是 $\eta_{tB} = \eta_{tA} = \eta_C$，这里 η_C 是卡诺循环的热效率。定理一得证。

定理二：在两个恒温热源之间工作的任何不可逆热机的热效率都小于可逆热机的热效率。

证明：仍参考图 5-6，设 A 为不可逆热机，B 为可逆热机，由热机 A 带动 B 逆向运行。和定理一的证明类似，可以得出结论，η_{tA} 不可能大于 η_{tB}。现假设 $\eta_{tA} = \eta_{tB}$，即

$$\frac{W_0}{Q_{1A}} = \frac{W_0}{Q_{1B}}$$

则

$$Q_{2B} - Q_{2A} = Q_{1B} - Q_{1A} = 0$$

这样，循环虽可进行，工质恢复到原来状态，热源既未得到热量，也没失去热量，外界既未得到功，也没有失去功。这与 A 为不可逆热机的前提相矛盾，因此 $\eta_{tA} \neq \eta_{tB}$。综合起来，只有 $\eta_{tA} < \eta_{tB}$。定理二得证。

卡诺循环和卡诺定理在热力学的研究中具有重要的理论和实际意义。它解决了热机循环热效率的极限值问题，从原则上提出了提高热效率的途径。在系统的高温热源与低温热源之

间，卡诺循环的热效率为最高，一切其他实际循环的热效率均低于卡诺循环。因此，要想制造出高于卡诺循环热效率的热机是不可能的。同样的道理，在给定的高温热源与低温热源之间，逆向卡诺循环的制冷系数和热泵系数也是最高的。

需要补充一点，卡诺循环研究的是热机效率，对于化学电池反应输出功的装置，如燃料电池，其能量转换效率并不遵守卡诺定理。

5.4 熵与克劳修斯不等式

1. 熵参数的导出

熵参数的导出有多种不同的方法。这里只介绍一种经典方法，它是由德国数学家、物理学家克劳修斯根据卡诺循环和卡诺定理分析可逆循环时提出来的。

图 5-7 表示一任意可逆循环 $abcda$，现有无穷多条等熵线分割该循环，因为等熵线有无穷多条，所以相邻的两线将无限接近。因此，循环 $abcda$ 在这两条线之间的部分可以认为等温，如此，就构成无穷多个微元卡诺循环，任取其中一个微元卡诺循环（如图中斜影部分），则有

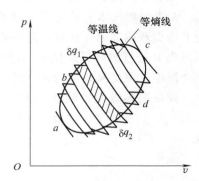

图 5-7 以无穷多条等熵线分割一任意可逆循环的示意图

$$\eta_{\mathrm{C}} = 1 - \frac{\delta q_2}{\delta q_1} = 1 - \frac{T_2}{T_1}$$

考虑到 δq_2 为对外放热，取负值，即得

$$\frac{\delta q_1}{T_1} + \frac{\delta q_2}{T_2} = 0$$

对于整个可逆循环，有

$$\int_{abc} \frac{\delta q_1}{T_1} + \int_{cda} \frac{\delta q_2}{T_2} = \oint \left(\frac{\delta q}{T}\right)_{\mathrm{rev}} = 0 \tag{5-4}$$

式（5-4）称为克劳修斯积分等式。式中被积函数 $\left(\dfrac{\delta q}{T}\right)_{\mathrm{rev}}$ 的循环积分为零。这表明该函数与积分路径无关，必为状态参数。克劳修斯将这个新的状态参数命名为 entropy（熵）。即

$$\mathrm{d}s = \left(\frac{\delta q}{T}\right)_{\mathrm{rev}} \tag{5-5}$$

式中，s 是对单位质量工质而言，称为比熵 [J/(kg·K)]。

对于系统总质量而言的熵（J/K）为

$$S = ms$$

2. 克劳修斯不等式

如果某一循环中有一部分或全部过程是不可逆的，则此循环为不可逆循环。根据卡诺定理，不可逆循环的热效率小于相同温限之间卡诺循环的热效率，对于一微元不可逆循环，有

$$\eta_{\mathrm{t}} = 1 - \frac{\delta q_2}{\delta q_1} < 1 - \frac{T_2}{T_1}$$

同样，考虑到 δq_2 为对外放热，取负值，即得

$$\frac{\delta q_1}{T_1} + \frac{\delta q_2}{T_2} < 0$$

对于整个不可逆循环，有

$$\oint \left(\frac{\delta q}{T}\right)_{irr} < 0 \tag{5-6}$$

综合式（5-4）和式（5-6），得到克劳修斯不等式

$$\oint \frac{\delta q}{T} \leqslant 0 \tag{5-7}$$

式中等号用于可逆循环，小于号用于不可逆循环。

3. 不可逆过程熵的变化

图 5-8 表示的是一不可逆循环，其中 1-a-2 为不可逆过程，2-b-1 为可逆过程。

根据式（5-7），有

$$\oint \frac{\delta q}{T} = \int_{1a2} \frac{\delta q}{T} + \int_{2b1} \frac{\delta q}{T} < 0 \tag{5-8}$$

因为 2-b-1 是可逆过程，所以有

$$\int_{2b1} \frac{\delta q}{T} = s_1 - s_2$$

将上式代入式（5-8）并整理，有

$$s_2 - s_1 > \int_{1a2} \frac{\delta q}{T} \tag{5-9}$$

若 1-a-2 为可逆过程，则

$$s_2 - s_1 = \int_{1a2} \frac{\delta q}{T} \tag{5-10}$$

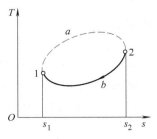

图 5-8　不可逆循环示意图

综合式（5-9）与式（5-10），有

$$s_2 - s_1 \geqslant \int_1^2 \frac{\delta q}{T} \tag{5-11}$$

对于微元过程，式（5-11）可写成

$$ds \geqslant \frac{\delta q}{T} \tag{5-12}$$

在式（5-11）、式（5-12）中，等号适用于可逆过程，大于号适用于不可逆过程。

式（5-7）、式（5-12）都是热力学第二定律的数学表达式，都可以用来判断循环（或过程）是否能进行、是否可逆。

对于单位质量工质，微元不可逆过程熵的变化也可以写成

$$ds = ds_f + ds_g \tag{5-13}$$

式中，ds_f 称为**熵流**，$ds_f = \delta q/T$ 是由于工质与热源之间的热交换所引起的熵变，根据工质是吸热、放热还是绝热，ds_f 可以大于 0、小于 0 和等于 0；ds_g 称为**熵产**，是由不可逆因素造成的，不可能为负值，不可逆性越大，熵产 ds_g 越大，因此，熵产是不可逆性大小的度量。

对于任一宏观热力过程，有

$$\Delta s = \Delta s_f + \Delta s_g \tag{5-14}$$

式（5-13）和式（5-14）称为闭口系熵方程，普遍适用于闭口系的各种过程分析。

关于状态参数熵，特指出以下几点：

1）熵是描述系统平衡态的状态参数，当系统的平衡态确定后，熵就完全确定。因此，当系统由平衡态 1 变化到平衡态 2 时，不论变化过程的具体形式如何，也不论过程是否可逆，系统比熵的变化量 $\Delta s = s_2 - s_1$ 是一个完全确定的值。

2）系统熵 S 是一个广延量，具有可加性，系统的熵等于系统内各个部分熵的总和。

3）熵 S 不同于热温比的积分 $\int \frac{\delta Q}{T}$，S 是状态参数，而 $\int \frac{\delta Q}{T}$ 则是一个可逆过程中系统熵变化量 ΔS 的量度；熵变化量 ΔS 也不同于热温比的积分 $\int \frac{\delta Q}{T}$，两者只有在可逆过程中才有数值相等的关系。

4. 固体和液体熵变化量的计算

在第 3 章已经导出理想气体熵变化量的计算公式，这里介绍固体和液体熵变化量的计算。固体和液体的特点是可压缩性非常小，比定容热容与比定压热容相等。即 $c = c_p = c_V$，所以 $\delta Q_{rev} = dU = mcdT$，因此有

$$dS = \frac{\delta Q_{rev}}{T} = mc\frac{dT}{T} \tag{5-15}$$

在有限过程中，有

$$\Delta S_{12} = \int_1^2 mc\frac{dT}{T}$$

在温度变化范围不大的情况下，比热容可视为定值，此时有

$$\Delta S = mc\ln\frac{T_2}{T_1} \tag{5-16}$$

5. 多热源可逆循环及平均吸（放）热温度

如图 5-9 所示，ehgle 为一可逆循环。要想可逆，则工质和热源之间应无温差，而且热源的特点是无论吸收或者放出多少热量，其温度都保持不变。因此，要实现可逆吸热过程 e-h-g 和可逆放热过程 g-l-e，必须要有无穷多个热源。

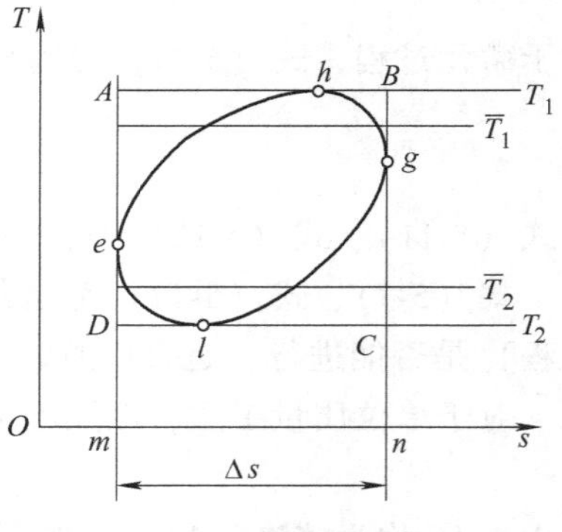

可逆循环 ehgle 的热效率为

$$\eta_t = 1 - \frac{q_2}{q_1} = 1 - \frac{A_{gnmelg}}{A_{ehgnme}}$$

另一个工作在 $T_1 = T_h$、$T_2 = T_l$ 下的卡诺循环 ABCDA，其热效率为

$$\eta_C = 1 - \frac{q_2}{q_1} = 1 - \frac{A_{DCnmD}}{A_{ABnmA}}$$

图 5-9 多热源可逆循环

因为面积 $A_{ehgnme} < A_{ABnmA}$，$A_{gnmelg} > A_{DCnmD}$，所以 $\eta_t < \eta_C$。这表明，多热源可逆循环的热效率小于相同温限之间卡诺循环的热效率。

为了便于分析比较任意可逆循环的热效率，热力学中引入**平均吸热温度** $\overline{T_1}$ 和**平均放热温度** $\overline{T_2}$ 的概念，定义

$$\overline{T_1} = \frac{q_1}{\Delta s} \tag{5-17}$$

$$\overline{T_2} = \frac{q_2}{\Delta s} \tag{5-18}$$

式中，Δs 为吸热过程和放热过程比熵变化的绝对值。因此，任一可逆循环的热效率为

$$\eta_t = 1 - \frac{q_2}{q_1} = 1 - \frac{\overline{T_2}\Delta s}{\overline{T_1}\Delta s} = 1 - \frac{\overline{T_2}}{\overline{T_1}} \tag{5-19}$$

与相同温限之间的卡诺循环相比，显然 $\overline{T_1} < T_1$，$\overline{T_2} > T_2$，故 $\eta_t < \eta_C$。

用平均吸（放）热温度的方法定性地分析比较可逆循环的热效率，是一种非常有效的方法，后面会经常用到。

5.5 熵增原理与做功能力损失

1. 孤立系统熵增原理

与外界没有任何物质和能量交换的热力系统称为孤立系统，对于单位质量工质，其熵流 $ds_f = 0$，由式（5-13）可得

$$ds_{iso} = ds_g \geqslant 0 \tag{5-20}$$

或

$$\Delta s_{iso} \geqslant 0 \tag{5-21}$$

式（5-20）和式（5-21）表明：孤立系统的熵只能增加（不可逆过程）或保持不变（可逆过程），而绝不可能减少。任何实际过程都是不可逆过程，只能沿着孤立系统熵增加的方向进行，任何使孤立系统熵减少的过程都是不可能发生的，这就是**孤立系统熵增原理**。

熵增原理的意义在于：

1）可以通过孤立系统的熵增原理判断过程进行的方向。

2）熵增原理可作为系统平衡的判据：当孤立系统的熵达到最大值时，系统处于平衡状态。

3）不可逆程度越大，熵增也越大，由此可以定量地评价热力过程的完善性。

因此，熵增原理表达了热力学第二定律的基本内容，通常有人把热力学第二定律称为熵定律。式（5-20）和式（5-21）可视为热力学第二定律的又一种数学表达式。

如第 1 章所述，孤立系统是一种理想化模型，严格的孤立系统是不存在的。为了分析问题方便，可以将所分析的系统和它周围的环境共同构成孤立系统，表示为

$$\Delta S_{iso} = \Delta S_{sys} + \Delta S_{sur} \tag{5-22}$$

式中，ΔS_{iso} 表示孤立系统熵的变化量；ΔS_{sys} 表示所研究系统熵的变化；ΔS_{sur} 为周围环境熵的变化。

由于周围环境可以视为无穷大，因此，可以认为其温度保持不变，为环境温度 T_0。

例 5-4 过冷水凝固

求 1kg 过冷水（指在凝固点温度以下仍然没有凝固的水，是一种不稳定的状态）在 1.01325×10^5Pa 及 263K 时凝固过程熵的变化量，并判断该过程是否是自发过程。已知：冰

融化热为 334.7kJ/kg，冰和水的比热容分别为 2.092kJ/(kg·K) 和 4.1868kJ/(kg·K)。

解 过冷的水在非两相平衡条件下凝固，是一个不可逆相变过程，熵的变化量不好直接计算。但熵是状态参数，其变化量与经历的过程无关，只决定于起点和终点。因此，在初、终态之间设计如下三个可逆途径来进行（l 表示液态，s 表示固态）：过程 1 是液体可逆吸热升温过程，过程 2 是液体可逆等温放热凝固过程，过程 3 是固体可逆放热降温过程。

$$\text{H}_2\text{O}(l, 263\text{K}) \xrightarrow[\text{不可逆过程}]{\Delta s} \text{H}_2\text{O}(s, 263\text{K})$$

Δs_1 可逆过程(1) ↓　　　Δs_3 可逆过程(3) ↑

$$\text{H}_2\text{O}(l, 273.15\text{K}) \xrightarrow[\Delta s_2]{\text{可逆过程}(2)} \text{H}_2\text{O}(s, 273.15\text{K})$$

三个过程的熵变化分别为

$$\Delta s_1 = \int_{263}^{273.15} \frac{c\mathrm{d}T}{T} = 4.1868 \times \ln\frac{273.15}{263}\text{kJ}/(\text{kg}\cdot\text{K}) = 0.1585\text{kJ}/(\text{kg}\cdot\text{K})$$

$$\Delta s_2 = \frac{-334.7}{273.15}\text{kJ}/(\text{kg}\cdot\text{K}) = -1.2253\text{kJ}/(\text{kg}\cdot\text{K})$$

$$\Delta s_3 = \int_{273.15}^{263} \frac{c\mathrm{d}T}{T} = 2.092 \times \ln\frac{263}{273.15}\text{kJ}/(\text{kg}\cdot\text{K}) = -0.0792\text{kJ}/(\text{kg}\cdot\text{K})$$

因此，不可逆凝固过程熵的变化量为

$$\Delta s = \Delta s_1 + \Delta s_2 + \Delta s_3 = (0.1585 - 1.2253 - 0.0792)\text{kJ}/(\text{kg}\cdot\text{K}) = -1.146\text{kJ}/(\text{kg}\cdot\text{K})$$

三个过程中的热量分别为

$$q_1 = 4.1868 \times (273.15 - 263)\text{kJ}/\text{kg} = 42.496\text{kJ}/\text{kg}$$

$$q_2 = -334.7\text{kJ}/\text{kg}$$

$$q_3 = 2.092 \times (263 - 273.15)\text{kJ}/\text{kg} = -21.234\text{kJ}/\text{kg}$$

由于过程都是在等压条件下进行的，因此，$q_p = \Delta h$。

不可逆过程焓的变化量为

$$\Delta h = \Delta h_1 + \Delta h_2 + \Delta h_3 = q_1 + q_2 + q_3 = -313.438\text{kJ}/\text{kg}$$

即不可逆过程中放热 313.438kJ/kg，这些热量被环境（263K）吸收，环境可看成无穷大热源，吸热后，温度不变。

$$\Delta s_{\text{sur}} = \frac{313.438}{263}\text{kJ}/(\text{kg}\cdot\text{K}) = 1.1918\text{kJ}/(\text{kg}\cdot\text{K})$$

将系统和环境构成孤立系统，孤立系统的熵变为

$$\Delta s_{\text{iso}} = \Delta s_{\text{sur}} + \Delta s = (1.1918 - 1.146)\text{kJ}/(\text{kg}\cdot\text{K}) = 0.0458\text{kJ}/(\text{kg}\cdot\text{K})$$

可见，孤立系统熵变大于 0，这是一个不可逆的自发过程，263K 的过冷水是不稳定的，而固态冰稳定。

2. 做功能力损失

谈论任何做功的可能性，总是针对给定环境的。所谓系统的做功能力，是指在给定的环境条件下，系统达到与环境处于热力平衡时可能做出的最大有用功。

任何实际过程都存在不可逆因素，都是不可逆过程，不可逆过程将会造成做功能力损失。做功能力损失用 I 表示。

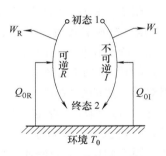

图 5-10　过程不可逆损失的计算

那么，做功能力损失与哪些因素有关系呢？下面来推导。

设环境温度为 T_0，今有一体系，在只有环境参与的情况下从给定的初态 1 不可逆地变到终态 2，为了确定不可逆过程的做功能力损失，设想存在一可逆过程分别具有相同的初态和终态，如图 5-10 所示。

那么，做功能力损失为

$$I = W_R - W_I \tag{5-23}$$

式中，下标 R 和 I 分别代表可逆与不可逆过程。

根据热力学第一定律，不管过程是否可逆，均应符合如下能量方程，即

$$W = Q_0 - \Delta U$$

式中，Q_0 是从唯一热源——环境 T_0 所吸收的热量。

把上式代入式（5-23），并注意到热力学能是状态参数，可逆与不可逆过程的 ΔU 相同，因此可以导出

$$I = W_R - W_I = Q_{0R} - Q_{0I} \tag{5-24}$$

为了使任何不可逆现象都发生在体系的内部，应把体系的边界划在环境温度 T_0 处。这样可逆过程中随热量进入体系的熵应为

$$(\Delta S_0)_R = \frac{Q_{0R}}{T_0} = \Delta S$$

在不可逆过程中，有

$$(\Delta S_0)_I = \frac{Q_{0I}}{T_0}$$

式中，ΔS 就是体系从初态 1 到终态 2 熵的增加值，由于熵是状态参数，因此，对于可逆过程和不可逆过程这个值都是一样的。按照式（5-14），有

$$\Delta S_g = \Delta S - \frac{Q_{0I}}{T_0} = \frac{Q_{0R}}{T_0} - \frac{Q_{0I}}{T_0} = \frac{Q_{0R} - Q_{0I}}{T_0}$$

将上式和式（5-24）对比会发现，分子上两热量的差正是做功能力损失 I，于是可得

$$I = T_0 \Delta S_g = T_0 \Delta S_{iso} \tag{5-25}$$

式（5-25）称为 Gouy-Stodola 公式，在热力学第二定律分析中具有原则的重要性，适用于计算任何不可逆因素引起的做功能力损失，不只限于孤立系统，也适用于开口系统或闭口系统。它表明，环境温度一定时，孤立系统做功能力损失与熵产成正比。

式（5-25）还表明，计算做功能力损失时，环境温度也是一个不可忽略的因素，这也是热力学第二定律的特殊性所在。

例 5-5　做功能力损失计算

图 5-11a 所示为可逆循环，热源温度 $T = 1200K$，冷源温度 $T_0 = 293K$。图 5-11b 中的热源温度、冷源温度和图 5-11a 相同，但其中存在有温差的传热，即热量 Q_1 先由热源 T 传递给温度相对低一些的热源 T'，再在热源 T' 和冷源 T_0 之间进行可逆循环。设 $T' = 800K$，工质从高温热源吸收的热量 $Q_1 = 100kJ$，求：由于存在不可逆因素，图 5-11b 所示的循环少做多少功？

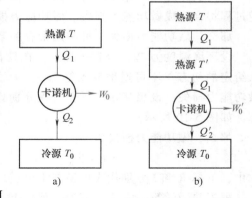

图 5-11　做功能力损失
a）可逆循环　b）存在不可逆因素的循环

解　图 5-11a 中，循环净功为

$$W_0 = \left(1 - \frac{T_0}{T}\right) Q_1 = \left(1 - \frac{293}{1200}\right) \times 100kJ = 75.58kJ$$

图 5-11b 中，循环净功为

$$W_0' = \left(1 - \frac{T_0}{T'}\right) Q_1 = \left(1 - \frac{293}{800}\right) \times 100kJ = 63.38kJ$$

少做的功为不可逆因素引起的做功能力损失，即

$$I = W_0 - W_0' = (75.58 - 63.38)kJ = 12.2kJ \quad 解答完毕。$$

下面验证是否符合 Gouy-Stodola 公式。

图 5-11b 中，因不可逆传热而产生的熵产为

$$\Delta S_g = \frac{-Q_1}{T} + \frac{Q_1}{T'} = \left(\frac{-100}{1200} + \frac{100}{800}\right) kJ/K = 0.041667kJ/K$$

$$I = T_0 \Delta S_g = 293 \times 0.041667kJ = 12.2kJ \quad 完全符合$$

分析：从热力学第一定律的角度看，图 5-11b 中的传热过程没有能量损失。但是，从热力学第二定律的角度看，虽然能量的数量没有减少，但能量的质量（或者说品质）降低了。有熵产，就意味着有做功能力损失。火力发电厂锅炉炉膛的温度可达 1000℃ 以上，但却通过传热将热量传递给水蒸气，水蒸气再去进行热力循环。由于受材料特性的限制，目前水蒸气的温度只有 500 多摄氏度，烟气和水蒸气之间存在着相当大的传热温差，必然会带来做功能力损失，这正是火力发电厂发电效率不高的主要原因。期待着将来有一天，随着科学技术的进步，耐高温的材料能够大量廉价地用到火电机组中，那样，必然会提高火电机组的热效率。

5.6　㶲分析方法

1. 能与㶲

热力学第一定律建立的历史悠久、能量守恒的思想已深入人心。因此，人们往往习惯于从能量的数量来度量能量的价值，却不管消耗的是什么品质的能量。实际上，各种不同形式的能量，其动力利用价值并不相同。

例如，在 1atm 下，将 1kg、0℃ 的冰与 1kg、100℃ 的沸水绝热混合，经过热平衡计算，很容易知道最后会产生 2kg、10℃ 的水，从热力学第一定律的角度看，1kg、0℃ 的冰和 1kg、100℃ 的沸水所构成的体系与 2kg、10℃ 的水具有等量的能量。但这完全违反日常的经验。因为，在制备冰和烧开水时必须消耗能量，而 10℃ 的水却是随处可得的。

以能量的转换程度作为一种尺度，可以划分为三种不同质的能量。

（1）可无限转换的能量　如电能、机械能、水能等，从理论上它们可以 100% 地转换为其他任何形式的能量，因为它们是有序能，是高级能量。

（2）可有限转换的能量　如热能、焓、化学能等，受热力学第二定律的限制，即使在极限情况下，它们也只能有一部分可以转换为机械能，它们的能量品质要低一些。

（3）不能转换的能量　如果工质的成分和状态与所处环境完全处于平衡状态，那么，哪怕它含有的热力学能再多，也无法转化出可以利用的机械能。

㶲概念的产生是基于一些基本事实。人类生产及生活活动都是在地面、大气中进行的，也就是说是在给定的环境中进行的。对于一般实用目的来说，环境乃是一个无限大的功库、热库、物质库。环境的特点除具有无限性的一面外，还具有被动性，它可以与系统交换物质和能量，但却是被动的。人们之所以有可能获得促成变化的因素，就是因为存在某些天然物质与环境不平衡。㶲的计算和环境状态有紧密联系，这是热力学第二定律分析和热力学第一定律分析的一个显著的不同之处。

可见，能量不但有数量多少之分，还有品质高低之分，定义当系统由一任意状态可逆地变化到与给定环境相平衡的状态时，理论上可以无限转换为其他能量形式的那部分能量称为㶲（exergy），一切不能转换为㶲的能量称为㶲（或㶲，anergy）。任何能量 E 均由㶲（EX）和㶲（An）所组成，即

$$E = EX + An \tag{5-26}$$

可以无限转换的能量，如电能，其㶲为零；而不可能转换的能量，如环境介质，其㶲为零。

㶲参数的引入，为综合评价能量的量和质提供了一个统一的尺度。由此而建立的热力系统㶲平衡分析法，结合了热力学第一、第二定律，比起单纯由热力学第一定律得出的能量平衡方法更科学，更合理。例如，现代化的大型火力发电厂，其热效率只有 40% 左右，用热力学第一定律的方法分析，损失最大的地方是凝汽器，差不多 50% 以上的能量通过凝汽器的循环冷却水散失到周围环境中。因此，有人提出"革凝汽器的命"的口号。实际上这是一个错误的观点。凝汽器散发的热量虽然数量巨大，但是却只是略高于环境温度的低品质能量。用热力学第二定律的㶲分析方法，凝汽器处的㶲损失通常不足 5%。火力发电厂中损失最大的地方应该是锅炉，燃料的燃烧本身是一个不可逆过程，烟气和受热面之间又存在几百摄氏度的传热温差，这些不可逆性通常使锅炉的㶲损失超过 50%。

2. 热量㶲

对于 1kg 的工质，随着热量由外界传入热力系统的㶲称为热量㶲，用 ex_q 表示。它是热源放出的热量中可以转变为功的最大份额。热量㶲与后面要讲的工质㶲的主要区别是要获得热量㶲必须完成循环做功，由于热量是过程量，因此，热量㶲也是过程量。热量㶲的定义为

$$ex_{q} = \int \left(1 - \frac{T_0}{T} \right) \delta q \tag{5-27}$$

式中，T_0 为环境温度（K）；T 的选取与㶲耗损的含义相一致，如果选取 T 为体系接收热量 δq 处的界面温度，则㶲耗损为内部不可逆所造成的㶲耗损，如果选取 T 为供出热量 δq 的热源温度，则㶲耗损表示包括内不可逆性及外不可逆性所引起的总的㶲耗损。

体系与外界间交换热量及㶲可以区分为两种情况，一种是体系温度 T 高于环境温度 T_0 的情况，另一种是体系温度 T 低于环境温度 T_0 的情况。由于热量㶲的定义中 δq 所表示的是体系接收的热量，因此如果是体系放出热量，则 δq 将为负值。当 $T > T_0$ 时，ex_q 与 q 同号，即供给体系热量的同时体系也得到了㶲。相反，如果 $T < T_0$ 时，则 ex_q 与 q 异号，即向体系供入热量，将伴随着从体系抽取㶲。

当 T 为定值时，式（5-27）变为

$$ex_{q} = \left(1 - \frac{T_0}{T} \right) q \tag{5-28}$$

按卡诺循环计算，也可得式（5-28），可见热量㶲就相当于按卡诺循环运行所能得到的功。式中 $(1 - T_0/T)$ 项称为卡诺因子。

3. 稳定流动工质的㶲

㶲分析的内容很复杂，特别是化学㶲的确定与环境成分有密切关系，确定化学㶲有相当难度。这里只介绍不涉及化学反应，而且在工程上有广泛应用的稳定流动工质的㶲。

大多数热工设备都可以看作是工质在内部稳定流动的开口系统。当除环境外无其他热源时，稳定流动的工质由所处的状态可逆地变化到与环境相平衡的状态时所能做出的最大有用功称为该工质的㶲（有时也称为焓㶲）。

对于 1kg 稳定流动的工质，入口参数为（T_1、p_1、h_1、s_1），流经如图 5-12 所示的一理想装置，在装置内部发生某些可逆过程。出口变为环境状态，参数为（T_0、p_0、h_0、s_0）。假设工质的动能、势能都很小，可以忽略。过程中对环境放热（当然也可能是吸热，不影响最后推导的结果），由于发生的都是可逆过程，故可以得到最大的有用功。

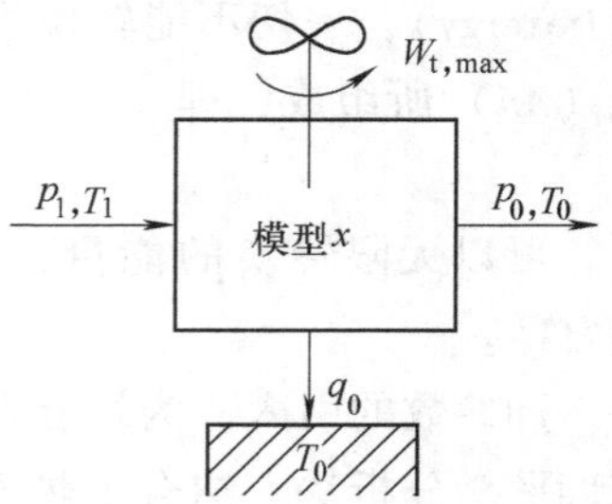

图 5-12 确定稳定流动工质的㶲的可逆模型

根据稳定流动的能量方程，有

$$- q_0 = (h_0 - h_1) + w_{t,\,max}$$

将工质流和环境构成孤立系统，由于发生的是可逆过程，故孤立系统的熵变为 0，即

$$\Delta s_{iso} = (s_0 - s_1) + \Delta s_{sur} = 0$$

式中，Δs_{sur} 为环境熵的变化，由于环境可以看成是无穷大的热源，因此

$$\Delta s_{sur} = \frac{q_0}{T_0}$$

$$q_0 = T_0 \Delta s_{sur} = T_0 (s_1 - s_0)$$

$$w_{t,\,max} = (h_1 - h_0) - T_0 (s_1 - s_0)$$

此最大的有用功就是单位质量稳定流动工质的㶲，用 ex 表示，即

$$ex = h - h_0 - T_0 (s - s_0) \tag{5-29}$$

质量为 $m(\text{kg})$ 的流动工质的焓㶲为

$$EX = m(ex) = (H - H_0) - T_0(S - S_0) \tag{5-30}$$

焓㶲具有以下性质：

1）工质的㶲是一个新的状态参数，当环境状态一定时，工质㶲只取决于工质的状态；这里以体系的最大功来定义㶲，但不要产生误解，即认为工质的㶲总是与过程相联系的，是过程量。从上面的推导过程可以看出并没有规定具体过程，功只是㶲的一种量度，而工质的㶲本身针对具体的体系、具体的状态具有唯一确定的值。

2）对于单位质量工质，初、终状态之间的㶲差，就是工质在这两个状态间变化所能做出的最大有用功。

$$w_{t,\ max} = ex_1 - ex_2 = (h_1 - h_2) - T_0(s_1 - s_2) \tag{5-31}$$

当环境状态一定时，㶲差只取决于初、终态，与路径和方法无关。

只要热力过程中有不可逆因素，就会有做功能力的损失，也就会有㶲耗损。如果用 i_r 表示单位质量工质的㶲耗损，则有

$$i_r = w_{t,\ max} - w_t = T_0 \Delta s_{iso} \tag{5-32}$$

例 5-6 锅炉传热㶲损失

设工质从锅炉吸热时的平均吸热温度为 350℃，锅炉平均放热温度为 900℃，放热量为 100kJ，求这一过程的㶲损失是多少？设环境温度 $T_0 = 293\text{K}$。

解 方法一： 将锅炉和工质构成一孤立系统，利用 Gouy-Stodola 公式，孤立系统的做功能力损失即为㶲损失。

工质吸热时的熵变为 $\qquad \Delta S_1 = \dfrac{Q}{T_1}$

锅炉放热时的熵变为 $\qquad \Delta S_2 = -\dfrac{Q}{T_2}$

孤立系统的熵增为 $\qquad \Delta S_{iso} = \Delta S_1 + \Delta S_2 = Q\left(\dfrac{1}{T_1} - \dfrac{1}{T_2}\right)$

㶲损失为

$$\Delta EX = I = T_0 \Delta S_{iso} = T_0 Q\left(\dfrac{1}{T_1} - \dfrac{1}{T_2}\right)$$

$$= 293 \times 100 \times \left(\dfrac{1}{350 + 273.15} - \dfrac{1}{900 + 273.15}\right)\text{kJ}$$

$$= 22.04\text{kJ}$$

方法二： 直接利用热量㶲计算。

$$\Delta EX = \left(1 - \dfrac{T_0}{T_2}\right)Q - \left(1 - \dfrac{T_0}{T_1}\right)Q = T_0 Q\left(\dfrac{1}{T_1} - \dfrac{1}{T_2}\right) = 22.04\text{kJ}$$

例 5-7 有限质量、变温热源问题

在 100kg、90℃ 的热水和 20℃ 的环境之间装一可逆热机，问做出的最大功是多少？设水的比热容保持 $c = 4.1868\text{kJ/(kg·K)}$ 不变。

解 方法一： 由于热水的质量是有限的，它放热做功之后温度会降低，因此，这不是一

个简单的卡诺热机，是一个变温热源的问题。

设在某一微元过程中，水的温度变化为 dT，热水放出的热量为

$$\delta Q_1 = - mcdT$$

在微元过程中做的最大功为

$$\delta W = \left(1 - \frac{T_0}{T}\right)\delta Q_1 = - mc\left(1 - \frac{T_0}{T}\right)dT$$

热水在从 90℃ 变化到环境温度 20℃ 后能做出的最大功为

$$W_{t, max} = -\int_{T_1}^{T_2} mc\left(1 - \frac{T_0}{T}\right)dT = - 100 \times 4.1868 \times \int_{363.15}^{293.15}\left(1 - \frac{293.15}{T}\right)dT \ kJ = 3026kJ$$

方法二：假设 100kg、90℃ 的热水和 20℃ 的环境之间不加任何热机，热水直接向环境放热，最后和环境达到热平衡，这是一个典型的不可逆过程，存在做功能力的损失。这个损失的做功能力就应该是在热水和环境之间装一可逆热机之后能做出的最大功。

将热水和环境构成一个孤立系统，其中环境是无穷大的热源，它吸热后温度是不变的。

$$\Delta S_{iso} = \Delta S_{热水} + \Delta S_{环境} = mc\ln\frac{T_2}{T_1} + \frac{Q}{T_0}$$

$$= 100 \times 4.1868 \times \ln\frac{293.15}{363.15}kJ/K + \frac{100 \times 4.1868 \times (90 - 20)}{293.15}kJ/K$$

$$= 10.322kJ/K$$

做功能力损失为
$$I = T_0\Delta S_{iso} = 293.15 \times 10.322kJ = 3026kJ$$

方法三：在热水和环境之间可逆热机做出的最大功实际上就是热水所具有的焓㶲

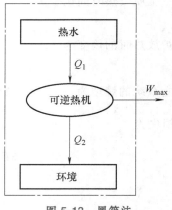

图 5-13 黑箱法

$$EX = (H - H_0) - T_0(S - S_0)$$

$$= mc(t - t_0) - T_0 mc\ln\frac{T}{T_0}$$

$$= 100 \times 4.1868 \times \left(70 - 293.15 \times \ln\frac{363.16}{293.15}\right)kJ$$

$$= 3026kJ$$

方法四：黑箱法。如图 5-13 所示，假设在热水和环境之间加装一可逆热机，具体是何种可逆热机且不考虑，因此，这种方法称为黑箱法。当热水放热最后温度等于环境温度时，热机将不会有功输出。又因为是可逆热机，没有任何不可逆因素，当然做出的功最多，且整个系统的熵增为 0。

热水放热量
$$Q_1 = mc_p(t_1 - t_2) = 100 \times 4.1868 \times (90 - 20)kJ = 29307.6kJ$$

$$\Delta S_{iso} = \Delta S_{热水} + \Delta S_{环境} = 100 \times 4.1868 \times \ln\frac{293.15}{363.15}kJ/K + \frac{Q_2}{293.15K} = 0$$

解得
$$Q_2 = 26281.6kJ$$

根据能量守恒定律，系统能对外做出的最大功为

$$W_{max} = Q_1 - Q_2 = 29307.6kJ - 26281.6kJ = 3026kJ$$

从这个例题可以看出，四种方法计算得到的结果一样，这说明这四种方法的实质是一样的，都是通过热力学第二定律分析得出的正确结论。一个系统，只要它和环境不平衡，就存在做功能力。一个过程，只要有不可逆因素，就会带来做功能力的损失。因此，有学者提出：节能的潜力寓于不平衡中。

另外需指出，工程热力学中的热源通常是指恒温热源，无论加给它多少热量或从中吸取多少热量，其温度都保持不变。但是在分析有限质量问题时，就不能把热源看成恒温的了。

思 考 题

5-1 制冷机将热量从低温热源传向高温热源，这是否违反热力学第二定律？

5-2 根据热力学第一定律，$q=\Delta u+w$，以及理想气体的热力学能是温度的单值函数的特性，当理想气体发生一个等温过程后，$q=w$，这表明加入的热量全部变成功，这是否违反热力学第二定律？

5-3 某一工质在相同的初态 1 和终态 2 之间分别经历两个热力过程，一为可逆过程，一为不可逆过程。试比较这两个过程中，相应外界熵的变化量哪一个大，为什么？

5-4 孤立系统熵增原理是否可以表述为"过程进行的结果是孤立系统内各部分的熵都增加"？

5-5 闭口系统进行一放热过程，其熵是否一定减少，为什么？闭口系统进行一放热过程，其做功能力是否一定减少，为什么？

5-6 能否利用平均吸热温度和平均放热温度计算不可逆循环的热效率？为什么？

5-7 正向循环热效率的两个计算式为

$$\eta_t = 1 - \frac{q_2}{q_1} \text{ 和 } \eta_t = 1 - \frac{T_2}{T_1}$$

这两个公式有何区别？各适用于什么场合？

5-8 下列说法是否正确，为什么？

1) 熵增大的过程必为不可逆过程。

2) 熵增大的过程必为吸热过程。

3) 不可逆过程的熵差 ΔS 无法计算。

4) 系统的熵只能增大，不能减少。

5) 若从某一初态经可逆与不可逆两条途径到达同一终态，则不可逆途径的熵变 ΔS 必大于可逆途径的熵变 ΔS。

6) 工质经过不可逆循环，$\Delta S>0$。

7) 工质经过不可逆循环，因为 $\oint \frac{\delta Q}{T} < 0$，所以 $\oint dS < 0$。

8) 可逆绝热过程为等熵过程，等熵过程就是可逆绝热过程。

5-9 举例说明热力学第二定律比热力学第一定律能更加科学地指引节能的方向。

5-10 例 5-2 中，消耗 1kJ 的功可以向高温热源提供 9.77kJ 的热量，能否利用这些热量来产生更多的功呢？

5-11 据统计我国输电网平均线损约为 6.5%，试从热力学角度定性分析能否采用现有的超导体改造我国的输电网从而降低输电损耗？

5-12 某期刊上有一篇名为"论 DZF 循环是又一个第二类永动机"的学术论文，请通过互联网找到这篇文章，研读后发表自己的观点。

习 题

5-1 当某一夏日室温为 30℃ 时，冰箱冷冻室要维持在 −20℃。冷冻室和周围环境有温差，因此有热量导入，为了使冷冻室内温度维持在-20℃，需要以1350J/s的速度从中取走热量。冰箱最大的制冷系数是多少？供给冰箱的最小功率是多少？

5-2 有一暖气装置，其中用一热机带动一热泵，热泵从河水中吸热，传递给暖气系统中的水，同时河水又作为热机的冷源。已知：热机的高温热源温度为$t_1 = 230℃$，河水温度为$t_2 = 15℃$，暖气系统中的水温$t_3 = 60℃$。假设热机按卡诺循环计算，热泵按逆向卡诺循环计算，每烧1kg煤，暖水得到多少热量？是煤发热量的多少倍？已知煤的发热量是$2.9×10^4 kJ/kg$。

5-3 试用p-v图证明：两条可逆绝热线不能相交（如果相交则违反热力学第二定律）。

5-4 有一卡诺机工作于500℃和30℃的两个热源之间，该卡诺机1min从高温热源吸收1000kJ热量，求：

1）卡诺机的热效率。

2）卡诺机的功率（kW）。

5-5 利用一逆向卡诺机作为热泵来给房间供暖，室外（即低温热源）温度为-5℃，为使室内（即高温热源）经常保持20℃，1h需供给30000kJ热量，试求：

1）逆向卡诺机的供热系数。

2）逆向卡诺机每小时消耗的功。

3）若直接用电炉取暖，每小时需耗电多少度（kW·h）。

5-6 由一热机和一热泵联合组成一供热系统，热机带动热泵，热泵从环境吸热向暖气放热，同时热机所排废气也供给暖气。若热源温度为210℃，环境温度为15℃，暖气温度为60℃，热机依卡诺循环运行，热泵依逆向卡诺循环运行，当热源向热机提供10000kJ热量时，暖气所得到的热量是多少？

5-7 有人声称设计出了一热机，工作于$T_1 = 400K$和$T_2 = 250K$的两个热源之间，当工质从高温热源吸收了104750kJ热量，对外做功20kW·h，这种热机可能吗？

5-8 有一台换热器，热水由200℃降温到120℃，流量为15kg/s；冷水进口温度为35℃，流量为25kg/s。求该过程每秒的熵增和㶲损。水的比热容为4.187kJ/（kg·K），环境温度为15℃。

5-9 图5-14所示为一烟气余热回收方案。设烟气的比热容为$c_p = 1400J/（kg·K）$、$c_V = 1000J/（kg·K）$。试求：

1）烟气流经换热器时传给热机工质的热量Q_1。

2）热机放给大气的最小热量Q_2。

3）热机输出的最大功W_0。

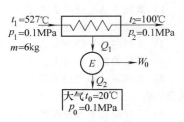

图5-14 习题5-9图

5-10 将100kg、15℃的水与200kg、60℃的水在绝热容器中混合，假定容器内壁与水之间也是绝热的，求：

1）混合后水的温度。

2）系统的熵变。

3）系统的做功能力损失。已知环境温度$T_0 = 290K$。

5-11 空气预热器利用锅炉出来的废气来预热进入锅炉的空气。压力为100kPa、温度为780K、比焓为800.03kJ/kg、比熵为7.6900kJ/（kg·K）的废气以75kg/min的流量进入空气预热器，废气离开时的温度为530K，比焓为533.98kJ/kg，比熵为7.2725kJ/（kg·K）。进入空气预热器的空气压力为101kPa，温度为290K，质量流量为70kg/min，假定空气预热器的散热损失及气流阻力都忽略不计，试计算：

1）空气在预热器中每秒获得的热量。

2）空气的出口温度。

3）若环境温度$T_0 = 290K$，试计算该预热器每秒的不可逆损失（做功能力损失）。

5-12 有100kg温度为0℃的冰，在20℃的大气环境中融化成0℃的水，这时热量的做功能力损失了，如果在大气与冰块之间放一可逆机，求冰块完全融化时可逆机能做出的功。已知冰的融化热为334.7kJ/kg。

5-13 有100kg温度为0℃的水，在20℃的大气环境中吸热变成20℃的水，如果在大气和水之间加一个可逆机，求水温度升高到 20℃ 时可逆机能做出的功。

5-14 孤立系统内有温度分别为 T_A 和 T_B 的 A、B 两个固体进行热交换，它们的质量（m）和比热容（c）相同，且比热容为定值，$T_A > T_B$。请推导说明它们达到热平衡的过程是一个不可逆过程。

5-15 设炉膛中火焰的温度恒为 $t_1 = 1500℃$，锅炉内蒸汽的温度恒为 $t_s = 500℃$，环境温度 $t_0 = 25℃$，求火焰每传出 1000kJ 热量引起的熵产和做功能力损失。

5-16 有一根质量为 9kg 的铜棒，温度为 500K，$c_p = 0.383kJ/(kg \cdot K)$，如果环境温度为 27℃，试问铜棒的做功能力是多少？如果将铜棒与具有环境温度的水 [质量为 5kg，$c_p = 4.1868kJ/(kg \cdot K)$] 相接触，它们的平衡温度是多少？平衡后铜棒和水的做功能力为多少？这个不可逆传热引起做功能力的损失是多少？

5-17 今有满足状态方程 $pv = R_gT$ 的某气体稳定地流过一变截面绝热管道，其中 A 截面上压力 $p_A = 0.1MPa$，温度 $t_A = 27℃$，B 截面上压力 $p_B = 0.5MPa$，温度 $t_B = 177℃$。该气体的气体常数 $R_g = 0.287kJ/(kg \cdot K)$，比定压热容 $c_p = 1.005kJ/(kg \cdot K)$。试问此管道哪一截面为进口截面？

5-18 空气的初态参数为 $p_1 = 0.8MPa$ 和 $t_1 = 50℃$，此空气流经阀门发生绝热节流作用，并使空气体积增大到原来的 3 倍。若环境温度为 20℃，空气（按理想气体对待）经节流后做功能力减少了多少？

5-19 温度为 800K、压力为 5.5MPa 的燃气进入燃气轮机内绝热膨胀，在燃气轮机出口测得两组数据，一组压力为 1.0MPa，温度为 485K，另一组压力为 0.7MPa，温度为 495K。试问这两组参数哪一组是正确的？此过程是否可逆？若不可逆，其做功能力损失是多少？并将做功能力损失表示在 T-s 图上。燃气的性质可按空气处理，空气的比定压热容 $c_p = 1.004kJ/(kg \cdot K)$，气体常数 $R_g = 0.287kJ/(kg \cdot K)$，环境温度 $T_0 = 300K$。

5-20 在图 5-15 所示的 T-s 图上给出两个热力循环：1-2-6-5-1 为卡诺循环，1-2-3-4-1 为不可逆循环，其中 2-3 为有摩擦的绝热膨胀过程，4-1 为有摩擦的绝热压缩过程，请分别求出两个热力循环的循环净功和热效率。

5-21 在一人造卫星上有一可逆热机（图 5-16），它在高温热源温度 T_H 和辐射散热板温度 T_1 之间运行，辐射散热板的散热量 Q_1 与辐射散热板的面积 A 及 T_1^4 成正比，并给出了热机输出的 W 和 T_H 值，试证明：辐射散热板的面积最小时 $T_1/T_H = 0.75$。

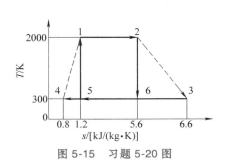

图 5-15 习题 5-20 图

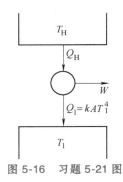

图 5-16 习题 5-21 图

5-22 有三个质量（有限质量）完全相同的物体，它们的比热容为常数，温度分别为 300K、300K、1000K。如无外来的功和热，试由你在三个物体之间组成热机和制冷机运行。试问，直到热机停止运行时，其中一个物体所能达到的最高温度是多少？并画出热机和制冷机的运行方向图。

5-23 叶轮式压气机将 0.1MPa、27℃ 的空气不可逆地绝热加压到 0.6MPa，若压气机的绝热效率为 0.93，求每千克空气在压气机进出口截面的熵差及过程的熵流、熵产和做功能力损失。已知环境：$p_0 = 0.1MPa$，$t_0 = 27℃$。

5-24 有一台太阳能热泵，从温度为 $T_1 = 350K$ 的太阳能集热器处以热的方式接收能量，从温度为 $T_2 = 260K$ 的冷空间抽热，向温度为 $T_3 = 293K$ 的空间供热。如果每平方米集热器表面能够收集 0.2kW 能量，问当供热量为 10kW 时需要的最小集热器面积是多少？

5-25 两股蒸汽流：A 的压力 $p_A = 5MPa$，温度 $t_A = 500℃$，比焓 $h_A = 3432.2kJ/kg$，比熵 $s_A = 6.9735kJ/(kg \cdot K)$；B 的压力 $p_B = 10MPa$，温度 $t_B = 400℃$，比焓 $h_B = 3095.8kJ/kg$，比熵 $s_B = 6.2109kJ/(kg \cdot K)$。试问，在环境温度 $t_0 = 20℃$ 的条件下，哪股蒸汽流的做功能力强？

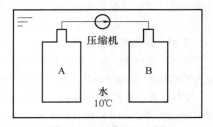

图 5-17 习题 5-26 图

5-26 有两个体积均为 $1m^3$ 的钢制气瓶 A 和 B 装有同种理想气体，两个气瓶之间通过管道和一台微型压缩机连接，整个装置浸于温度为 10℃ 的恒温水中，如图 5-17 所示，开始时两气瓶压力相等，均为 0.4MPa。现起动压缩机使 B 气瓶的压力提高到 0.6MPa。问 A 气瓶的压力变为多少？压缩机耗功及整个装置通过水传给外界的热量是多少？假设压缩过程为可逆定温过程。

扫描下方二维码，可获取部分习题参考答案。

第 6 章

热力学一般关系式及实际气体的性质

在热工领域中经常使用成分固定、具有两个自由度的简单可压缩流体作为工质。对于简单可压缩的纯物质系统，两个相互独立的状态参数可以确定系统的状态，其他状态参数都可以表示成这两个状态参数的函数形式。例如，如果选择温度 T 和比体积 v 作为自变量，则系统的比热力学能可以表示为

$$u = u(T, v) \tag{6-1}$$

其他状态参数，如压力 p、比焓 h、比熵 s 等也可以写出类似的表达式。当然，也可以选择其他任意两个相互独立的状态参数作为自变量，如在化学领域，通常选择压力 p 和温度 T 作为自变量。对于实际气体，这些关系式往往是比较复杂的函数。热力学的特点是可以用少量的定律和基本概念推导出大量的关系式，本章的主要目的是给出热力学函数之间的普遍关系，也称为热力学一般关系式，从而为研究实际气体热力学参数之间的具体函数关系打下基础。热力学一般关系式根据热力学第一定律和第二定律的内容导出，适用于所有工质的任意状态范围，因此具有全面的适应性。

为了学习热力学一般关系式，有必要做一些数学方面的准备。

6.1 二元连续函数

对于简单可压缩系统，如果 x、y 是两个相互独立的状态参数，则状态参数 z 可以表示成 x、y 的二元连续函数 $z = z(x, y)$。x、y、z 的微元变化 $\mathrm{d}x$、$\mathrm{d}y$、$\mathrm{d}z$ 之间的关系可以用函数的全微分来表示，即

$$\mathrm{d}z = \left(\frac{\partial z}{\partial x}\right)_y \mathrm{d}x + \left(\frac{\partial z}{\partial y}\right)_x \mathrm{d}y \tag{6-2}$$

这里 $\partial z / \partial x$ 表示 z 对 x 的变化率，下标 y 则是强调 y 不变的条件。当 $\partial z / \partial x$ 和 $\partial z / \partial y$ 均连续时，z 对 x 和 y 的混合偏导数与求导次序无关，即

$$\frac{\partial^2 z}{\partial x \partial y} = \frac{\partial^2 z}{\partial y \partial x} \tag{6-3}$$

式 (6-3) 也是全微分的充要条件。

在式 (6-2) 中，若 z 保持不变，则有

$$\left(\frac{\partial z}{\partial x}\right)_y dx + \left(\frac{\partial z}{\partial y}\right)_x dy = 0 \Rightarrow \left(\frac{\partial z}{\partial x}\right)_y \left(\frac{\partial x}{\partial y}\right)_z + \left(\frac{\partial z}{\partial y}\right)_x = 0 \Rightarrow \frac{\left(\frac{\partial z}{\partial x}\right)_y \left(\frac{\partial x}{\partial y}\right)_z}{\left(\frac{\partial z}{\partial y}\right)_x} = -1$$

整理成

$$\left(\frac{\partial z}{\partial x}\right)_y \left(\frac{\partial x}{\partial y}\right)_z \left(\frac{\partial y}{\partial z}\right)_x = -1 \tag{6-4}$$

式（6-4）称为**循环关系式**，任意三个两两相互独立的状态参数之间都存在这种关系。

上面讨论的是三个变量的情形。设有四个两两相互独立的变量 x、y、z 和 w，其中任一变量可以写成其余任意两个变量的连续函数，则对于函数 $x = x(y, w)$，$y = y(z, w)$ 和 $x = x(z, w)$，有

$$dx = \left(\frac{\partial x}{\partial y}\right)_w dy + \left(\frac{\partial x}{\partial w}\right)_y dw \tag{a}$$

$$dy = \left(\frac{\partial y}{\partial z}\right)_w dz + \left(\frac{\partial y}{\partial w}\right)_z dw \tag{b}$$

$$dx = \left(\frac{\partial x}{\partial z}\right)_w dz + \left(\frac{\partial x}{\partial w}\right)_z dw \tag{c}$$

将式（b）代入式（a），可得

$$dx = \left(\frac{\partial x}{\partial y}\right)_w \left(\frac{\partial y}{\partial z}\right)_w dz + \left[\left(\frac{\partial x}{\partial y}\right)_w \left(\frac{\partial y}{\partial w}\right)_z + \left(\frac{\partial x}{\partial w}\right)_y\right] dw \tag{d}$$

比较式（c）和式（d），可得

$$\left(\frac{\partial x}{\partial z}\right)_w = \left(\frac{\partial x}{\partial y}\right)_w \left(\frac{\partial y}{\partial z}\right)_w \tag{6-5}$$

$$\left(\frac{\partial x}{\partial w}\right)_z = \left(\frac{\partial x}{\partial y}\right)_w \left(\frac{\partial y}{\partial w}\right)_z + \left(\frac{\partial x}{\partial w}\right)_y \tag{6-6}$$

式（6-5）可以写成

$$\left(\frac{\partial x}{\partial y}\right)_w \left(\frac{\partial y}{\partial z}\right)_w \left(\frac{\partial z}{\partial x}\right)_w = 1 \tag{6-7}$$

式（6-7）称为**链式关系式**。

6.2 热 系 数

简单可压缩系统具有三个可测热力学参数 p、v、T，它们之间的函数关系为状态方程 $f(p, v, T) = 0$。这三个基本状态参数之间的偏导数 $\left(\frac{\partial p}{\partial T}\right)_v$、$\left(\frac{\partial v}{\partial p}\right)_T$、$\left(\frac{\partial v}{\partial T}\right)_p$ 也是可以测量的参数，而且有明确的物理意义。

1. 相对压力系数

物质在等容条件下压力随温度的相对变化率称为**相对压力系数**，也称为压力的温度系数，用 α_p 表示，即

$$\alpha_p = \frac{1}{p}\left(\frac{\partial p}{\partial T}\right)_v \tag{6-8}$$

以最为简单的理想气体为例，将理想气体的状态方程代入上式可得

$$\alpha_p = \frac{1}{p}\left(\frac{\partial p}{\partial T}\right)_v = \frac{1}{p}\frac{R_g}{v} = \frac{1}{T} > 0$$

2. 等温压缩率

物质在等温条件下比体积随压力的相对变化率称为**等温压缩率**，用 κ_T 表示，即

$$\kappa_T = -\frac{1}{v}\left(\frac{\partial v}{\partial p}\right)_T > 0 \tag{6-9}$$

等温压缩率恒为正值，即在等温的条件下，系统压力升高，比体积总是减小。

例如，理想气体的等温压缩率为

$$\kappa_T = -\frac{1}{v}\left(\frac{\partial v}{\partial p}\right)_T = -\frac{1}{v}\left(-\frac{v}{p}\right) = \frac{1}{p} > 0$$

3. 等熵压缩率

物质在等熵（即可逆绝热）条件下比体积随压力的相对变化率称为**等熵压缩率**或**绝热压缩率**，用 κ_s 表示，即

$$\kappa_s = -\frac{1}{v}\left(\frac{\partial v}{\partial p}\right)_s > 0 \tag{6-10}$$

等熵压缩率也恒为正值，即在可逆绝热的条件下，系统压力升高时，比体积必然减小。对于理想气体的等熵过程，$pv^\kappa =$ 常数，可得

$$\frac{\mathrm{d}p}{p} + \kappa\frac{\mathrm{d}v}{v} = 0, \quad \left(\frac{\partial v}{\partial p}\right)_s = -\frac{v}{\kappa p}$$

因此，理想气体的等熵压缩率为

$$\kappa_s = -\frac{1}{v}\left(\frac{\partial v}{\partial p}\right)_s = -\frac{1}{v}\left(-\frac{v}{\kappa p}\right) = \frac{1}{\kappa p} > 0$$

4. 体膨胀系数

物质在等压条件下比体积随温度的相对变化率称为**体膨胀系数**，用 α 表示，即

$$\alpha = \frac{1}{v}\left(\frac{\partial v}{\partial T}\right)_p \tag{6-11}$$

体膨胀系数通常为正值，即在等压的条件下，物质一般是热胀冷缩的，但也有少数物质例外，如 $0 \sim 4℃$ 之间的水以及某些合金，在等压时比体积随温度的升高而减小。

对于理想气体，由理想气体的状态方程可得

$$\alpha = \frac{1}{v}\left(\frac{\partial v}{\partial T}\right)_p = \frac{1}{v}\frac{R_g}{p} = \frac{1}{T}$$

例 6-1 液体等容加热

刚性容器内充满 0.1MPa 的饱和水，温度为 $99.634℃$。将其加热到 $120℃$，求加热之后容器内的压力。已知在 $0 \sim 120℃$ 之间，水的平均体膨胀系数 $\alpha = 80.8 \times 10^{-5}\text{K}^{-1}$；$120℃$ 时，水的等温压缩率 $\kappa_T = 4.93 \times 10^{-4}\text{MPa}^{-1}$，假设等温压缩率不随压力而变。

解 取 $v = v(T, p)$，因为是刚性容器，所以有

$$\mathrm{d}v = \left(\frac{\partial v}{\partial T}\right)_p \mathrm{d}T + \left(\frac{\partial v}{\partial p}\right)_T \mathrm{d}p = 0 \tag{*}$$

按体膨胀系数和等温压缩率的定义

$$\alpha = \frac{1}{v}\left(\frac{\partial v}{\partial T}\right)_p \Rightarrow \left(\frac{\partial v}{\partial T}\right)_p = v\alpha$$

$$\kappa_T = -\frac{1}{v}\left(\frac{\partial v}{\partial p}\right)_T \Rightarrow \left(\frac{\partial v}{\partial p}\right)_T = -v\kappa_T$$

代入式（*），因 $v>0$，有

$$\alpha \mathrm{d}T - \kappa_T \mathrm{d}p = 0$$

在积分区间，体膨胀系数和等温压缩率分别为常数，积分可得

$$\int_{T_1}^{T_2} \alpha \mathrm{d}T = \int_{p_1}^{p_2} \kappa_T \mathrm{d}p \Rightarrow \alpha(T_2 - T_1) = \kappa_T(p_2 - p_1)$$

$$p_2 = \frac{\alpha(T_2 - T_1)}{\kappa_T} + p_1 = \left[\frac{80.8 \times 10^{-5} \times (120 - 99.634)}{4.93 \times 10^{-4}} + 0.1\right] \mathrm{MPa} = 33.4\mathrm{MPa}$$

可见，虽然水的温度仅升高 20℃，但在等容条件下其压力升高到原来的 334 倍，因此，液体等容过程的实现要比等压过程困难得多。

6.3　麦克斯韦关系式

焓（$H = U + pV$）是一个组合的状态参数，亥姆霍兹自由能和吉布斯自由能是另外两个组合的状态参数。亥姆霍兹自由能又称为亥姆霍兹函数，定义为

$$F = U - TS \tag{6-12}$$

单位质量工质的亥姆霍兹自由能为

$$f = u - Ts \tag{6-13}$$

吉布斯自由能又称为吉布斯函数，定义为

$$G = H - TS \tag{6-14}$$

单位质量工质的吉布斯自由能为

$$g = h - Ts \tag{6-15}$$

对比焓、比亥姆霍兹自由能、比吉布斯自由能的定义式取微分，得

$$\mathrm{d}h = \mathrm{d}u + p\mathrm{d}v + v\mathrm{d}p$$

$$\mathrm{d}f = \mathrm{d}u - T\mathrm{d}s - s\mathrm{d}T$$

$$\mathrm{d}g = \mathrm{d}h - T\mathrm{d}s - s\mathrm{d}T$$

考虑热力学第一定律的基本方程 $\delta q = \mathrm{d}u + p\mathrm{d}v$ 和熵的定义式 $\mathrm{d}s = \delta q / T$，可得

$$\mathrm{d}u = T\mathrm{d}s - p\mathrm{d}v \tag{6-16}$$

$$\mathrm{d}h = T\mathrm{d}s + v\mathrm{d}p \tag{6-17}$$

$$\mathrm{d}f = -s\mathrm{d}T - p\mathrm{d}v \tag{6-18}$$

$$\mathrm{d}g = -s\mathrm{d}T + v\mathrm{d}p \tag{6-19}$$

如前所述，对于简单可压缩的纯物质系统，任意一个状态参数都可以表示为另外两个相互独立的状态参数的函数，称为状态函数。其中，有些状态函数可以用来确定系统的所有其他状态参数，这种状态函数称为**特性函数**。特性函数包括 $u = u(s, v)$、$h = h(s, p)$、$f = f(T, v)$、$g = g(T, p)$ 共四个。它们的组合是固定的，如 $u = u(s, p)$ 就不是特性函数。如果已知特性函数 $u = u(s, v)$ 的具体函数形式，就可以用下述方法确定其他状态参数 T、p、h、f、g。

首先，对 $u = u(s, v)$ 取微分，得

$$du = \left(\frac{\partial u}{\partial s}\right)_v ds + \left(\frac{\partial u}{\partial v}\right)_s dv$$

将上式和式（6-16）进行比较，可得

$$T = \left(\frac{\partial u}{\partial s}\right)_v, \quad p = -\left(\frac{\partial u}{\partial v}\right)_s$$

分别代入 h、f、g 的定义式可得

$$h = u + pv = u - v\left(\frac{\partial u}{\partial v}\right)_s$$

$$f = u - Ts = u - s\left(\frac{\partial u}{\partial s}\right)_v$$

$$g = h - Ts = u + pv - Ts = u - v\left(\frac{\partial u}{\partial v}\right)_s - s\left(\frac{\partial u}{\partial s}\right)_v$$

同样地，对特性函数取微分并与式（6-16）~式（6-19）进行对比，可以得到以下八个关系式，即

$$\left(\frac{\partial u}{\partial s}\right)_v = T, \quad \left(\frac{\partial u}{\partial v}\right)_s = -p; \quad \left(\frac{\partial h}{\partial s}\right)_p = T, \quad \left(\frac{\partial h}{\partial p}\right)_s = v$$

$$\left(\frac{\partial f}{\partial v}\right)_T = -p, \quad \left(\frac{\partial f}{\partial T}\right)_v = -s; \quad \left(\frac{\partial g}{\partial p}\right)_T = v, \quad \left(\frac{\partial g}{\partial T}\right)_p = -s$$

特性函数的重要性在于可以通过它们建立各种热力学函数之间的简要关系。

对上述四个特性函数的微分形式，即式（6-16）~式（6-19）应用全微分条件式（6-3），可以得到描述 s、v、T、p 之间关系的麦克斯韦关系式：

1）由 $du = Tds - pdv$，有

$$\left(\frac{\partial T}{\partial v}\right)_s = -\left(\frac{\partial p}{\partial s}\right)_v \tag{6-20}$$

2）由 $dh = Tds + vdp$，有

$$\left(\frac{\partial T}{\partial p}\right)_s = \left(\frac{\partial v}{\partial s}\right)_p \tag{6-21}$$

3）由 $df = -sdT - pdv$，有

$$\left(\frac{\partial s}{\partial v}\right)_T = \left(\frac{\partial p}{\partial T}\right)_v \tag{6-22}$$

4）由 $dg = -sdT + vdp$，有

$$\left(\frac{\partial s}{\partial p}\right)_T = -\left(\frac{\partial v}{\partial T}\right)_p \tag{6-23}$$

以上四式称为**麦克斯韦关系式**，这些关系式建立了简单可压缩物质系统的不可直接测量状态参数 s 与可测量的状态参数 p、v、T 之间的联系。

6.4 熵、热力学能和焓的一般关系式

理想气体的状态方程比较简单，其比定容热容和比定压热容也只是温度的单值函数，理想气体的热力学能、焓和熵等状态参数可以通过其状态方程和比热容求出。实际气体的比热力学能 u、比焓 h 和比熵 s 也可以通过实际气体的状态方程和比热容求得，但其状态方程和

比热容的表达式则十分复杂，而且随所选独立变量的不同而异。独立变量的选择可以有 (T, v)、(T, p) 和 (p, v) 等几种形式。

1. 比熵的一般关系式

若以 (T, v) 为独立变量，$s = s(T, v)$，则有

$$ds = \left(\frac{\partial s}{\partial T}\right)_v dT + \left(\frac{\partial s}{\partial v}\right)_T dv \tag{a}$$

由链式关系

$$\left(\frac{\partial s}{\partial T}\right)_v \left(\frac{\partial T}{\partial u}\right)_v \left(\frac{\partial u}{\partial s}\right)_v = 1$$

可得

$$\left(\frac{\partial s}{\partial T}\right)_v = \frac{\left(\frac{\partial u}{\partial T}\right)_v}{\left(\frac{\partial u}{\partial s}\right)_v} = \frac{c_V}{T}$$

其中，$c_V = \left(\frac{\partial u}{\partial T}\right)_v$ 是比定容热容的严格定义式。再由麦克斯韦关系式得

$$\left(\frac{\partial s}{\partial v}\right)_T = \left(\frac{\partial p}{\partial T}\right)_v$$

代入式（a），可得

$$ds = \frac{c_V}{T} dT + \left(\frac{\partial p}{\partial T}\right)_v dv \tag{6-24}$$

式（6-24）就是以 (T, v) 为独立变量时熵的一般关系式，也称为第一 ds 方程。

若以 (T, p) 为独立变量，$s = s(T, p)$，则有

$$ds = \left(\frac{\partial s}{\partial T}\right)_p dT + \left(\frac{\partial s}{\partial p}\right)_T dp \tag{b}$$

由链式关系

$$\left(\frac{\partial s}{\partial T}\right)_p \left(\frac{\partial T}{\partial h}\right)_p \left(\frac{\partial h}{\partial s}\right)_p = 1$$

可得

$$\left(\frac{\partial s}{\partial T}\right)_p = \frac{\left(\frac{\partial h}{\partial T}\right)_p}{\left(\frac{\partial h}{\partial s}\right)_p} = \frac{c_p}{T}$$

其中，$c_p = \left(\frac{\partial h}{\partial T}\right)_p$ 是比定压热容的严格定义式。再由麦克斯韦关系式得

$$\left(\frac{\partial s}{\partial p}\right)_T = -\left(\frac{\partial v}{\partial T}\right)_p$$

代入式（b），可得第二 ds 方程，即

$$ds = \frac{c_p}{T} dT - \left(\frac{\partial v}{\partial T}\right)_p dp \tag{6-25}$$

若以 (p, v) 为独立变量，$s = s(p, v)$，则有

$$ds = \left(\frac{\partial s}{\partial p}\right)_v dp + \left(\frac{\partial s}{\partial v}\right)_p dv \tag{c}$$

式中
$$\left(\frac{\partial s}{\partial p}\right)_v = \left(\frac{\partial s}{\partial T}\right)_v \left(\frac{\partial T}{\partial p}\right)_v = \frac{c_V}{T}\left(\frac{\partial T}{\partial p}\right)_v$$

$$\left(\frac{\partial s}{\partial v}\right)_p = \left(\frac{\partial s}{\partial T}\right)_p \left(\frac{\partial T}{\partial v}\right)_p = \frac{c_p}{T}\left(\frac{\partial T}{\partial v}\right)_p$$

代入式（c），可得第三 ds 方程，即

$$ds = \frac{c_V}{T}\left(\frac{\partial T}{\partial p}\right)_v dp + \frac{c_p}{T}\left(\frac{\partial T}{\partial v}\right)_p dv \tag{6-26}$$

上述三个 ds 方程中，第二 ds 方程更为实用，因为比定压热容比比定容热容易于试验测量。这些关系式适用于任何工质，当然也可以应用于理想气体。

2. 比热力学能的一般关系式

将第一 ds 方程代入式（6-16），可得

$$du = c_V dT + \left[T\left(\frac{\partial p}{\partial T}\right)_v - p\right]dv \tag{6-27}$$

式（6-27）称为第一 du 方程。同样，将第二 ds 方程代入式（6-16），可得以（T，p）为独立变量的第二 du 方程，即

$$du = \left[c_p - p\left(\frac{\partial v}{\partial T}\right)_p\right]dT - \left[T\left(\frac{\partial v}{\partial T}\right)_p + p\left(\frac{\partial v}{\partial p}\right)_T\right]dp \tag{6-28}$$

将第三 ds 方程代入式（6-16），可得以（p，v）为独立变量的第三 du 方程，即

$$du = c_V\left(\frac{\partial T}{\partial p}\right)_v dp + \left[c_p\left(\frac{\partial T}{\partial v}\right)_p - p\right]dv \tag{6-29}$$

相比之下，第一 du 方程的形式简单，计算比较方便，应用也比较广泛。该式表明，实际气体的比热力学能是温度和比体积的函数，如果已知实际气体的状态方程和比热容，则可以通过积分该式得到在过程中比热力学能的变化量。

例 6-2　某种气体的状态方程为 $p(v-b) = R_g T$，其中 b 为常数。若该种气体的比定容热容 c_V 为定值，试证明其比热力学能 u 只是温度的函数。

证明　由第一 du 方程可得

$$du = c_V dT + \left[T\left(\frac{\partial p}{\partial T}\right)_v - p\right]dv$$

由状态方程 $p = \dfrac{R_g T}{v-b}$ 得 $\left(\dfrac{\partial p}{\partial T}\right)_v = \dfrac{R_g}{v-b}$，则 $T\left(\dfrac{\partial p}{\partial T}\right)_v - p = 0$，即

$$du = c_V dT$$

因为 c_V 为定值，所以 u 只是 T 的函数。即证。

3. 比焓的一般关系式

通过把 ds 方程代入式（6-17），可以得到相应的 dh 方程。相比之下，形式最简单和最常用的是以（T，p）为独立变量的第二 dh 方程，即

$$dh = c_p dT + \left[v - T\left(\frac{\partial v}{\partial T}\right)_p\right]dp \tag{6-30}$$

式（6-30）表明，实际气体的比焓是温度和压力的函数，如果已知实际气体的状态方程和比热容，则可以通过积分该式得到比焓在过程中的变化量。

其他两个 $\mathrm{d}h$ 方程可以作为练习，请读者自己推导。

6.5 比热容的一般关系式

比熵、比热力学能和比焓的一般关系式中都有比定压热容 c_p 或比定容热容 c_V，因此需要导出比热容的一般关系式。由于 c_p 在实验中易于测量，因此，导出 c_p 的一般关系式可以利用实验数据导出状态方程，而比热容之差 $c_p - c_V$ 的关系式则可以用于通过易测的 c_p 计算不易测量的 c_V。因此，比热容的一般关系式是十分重要的。

1. 比热容与压力和比体积的关系

由第二 $\mathrm{d}s$ 方程 $\mathrm{d}s = \dfrac{c_p}{T}\mathrm{d}T - \left(\dfrac{\partial v}{\partial T}\right)_p \mathrm{d}p$ 和全微分的性质，可得

$$\left(\frac{\partial c_p}{\partial p}\right)_T = -T\left(\frac{\partial^2 v}{\partial T^2}\right)_p \tag{6-31}$$

同理，由第一 $\mathrm{d}s$ 方程 $\mathrm{d}s = \dfrac{c_V}{T}\mathrm{d}T + \left(\dfrac{\partial p}{\partial T}\right)_v \mathrm{d}v$ 和全微分的性质，可得

$$\left(\frac{\partial c_V}{\partial v}\right)_T = T\left(\frac{\partial^2 p}{\partial T^2}\right)_v \tag{6-32}$$

以上两式建立了等温的条件下，比定压热容、比定容热容随压力和比体积的变化率与状态方程之间的关系。现以式（6-31）为例说明它们的应用。如果已知状态方程，则可以通过测量较低压力下的气体的比定压热容 c_{p_0}，利用该式推算其他压力下的比定压热容 c_p，即将式（6-31）在等温的条件下积分，得

$$c_p - c_{p_0} = -T\int_{p_0}^{p}\left(\frac{\partial^2 v}{\partial T^2}\right)_p \mathrm{d}p$$

式中，c_{p_0} 是温度为 T、压力为 p_0 条件下的比定压热容；c_p 是同样温度下、任意压力 p 条件下的比定压热容。当 p_0 足够低时，c_{p_0} 就是理想气体的比定压热容，是温度的单值函数。因此，只要由状态方程求出 $\left(\dfrac{\partial^2 v}{\partial T^2}\right)_p$，就可以通过上式积分求得任意压力的 c_p，而不需要进行试验测量。

式（6-31）也可以作为推演状态方程的工具。如果已经测得比较精确的比定压热容随温度、压力变化的数据 $c_p = f(T, p)$，则可以通过 $-\dfrac{1}{T}\left(\dfrac{\partial c_p}{\partial p}\right)_T$ 求得 $\left(\dfrac{\partial^2 v}{\partial T^2}\right)_p$，再通过积分和少量的测量数据得到 v、T、p 之间的关系，即状态方程。

另外，对于已有的状态方程，式（6-31）则可以作为评价其精确程度的一个标尺。

例 6-3 某物质的比定压热容 $c_p = a + bT + 12cp/T^4$，其中 a、b、c 均为常数，求该物质的状态方程。

解 对该物质的比定压热容求偏导数，得

$$\left(\frac{\partial c_p}{\partial p}\right)_T = \frac{12c}{T^4}$$

对比比定压热容的普遍关系式（6-31），得

$$\left(\frac{\partial^2 v}{\partial T^2}\right)_p = -\frac{12c}{T^5}$$

定压下对上式积分，得

$$\left(\frac{\partial v}{\partial T}\right)_p = 3cT^{-4} + \varphi_1(p) \tag{a}$$

当 $T\to\infty$ 时，上式变为 $\left(\frac{\partial v}{\partial T}\right)_p = \varphi_1(p)$，此时物质的性质可按理想气体处理，由理想气体的状态方程 $pv = R_g T$，得 $\left(\frac{\partial v}{\partial T}\right)_p = R_g/p$。所以 $\varphi_1(p) = R_g/p$，将其代入式（a）得

$$\left(\frac{\partial v}{\partial T}\right)_p = 3cT^{-4} + \frac{R_g}{p}$$

定压下对上式再积分一次，得

$$v = -cT^{-3} + \frac{R_g T}{p} + \varphi_2(p) \tag{b}$$

当 $T\to\infty$ 时，上式变为 $v = \frac{R_g T}{p} + \varphi_2(p)$，此时由理想气体的状态方程 $pv = R_g T$，得 $\varphi_2(p) = 0$，将其代入式（b），最后得到该物质的状态方程为

$$v = -cT^{-3} + \frac{R_g T}{p}$$

2. 比热容差的一般关系式

由比定压热容和比定容热容的定义式可得

$$c_V = \left(\frac{\partial u}{\partial T}\right)_v = \left(\frac{\partial u}{\partial s}\right)_v\left(\frac{\partial s}{\partial T}\right)_v = T\left(\frac{\partial s}{\partial T}\right)_v \tag{6-33}$$

$$c_p = \left(\frac{\partial h}{\partial T}\right)_p = \left(\frac{\partial h}{\partial s}\right)_p\left(\frac{\partial s}{\partial T}\right)_p = T\left(\frac{\partial s}{\partial T}\right)_p \tag{6-34}$$

比热容差为

$$c_p - c_V = T\left[\left(\frac{\partial s}{\partial T}\right)_p - \left(\frac{\partial s}{\partial T}\right)_v\right]$$

由式（6-6）可得

$$\left(\frac{\partial s}{\partial T}\right)_p = \left(\frac{\partial s}{\partial v}\right)_T\left(\frac{\partial v}{\partial T}\right)_p + \left(\frac{\partial s}{\partial T}\right)_v$$

代入上式得

$$c_p - c_V = T\left(\frac{\partial s}{\partial v}\right)_T\left(\frac{\partial v}{\partial T}\right)_p$$

由麦克斯韦关系式 $\left(\frac{\partial s}{\partial v}\right)_T = \left(\frac{\partial p}{\partial T}\right)_v$，得

$$c_p - c_V = T\left(\frac{\partial p}{\partial T}\right)_v\left(\frac{\partial v}{\partial T}\right)_p \tag{6-35}$$

式中 $\left(\dfrac{\partial p}{\partial T}\right)_v = p\alpha_p$，气体的相对压力系数 α_p 应用较少，可以通过循环关系式（6-4）进行变换

$$\left(\frac{\partial p}{\partial T}\right)_v \left(\frac{\partial T}{\partial v}\right)_p \left(\frac{\partial v}{\partial p}\right)_T = -1 \Rightarrow \left(\frac{\partial p}{\partial T}\right)_v = -\frac{\left(\dfrac{\partial v}{\partial T}\right)_p}{\left(\dfrac{\partial v}{\partial p}\right)_T}$$

将其代入式（6-35），得

$$c_p - c_V = -\frac{T\left(\dfrac{\partial v}{\partial T}\right)_p^2}{\left(\dfrac{\partial v}{\partial p}\right)_T} = \frac{Tv^2\left[\dfrac{1}{v}\left(\dfrac{\partial v}{\partial T}\right)_p\right]^2}{-v\dfrac{1}{v}\left(\dfrac{\partial v}{\partial p}\right)_T} = \frac{Tv\alpha^2}{\kappa_T} \tag{6-36}$$

式中，α 是体膨胀系数；κ_T 是等温压缩率。因为 T、v、α^2 和 κ_T 都为正值，所以 $c_p - c_V > 0$，这说明任何物质的比定压热容总是大于比定容热容。由于比定容热容的测量比较困难，一般总是先测出比定压热容，再利用上述关系式计算出比定容热容。

3. 比热容比的一般关系式

由式（6-33）、式（6-34）可得比热容比为

$$\gamma = \frac{c_p}{c_V} = \frac{\left(\dfrac{\partial s}{\partial T}\right)_p}{\left(\dfrac{\partial s}{\partial T}\right)_v}$$

由循环关系式可得

$$\left(\frac{\partial s}{\partial T}\right)_p \left(\frac{\partial T}{\partial p}\right)_s \left(\frac{\partial p}{\partial s}\right)_T = -1 \Rightarrow \left(\frac{\partial s}{\partial T}\right)_p = -\left(\frac{\partial p}{\partial T}\right)_s \left(\frac{\partial s}{\partial p}\right)_T$$

$$\left(\frac{\partial s}{\partial T}\right)_v \left(\frac{\partial T}{\partial v}\right)_s \left(\frac{\partial v}{\partial s}\right)_T = -1 \Rightarrow \left(\frac{\partial s}{\partial T}\right)_v = -\left(\frac{\partial v}{\partial T}\right)_s \left(\frac{\partial s}{\partial v}\right)_T$$

代入上式可得

$$\gamma = \frac{c_p}{c_V} = \frac{\left(\dfrac{\partial s}{\partial T}\right)_p}{\left(\dfrac{\partial s}{\partial T}\right)_v} = \frac{-\left(\dfrac{\partial p}{\partial T}\right)_s \left(\dfrac{\partial s}{\partial p}\right)_T}{-\left(\dfrac{\partial v}{\partial T}\right)_s \left(\dfrac{\partial s}{\partial v}\right)_T} = \frac{-\dfrac{1}{v}\left(\dfrac{\partial v}{\partial p}\right)_T}{-\dfrac{1}{v}\left(\dfrac{\partial v}{\partial p}\right)_s} = \frac{\kappa_T}{\kappa_s} > 1 \tag{6-37}$$

因为比定压热容总是大于比定容热容，所以比热容比 $\gamma > 1$，$\kappa_T > \kappa_s$，即任何物质的等温压缩率总是大于等熵压缩率。

介质中的声速也是状态参数，表示为

$$a = \sqrt{\left(\frac{\partial p}{\partial \rho}\right)_s} = \sqrt{-v^2\left(\frac{\partial p}{\partial v}\right)_s}$$

也就是

$$\left(\frac{\partial p}{\partial v}\right)_s = -\frac{a^2}{v^2}$$

代入式（6-37），得

$$\gamma = \frac{c_p}{c_V} = -\frac{1}{v}\left(\frac{\partial v}{\partial p}\right)_T \frac{a^2}{v} = \frac{a^2}{v}\kappa_T \tag{6-38}$$

因此，如果已知物质的状态方程，也可以通过测量声速的方法得到比热容比。

6.6　理想气体状态方程用于实际气体的偏差

分析实际气体的热力过程和热力循环需要确定其热力学参数之间的关系，为此最重要的是建立实际气体的状态方程，即 p、v、T 之间的具体函数关系 $f(p,\ v,\ T) = 0$。利用实际气体的状态方程，不仅可以根据 p、v、T 中的已知量计算未知量，还可以在此基础上进一步利用热力学一般关系式，推算出 u、h、s、f、g 以及比热容的计算式，从而进行过程和循环的热力分析。实际气体的状态方程比较复杂，还没有十分精确和广泛适用的模型。这里先考察理想气体状态方程用于实际气体时的偏差，再介绍几种实际气体的状态方程模型。

理想气体的基本假设是气体分子不占体积和分子之间没有作用力，状态方程为 $pv = R_g T$。因此，理想气体的状态参数之间的关系应该有

$$\frac{pv}{R_g T} = 1 \quad \text{或} \quad \frac{pV_m}{RT} = 1$$

在 $\dfrac{pv}{R_g T}$-p 坐标图上应该是一条取值为 1 的水平线。不过，实测数据表明，实际气体不符合这样的规律，尤其在低温、高压的条件下偏差更大。实际气体 $pv/(R_g T)$ 值称为**压缩因子或压缩系数**，定义为

$$Z = \frac{pv}{R_g T} = \frac{pV_m}{RT} \tag{6-39}$$

式中，V_m 是摩尔体积（$m^3/kmol$）。

对于理想气体，$Z = 1$，实际气体 Z 可能大于 1，也可能小于 1，Z 值偏离 1 的大小，反映了实际气体对理想气体性质（状态方程）的偏离程度。压缩因子 Z 的大小不仅和气体的种类有关，同种气体的 Z 值还随着温度和压力而变化，因此，压缩因子 Z 是状态的函数。

下面说明压缩因子的物理意义。为此，将式（6-39）改写为

$$Z = \frac{pv}{R_g T} = \frac{v}{R_g T/p} = \frac{v}{v_i} \tag{6-40}$$

式中，v 是实际气体在压力 p、温度 T 时的比体积；v_i 是相同压力 p、温度 T 条件下按理想气体计算得到的比体积。

因此，压缩因子 Z 的物理意义是，它表示在压力 p、温度 T 时，实际气体的比体积和理想气体的比体积之比。若 $Z>1$，表明实际气体的比体积较将之视为理想气体计算出的同温同压下的比体积大些，说明实际气体比将之视为理想气体更难压缩；若 $Z<1$，表明实际气体的比体积较将之视为理想气体计算出的同温同压下的比体积小些，说明实际气体比将之视为理想气体更易压缩。所以，Z 实际上是从实际气体的可压缩性上来描述实际气体对理想气体的偏离的，因此称为压缩因子。

实际气体对理想气体的偏离源于理想气体模型的两个基本假设，即忽略气体分子所占的体积和分子之间的作用力。在通常温度以上，当 $p \to 0$ 时，这种假设是合理的。之后若 p 逐

渐增大，分子之间的平均距离减小，分子之间相互吸引的作用力逐渐体现和增强，此时多数气体实际的比体积较之分子之间无吸引力时的比体积小，压缩因子小于1。若压力 p 继续增大，分子之间的平均距离进一步减小，分子之间排斥力的影响逐渐增强，此时气体实际的比体积较之分子之间无作用力时的比体积大，同时，分子本身体积的影响也逐渐增大。在高压时，实际气体的压缩因子总是大于1，而且随着压力的升高而继续增大。

上面的分析表明，实际气体只有在高温低压的条件下才和理想气体的性质接近。对于不能应用理想气体模型的情况，需要建立实际气体的状态方程或对理想气体状态方程进行修正。

6.7 实际气体的状态方程

对于压力相对较高、温度相对较低、比较接近于液相的气体，不能采用理想气体状态方程来描述状态参数之间的关系，需要建立适合于具体气体和状况的实际气体的状态方程。如果可以获得实际气体的状态方程，以及其低压状态下（即可以视为理想气体的状态）比定压热容随温度的变化规律 $c_{p_0} = f(T)$，就可以通过热力学一般关系式来获得气体的全部物性参数。不过，建立实际气体的状态方程是一项复杂的工作，经过百余年来的探索和努力，人们通过理论分析的方法、经验和半经验半理论的方法导出了成百上千个状态方程式，但如何获得准确程度高、适应范围广的状态方程仍然是目前工程热力学领域的研究课题。在这些状态方程中，比较典型的是范德瓦尔方程。

1. 范德瓦尔方程

1873 年，荷兰学者范德瓦尔（Van der Waals）针对实际气体区别于理想气体的两个主要方面（即实际气体分子占有体积和分子之间有作用力），对理想气体状态方程进行了相应的修正而提出范德瓦尔方程，即

$$\left(p + \frac{a}{v^2}\right)(v - b) = R_g T \quad \text{或} \quad p = \frac{R_g T}{v - b} - \frac{a}{v^2} \tag{6-41}$$

式中的修正项 a、b 是与气体种类有关的常数，称为范德瓦尔常数，根据实验数据确定。其中 a/v^2 又称为**内压力**。由于实际气体分子间具有引力作用，当气体分子向容器壁面撞击时，会受到容器内分子的吸引力束缚，因此实际气体的压力比理想气体的要小，内压力就表示压力的减小量。内压力的数值在气体分子对壁面的碰撞频率和碰撞强度两个方面与密度有关，密度越大，分子间的引力作用越大，而且单位时间内碰撞在容器单位面积上的分子数越多，所以，内压力和 ρ^2 成正比，即和 v^2 成反比。

修正项 b 是考虑到分子本身占有一定的体积，因此，气体分子自由运动的空间将减少为 $v-b$。

范德瓦尔方程可以整理成比体积的三次方程的形式，即

$$v^3 - \left(b + \frac{R_g T}{p}\right)v^2 + \frac{a}{p}v - \frac{ab}{p} = 0$$

对于确定的温度 T，该方程在 p-v 图上表示为一条等温线。对于不同的压力 p，通过上式计算的比体积 v 可能有三个不等实根、三个相等实根或一个实根两个虚根。对实际气体的实验测量数据可以说明这种现象。例如，在不同的温度下压缩实际气体，测量 p 和 v，可以

在 p-v 图上得到一组等温线，如图 6-1 所示。从图中可以看出，当温度较高时，等温线处于气态区，如图中 SR 段，压力再高，气体也不能液化；当温度低于临界温度时，等温线的中间有一段是水平线，这些水平线段表示气体凝结成液体的过程。这些水平线段的左端点表示饱和液的状态，其连线称为下界线或饱和液线，而右端点表示干饱和蒸气的状态，其连线称为上界线或干饱和蒸气线。随着温度的升高，等温线上水平线段的长度逐渐减小，最后减小为一个点，即饱和液线和干饱和蒸气线的交点 C，称为临界点，该点的状态称为临界状态，临界点的压力、温度、比体积分别称为临界压力 p_{cr}、临界温度 T_{cr} 和临界比体积 v_{cr}。

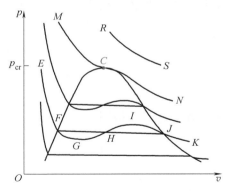

图 6-1　p-v 图上绘制的范德瓦尔曲线

由图 6-1 可见，当温度 T 高于临界温度时，对于任意的压力值 p，都只有一个比体积值 v 与之对应，此时比体积的三次方程只有一个实根。当温度低于临界温度、压力高于或低于饱和压力时，方程也只有一个实根；而当压力等于饱和压力时，方程则有三个不等的实根，即与每个压力值对应的有三个比体积值，其中最小值表示饱和液的比体积，最大值表示干饱和蒸气的比体积，第三个实根则介于两者之间。在方程给出的饱和液和干饱和蒸气点之间不是水平线，而是一条曲线 $JIHGF$，第三个比体积的实根在这条曲线上，但通过第三个实根的曲线段 IHG 部分 $(\partial p/\partial v)_T > 0$，它表示等温条件下，压力增加，实际气体的比体积增加，压力降低，比体积减小，这与真实流体的行为相违背。因此，实际上是不可能出现的，该实根没有实际意义。

等温线 GF 和 JI 部分，其 $(\partial p/\partial v)_T < 0$，是符合流体实际行为的。尽管它们的压力不是该温度下的饱和压力，但是它们是有一定意义的，在一定条件下是可以实现的，是亚稳定状态。GF 部分代表过热液体状态，它表示液体压力低于其温度对应的饱和压力而液体仍然不汽化，只要引入尘埃或带电粒子，液体分子就会以它们为汽化核而汽化。在科学史上对发现微观粒子有重要意义的气泡室就是利用此特性而制成的。过热液体的汽化在工业上也要加以注意。火力发电厂锅炉中的水很纯净，容易形成过热液体，如果往其中猛然加入溶有空气的新鲜水，则将引起剧烈的汽化，使压力突增，曾经由于这种原因引起锅炉爆炸，须加以注意。

JI 部分代表过冷气体状态或过饱和蒸气状态。实际气体被等温压缩到 J 点时到达饱和状态，因缺乏凝结核心仍然为气态，甚至在压力超过饱和压力时仍以气态存在，这是一种不稳定的非平衡状态，只要引入尘埃或带电粒子，气体分子就会以它们为核心而液化。在科学史上对发现微观粒子有重要意义的云室就是利用此特性而制成的。

当温度等于临界温度、压力不等于临界压力时，方程也只有一个实根；而当温度等于临界温度、压力也等于临界压力时，方程有三个相等的实根。

下面进一步讨论临界点的特点。由于临界温度的等温线在临界点是一个拐点，此时压力对比体积的一阶偏导数和二阶偏导数均为零，即

$$\left(\frac{\partial p}{\partial v}\right)_{T_{cr}} = 0, \qquad \left(\frac{\partial^2 p}{\partial v^2}\right)_{T_{cr}} = 0$$

将范德瓦尔方程的关系代入上式，可得

$$\left.\begin{array}{c}\left(\dfrac{\partial p}{\partial v}\right)_{T_{cr}}=-\dfrac{R_g T_{cr}}{(v_{cr}-b)^2}+\dfrac{2a}{v_{cr}^3}=0\\[4mm]\left(\dfrac{\partial^2 p}{\partial v^2}\right)_{T_{cr}}=-\dfrac{2R_g T_{cr}}{(v_{cr}-b)^3}-\dfrac{6a}{v_{cr}^4}=0\end{array}\right\}$$

求解上述方程组，得到

$$\left.\begin{array}{ccc}T_{cr}=\dfrac{8a}{27R_g b},& v_{cr}=3b,& p_{cr}=\dfrac{a}{27b^2}\\[4mm]a=\dfrac{27}{64}\dfrac{(R_g T_{cr})^2}{p_{cr}},& b=\dfrac{R_g T_{cr}}{8p_{cr}},& R_g=\dfrac{8}{3}\dfrac{p_{cr}v_{cr}}{T_{cr}}\end{array}\right\} \tag{6-42}$$

上式表明，气体的范德瓦尔常数 a、b 除了根据 p、v、T 的实验数据采用曲线拟合的方法得到以外，也可以通过测定某种气体的临界压力 p_{cr} 和临界温度 T_{cr} 来计算该种气体的范德瓦尔常数。上式还表明，尽管不同气体的范德瓦尔常数不尽相同，但不论何种物质，其临界状态的压缩因子（即临界压缩因子）都相等。

$$Z_{cr}=\frac{p_{cr}v_{cr}}{R_g T_{cr}}=\frac{3}{8}=0.375 \tag{6-43}$$

式（6-43）是范德瓦尔方程给出的结果，但实际上，不同物质的临界压缩因子图并不相同，而且对于大多数物质来说，其临界压缩因子远小于 0.375，一般在 0.23～0.29 之间，所以范德瓦尔方程应用于临界点附近区域的误差是比较大的。同时，按临界点参数计算的范德瓦尔常数也是近似的。

范德瓦尔方程是从理论分析出发的半经验的状态方程，可以较好地定性描述实际气体的基本特性，可以描述气体的液化过程，但在定量上不够准确，因此，不适合用于精确的定量分析。

例 6-4　范德瓦尔方程应用

假设气体遵守范德瓦尔方程，计算其体膨胀系数 α 和等温压缩率 κ_T。

解　范德瓦尔方程写成

$$v^3-\left(b+\frac{R_g T}{p}\right)v^2+\frac{a}{p}v-\frac{ab}{p}=0$$

在等压的条件下，对温度 T 求偏导，有

$$3v^2\left(\frac{\partial v}{\partial T}\right)_p-v^2\left(\frac{R_g}{p}\right)-2v\left(b+\frac{R_g T}{p}\right)\left(\frac{\partial v}{\partial T}\right)_p+\frac{a}{p}\left(\frac{\partial v}{\partial T}\right)_p=0$$

$$\alpha=\frac{1}{v}\left(\frac{\partial v}{\partial T}\right)_p=\frac{R_g v^2}{3pv^3-2pv^2\left(b+\dfrac{R_g T}{p}\right)+av} \tag{a}$$

由于

$$\left(b+\frac{R_g T}{p}\right)v^2=v^3+\frac{a}{p}v-\frac{ab}{p}$$

代入式（a）可得

$$\alpha = \frac{R_g v^2}{p v^3 - av + 2ab} \tag{b}$$

由于

$$p = \frac{R_g T}{v-b} - \frac{a}{v^2}$$

式（b）的分母可以写成

$$\left(\frac{R_g T}{v-b} - \frac{a}{v^2}\right)v^3 - av + 2ab = \frac{R_g T v^3}{v-b} - av - av + 2ab = \frac{R_g T v^3}{v-b} - 2a\,(v-b)$$

将式（b）改写为

$$\alpha = \frac{R_g v^2(v-b)}{R_g T v^3 - 2a(v-b)^2}$$

类似地，等温压缩率可以写成

$$\kappa_T = -\frac{1}{v}\left(\frac{\partial v}{\partial p}\right)_T = \frac{v^2\,(v-b)^2}{R_g T v^3 - 2a\,(v-b)^2}$$

2. R-K 方程

R-K 方程也是含有两个常数的状态方程，是在范德瓦尔方程的基础上，由 Redlich 和 Kwong 于 1949 年提出的。该方程保留了比体积的三次方程的简单形式，对内压力项进行了修正，计算精度比范德瓦尔方程有很大的提高，特别是对于气液相平衡和混合物计算十分成功，由于应用简便，在化学工程中曾得到十分广泛的应用。方程的具体形式为

$$p = \frac{R_g T}{v-b} - \frac{a}{T^{0.5}v(v+b)} \tag{6-44}$$

式中，a、b 是状态方程常数，通常通过 p、v、T 的实验数据拟合得出。若无实验数据，也可以通过临界点参数进行计算。

$$a = \frac{0.427480 R_g^2 T_{cr}^{2.5}}{p_{cr}}, \qquad b = \frac{0.08664 R_g T_{cr}}{p_{cr}} \tag{6-45}$$

对于 1kmol 的气体而言，R-K 方程为

$$p = \frac{RT}{V_m - b} - \frac{a}{T^{0.5}V_m(V_m + b)}$$

例 6-5 一个直径为 0.2m、高为 1m 的圆柱形刚性容器，内装温度为 -50℃ 的一氧化碳（CO）气体 4.0kg。试分别采用理想气体状态方程、范德瓦尔方程和 R-K 方程计算容器内的压力。

解 基于 1kmol 一氧化碳的范德瓦尔方程为

$$p = \frac{RT}{V_m - b} - \frac{a}{V_m^2}$$

R-K 方程为

$$p = \frac{RT}{V_m - b} - \frac{a}{T^{0.5}V_m(V_m + b)}$$

式中，V_m 为摩尔体积（m^3/kmol），本书附录 A.6 列举了一些物质的范德瓦尔方程常数和 R-K 方程常数。首先，计算气体的摩尔体积。

$$V_m = \frac{V}{n} = \frac{\frac{\pi d^2}{4}L}{\frac{m}{M}} = \frac{\frac{\pi \times 0.2^2}{4} \times 1.0}{\frac{4}{28}}\text{m}^3/\text{kmol} = 0.2198\text{m}^3/\text{kmol}$$

1) 按理想气体状态方程，有

$$p = \frac{RT}{V_m} = \frac{8314.3 \times (273 - 50)}{0.2198}\text{Pa} = 84.4 \times 10^5\text{Pa} = 8.44\text{MPa}$$

2) 按范德瓦尔方程。查附录 A.6，对于一氧化碳，范德瓦尔方程常数为

$$a = 0.1474\text{MPa}(\text{m}^3/\text{kmol})^2, \quad b = 0.0395\text{m}^3/\text{kmol}$$

$$p = \frac{RT}{V_m - b} - \frac{a}{V_m^2} = \left(\frac{8314.3 \times 223}{0.2198 - 0.0395} \times \frac{1}{10^6} - \frac{0.1474}{0.2198^2}\right)\text{MPa} = 7.23\text{MPa}$$

3) 按 R-K 方程。查附录 A.6，对于一氧化碳，R-K 方程常数为

$$a = 1.722\text{MPa}(\text{m}^3/\text{kmol})^2\text{K}^{0.5}, \quad b = 0.02737\text{m}^3/\text{kmol}$$

$$p = \frac{RT}{V_m - b} - \frac{a}{T^{0.5}V_m(V_m + b)}$$

$$= \left[\frac{8314.3 \times 223}{0.2198 - 0.02737} \times \frac{1}{10^6} - \frac{1.722}{0.2198 \times (0.2198 + 0.02737) \times 223^{0.5}}\right]\text{MPa}$$

$$= 7.51\text{MPa}$$

实测表明，按理想气体状态方程计算的压力高于实际压力，而按范德瓦尔方程计算的压力低于实际压力，R-K 方程的计算结果接近实际压力。

例 6-6 试利用 R-K 方程和麦克斯韦关系式估算温度为 240℃、比体积为 $0.4646\text{m}^3/\text{kg}$ 时水蒸气的偏微分关系式 $(\partial s/\partial v)_T$。

解 由麦克斯韦关系式 (6-22)，有

$$\left(\frac{\partial s}{\partial v}\right)_T = \left(\frac{\partial p}{\partial T}\right)_v$$

利用基于 1kmol 水蒸气的 R-K 方程

$$p = \frac{RT}{V_m - b} - \frac{a}{T^{0.5}V_m(V_m + b)}$$

可以求得

$$\left(\frac{\partial p}{\partial T}\right)_v = \frac{R}{V_m - b} + 0.5\frac{a}{V_m(V_m + b)}T^{-1.5}$$

当前状态的温度为 $T = (273 + 240)\text{K} = 513\text{K}$，摩尔体积为

$$V_m = Mv = 18.02 \times 0.4646\text{m}^3/\text{kmol} = 8.372\text{m}^3/\text{kmol}$$

查附录 A.6，水蒸气的 R-K 方程常数为

$$a = 14.259\text{MPa}(\text{m}^3/\text{kmol})^2\text{K}^{0.5}, \quad b = 0.02111\text{m}^3/\text{kmol}$$

将数据代入 $\left(\dfrac{\partial p}{\partial T}\right)_v$ 的表达式得

$$\left(\frac{\partial p}{\partial T}\right)_v = \left[\frac{8314.3}{8.372 - 0.02111} + 0.5 \times \frac{14.259 \times 10^6}{8.372 \times (8.372 + 0.02111)} \times 513^{-1.5}\right]\text{J}/(\text{m}^3 \cdot \text{K})$$

$$= 1004.35 \mathrm{J}/(\mathrm{m}^3 \cdot \mathrm{K})$$

即

$$\left(\frac{\partial s}{\partial v}\right)_T = 1004.35 \mathrm{J}/(\mathrm{m}^3 \cdot \mathrm{K}) = 1.00435 \mathrm{kJ}/(\mathrm{m}^3 \cdot \mathrm{K})$$

3. 位力方程

1901 年，卡·昂内斯（K. Onnes）提出了以幂级数形式表达的状态方程，即

$$Z = \frac{pv}{R_g T} = 1 + \frac{B}{v} + \frac{C}{v^2} + \frac{D}{v^3} + \cdots \tag{6-46}$$

这种形式的状态方程称为位力方程（也称维里方程），位力（Virial）是拉丁语"力"的意思。式中 B、C、D……都是温度的函数，分别称为第二、第三、第四……位力系数。

位力方程也可以将压缩因子写成压力的幂级数的形式，即

$$Z = \frac{pv}{R_g T} = 1 + B'p + C'p^2 + D'p^3 + \cdots \tag{6-47}$$

两种形式的位力方程的系数之间有如下关系，即

$$B' = \frac{B}{R_g T}, \quad C' = \frac{C - B^2}{(R_g T)^2}, \quad D' = \frac{D - 3BC + 2B^3}{(R_g T)^3}, \quad \cdots$$

上述关系只在方程为无穷级数的条件下严格成立，否则就是近似的关系了。

位力方程的特点是具有坚实的理论基础，由统计力学方法可以导出位力方程，并赋予位力系数以明确的物理意义。例如，方程（6-46）中的 B/v 项表示气体两个分子之间的相互作用，而 C/v^2 项反映的是三个气体分子之间的相互作用，以此类推。因为两个分子之间的相互作用要比三个分子之间的相互作用大很多倍，所以位力方程的无穷级数是快速收敛的，各个高阶项对压缩因子的贡献越来越小，因此，通常只要前面几项就可以满足精度要求。在低压条件下，只要前面两项就可以提供满意的精度了，即

$$Z = \frac{pv}{R_g T} = 1 + \frac{B}{v} \tag{6-48}$$

或

$$Z = \frac{pv}{R_g T} = 1 + B'p = 1 + \frac{Bp}{R_g T} \tag{6-49}$$

多数情况下，使用式（6-49）更加方便，可以直接求解比体积 v。对于处于亚临界温度的水蒸气，压力在 1.5MPa 以下时，该方程都能给出比较精确的 p、v、T 关系。对于亚临界温度以上的水蒸气，其适用的压力范围随着温度的升高而提高。除了极高温度的情况以外，位力系数 B 是一个负数，所以采用式（6-49）计算的压缩因子小于 1。

当水蒸气的密度 ρ 大于临界密度 ρ_{cr} 的 1/2 时，式（6-48）和式（6-49）不再适用，此时，需要采用截取三项的位力方程

$$Z = \frac{pv}{R_g T} = 1 + \frac{B}{v} + \frac{C}{v^2} \tag{6-50}$$

或

$$Z = \frac{pv}{R_g T} = 1 + B'p + C'p^2 \tag{6-51}$$

式（6-51）在水蒸气的临界密度以下都具有较好的精度，但在临界密度以上则不适用。虽然理论上通过截取位力方程的不同长度可以得到不同精度的状态方程，满足各种计算需要，但实际上迄今为止对第三位力系数以上的各个位力系数掌握得很少，超过三项的位力方程很少被应用。

6.8 对比态原理和通用压缩因子图

前述的实际气体状态方程中都包含有与物质性质有关的常数，如范德瓦尔方程中的常数 a 和 b，对于不同的气体，这些常数的取值是不同的。这些常数通常根据实验数据进行曲线拟合才能得到，如果没有某种气体的实验数据，已有的状态方程就无法使用。如果能够设法消除这些常数，使方程具有普遍性，则给那些还没有状态方程常数和足够实验数据的物质的热力性质计算带来方便。导出通用状态方程的理论是对比态原理。

1. 对比态原理

通过对多种流体的实验数据进行分析表明，在接近各自的临界点时，所有流体都呈现出相似的性质。为此，引入量纲为一的**对比态参数**，即物质实际参数和临界参数的比值，这些对比态参数包括对比温度 T_r、对比压力 p_r 和对比比体积 v_r，分别定义为

$$T_r = \frac{T}{T_{cr}}, \qquad p_r = \frac{p}{p_{cr}}, \qquad v_r = \frac{v}{v_{cr}}$$

以范德瓦尔方程为例，将上述对比态参数代入范德瓦尔方程，同时考虑到状态方程常数 a、b 与临界参数关系

$$a = \frac{27}{64}\frac{(R_g T_{cr})^2}{p_{cr}}, \qquad b = \frac{R_g T_{cr}}{8 p_{cr}}$$

可得

$$\left(p_r + \frac{3}{v_r^2}\right)(3v_r - 1) = 8T_r \tag{6-52}$$

式（6-52）称为范德瓦尔对比态方程，该状态方程不包括与物质性质有关的常数，因此是通用的状态方程，适用于任何符合范德瓦尔方程的物质。范德瓦尔方程本身是近似的方程，其对比态方程当然也是近似的状态方程。

从范德瓦尔对比态方程可以看出，虽然在同温同压下，不同气体的比体积是不同的，但在相同的对比温度 T_r 和对比压力 p_r 下，符合同一对比态方程的各种气体的对比比体积 v_r 则必然是相同的，这就是**对比态原理**，说明各种气体在对应的状态下具有相同的对比性质。数学上，对比态原理可以表示为

$$f(p_r, \ T_r, \ v_r) = 0 \tag{6-53}$$

式（6-53）可以推广到一般的实际气体状态方程。对各种实际流体的实验数据进行研究表明，对比态原理只是大致正确，而不是十分精确的。不过，可以利用对比态原理，在缺少某种流体的详细数据资料的情况下，借助于已知的参考流体的热力性质来估算该种流体的热力性质。

2. 通用压缩因子图

实际气体的压缩因子是随着气体的不同和参数的不同而变化的，如果能够获得不依赖于

气体性质的压缩因子图，会给流体物性参数的计算带来很大的方便。

由压缩因子的定义式（6-40）可得

$$v = \frac{ZR_g T}{p}, \qquad v_{cr} = \frac{Z_{cr}R_g T_{cr}}{p_{cr}}$$

因此，有

$$v_r = \frac{v}{v_{cr}} = \frac{ZR_g T}{p}\frac{p_{cr}}{Z_{cr}R_g T_{cr}} = \frac{Z}{Z_{cr}}\frac{T_r}{p_r} \qquad (6\text{-}54)$$

考虑式（6-53）和式（6-54），可得

$$Z = f_1(Z_{cr}, p_r, T_r) \qquad (6\text{-}55)$$

对于大多数物质，临界压缩因子 Z_{cr} 的变化较小，多在 0.23~0.29 的范围之间，作为近似，可以把 Z_{cr} 视为常数，这样，式（6-55）就成为

$$Z = f_2(p_r, T_r) \qquad (6\text{-}56)$$

即对于符合对比态原理且具有相同临界压缩因子值的各种物质，只要对比温度 T_r 和对比压力 p_r 分别相同，各种气体的压缩因子 Z 也就相同，这样，根据对比温度 T_r 和对比压力 p_r 来制作压缩因子图，就具有适用于一类流体的普遍意义，称为**通用压缩因子图**。实际上，通用压缩因子图也就是用线图表示的对比态方程。

大多数流体的临界压缩因子比较接近于 0.27，图 6-2、图 6-3 是按照 $Z_{cr} = 0.27$ 绘制的通用压缩因子图，也称为 N-O 图，是目前普遍认为准确程度比较高的由实验数据制作的通用压缩因子图。图中的虚线是理想对比比体积 v_r'，定义为 $v_r' = \dfrac{v_m}{v_{m,i,cr}}$，即实际气体的

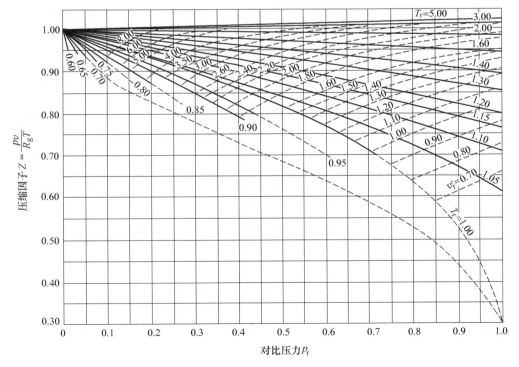

图 6-2 $p_r < 1.0$ 时通用压缩因子图

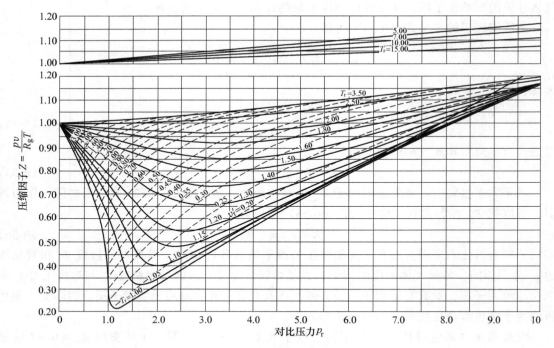

图 6-3 $p_r < 10$ 时通用压缩因子图

摩尔比体积 v_m 和气体在临界状态时按照理想气体得到的摩尔比体积 $v_{m,i,cr}$ 的对比。图 6-2 是低压区的通用压缩因子图，是根据 30 种气体的实验数据绘制的，其中氢、氦、氨和水蒸气的最大误差是 3%~4%，其他 26 种非极性气体的最大误差为 1%。图 6-3 是中压区的通用压缩因子图，除氢、氦和氨外，最大误差为 2.5%。由 N-O 图可以看出，当 $p_r \to 0$ 时，各条定对比温度线都趋于 $Z=1$，也就是在极低的压力下，任何气体的性质都趋于理想气体。对于一些临界压缩因子偏离 0.27 较多的气体，也可以绘制相应的通用压缩因子图，如 $Z_{cr} = 0.23$、$Z_{cr} = 0.29$ 的通用压缩因子图，不过这些图用得比较少，需要时可以查阅相关文献。

通用压缩因子图的作用在于，对于那些未知状态方程数据的流体，也可以估算其状态参数之间的关系。

例 6-7 通用压缩因子图应用

利用通用压缩因子图确定氧气在温度为 160K、比体积为 0.0074m³/kg 时的压力。

解 查附录 A.5，氧气的临界参数：$T_{cr} = 154K$，$p_{cr} = 5.05MPa$。

$$p_r = \frac{p}{p_{cr}} = \frac{ZR_gT}{v}\frac{1}{p_{cr}} = \frac{Z \times 260[\text{J}/(\text{kg} \cdot \text{K})] \times 160\text{K}}{0.0074(\text{m}^3/\text{kg}) \times 5.05 \times 10^6\text{Pa}} = 1.113Z$$

$$T_r = \frac{T}{T_{cr}} = \frac{160}{154} = 1.04$$

查通用压缩因子图 6-3，作直线 $Z = 0.898p_r$ 与 $T_r = 1.04$ 线相交，得 $p_r = 0.79$，则

$$p = p_r p_{cr} = 0.79 \times 5.05\text{MPa} = 3.99\text{MPa}$$

思 考 题

6-1 理想气体的基本假设是什么？在什么条件下可以把实际气体当作理想气体处理？

6-2 压缩因子 Z 的物理意义是什么？压缩因子可以处理成常数吗？

6-3 物质的临界状态有什么特点？

6-4 什么是对比态参数？什么是对比态原理？

6-5 在超临界压力下等压加热流体，其状态从过冷液体平稳缓慢地升温变为过热蒸气，请描述这一变化过程。

6-6 对比态方程、通用压缩因子图的使用条件是什么？

习 题

6-1 一个容积为 $23.3m^3$ 的刚性容器内装有 1000kg 温度为 360℃ 的水蒸气，试分别采用下述方式计算容器内的压力。

1）理想气体状态方程。

2）范德瓦尔方程。

3）R-K 方程。

4）通用压缩因子图。

5）水蒸气图表。

6-2 试分别采用下述方式计算 20MPa、400℃ 时水蒸气的比体积：

1）理想气体状态方程。

2）范德瓦尔方程。

3）R-K 方程。

4）通用压缩因子图。

5）水蒸气图表。

6-3 某种气体服从范德瓦尔方程，试导出单位质量该气体的比体积从 v_1 可逆等温地变化到 v_2 时，膨胀功和技术功的表达式。

6-4 贝特洛（Berthelot）状态方程可以表示为

$$p = \frac{RT}{V_m - b} - \frac{a}{TV_m^2}$$

试利用临界点的特性，即 $\left(\frac{\partial p}{\partial V_m}\right)_{T_{cr}} = 0$，$\left(\frac{\partial^2 p}{\partial V_m^2}\right)_{T_{cr}} = 0$ 推导出

$$a = \frac{27}{64} \frac{R^2 T_{cr}^3}{p_{cr}}, \qquad b = \frac{1}{8} \frac{RT_{cr}}{p_{cr}}$$

6-5 由状态方程可以推得压力的全微分为

$$dp = \frac{2(v-b)}{R_g T} dv - \frac{(v-b)^2}{R_g T^2} dT$$

式中，b 为常数。试确定状态方程的表达式。

6-6 在一个大气压下，水的密度在约 4℃ 时达到最大值，为此，在该压力下，可以方便地得到哪个温度点的 $(\partial s / \partial p)_T$ 值？是 3℃、4℃ 还是 5℃？

6-7 证明理想气体的体膨胀系数为 $\alpha = 1/T$。

6-8 试证明在 $h\text{-}s$ 图上等温线的斜率为 $(\partial h/\partial s)_T = T-1/\alpha$。

6-9 对于服从状态方程 $p(v-b)=R_g T$ 的气体，试证明：

1）$du = c_V dT$。

2）$dh = c_p dT + b dp$。

3）$c_p - c_V = $ 常数。

4）可逆绝热过程的过程方程为 $p(v-b)^\kappa = $ 常数。

6-10 对于服从范德瓦尔方程的气体，试证明：

1）$du = c_V dT + \dfrac{a}{v^2} dv$。

2）$c_p - c_V = \dfrac{R_g}{1 - \dfrac{2a(v-b)^2}{R_g T v^3}}$。

3）等温过程的焓差为 $\Delta h_T = (h_2-h_1)_T = p_2 v_2 - p_1 v_1 + a\left(\dfrac{1}{v_1} - \dfrac{1}{v_2}\right)$。

4）等温过程的熵差为 $\Delta s_T = (s_2-s_1)_T = R_g \ln \dfrac{v_2-b}{v_1-b}$。

6-11 某气体的体膨胀系数和等温压缩率分别为

$$\alpha = \frac{1}{v}\left(\frac{\partial v}{\partial T}\right)_p = \frac{nR}{pV}, \qquad \kappa_T = -\frac{1}{v}\left(\frac{\partial v}{\partial p}\right)_T = \frac{1}{p} + \frac{a}{V}$$

式中，a 为常数；n 为物质的量（kmol）；R 为摩尔气体常数；V 为气体的体积。试求此气体的状态方程。

6-12 某气体的体膨胀系数和相对压力系数分别为

$$\alpha = \frac{1}{v}\left(\frac{\partial v}{\partial T}\right)_p = \frac{nR}{pV}, \qquad \alpha_p = \frac{1}{p}\left(\frac{\partial p}{\partial T}\right)_v = \frac{1}{T}$$

式中，R 为摩尔气体常数。试求此气体的状态方程。

扫描下方二维码，可获取部分习题参考答案。

第 7 章

水 蒸 气

水和水蒸气具有分布广，易于获得，价格低廉，无毒无臭，化学性质稳定，环境友好等特点，同时具有较好的热力学特性。因此，它们是当前火力发电厂使用最普遍的工质。

在某些条件下，水蒸气可以当成理想气体处理。例如，燃气轮机及内燃机燃气中的水蒸气、湿空气中的水蒸气等。这是因为在上述场合中，水蒸气的含量相对较少，水蒸气的分压力低，或者温度高，距离液态较远，按理想气体处理不会引起太大的偏差。另外，在工程计算中，这种偏差是允许的。但是当水蒸气离液态不远时，分子间的吸引力和分子本身的体积不能忽略，此时水蒸气不能被当作理想气体看待。

水蒸气的热力性质比理想气体要复杂得多。多年的研究表明，迄今为止不能用一个代数方程同时很精确地描述它们的性质。通常是将水和水蒸气所处的状态分段，每段都有各自很复杂的状态方程，经过计算机计算，计算结果经实验验证后，编制成各种水蒸气热力性质图表，供直接查取，使计算简捷方便。工程上常用到的其他工质的蒸气（如氨、氟利昂等蒸气）的特性及物态变化规律与水蒸气基本相同，学好水蒸气的性质可以举一反三。因此，在弄清水蒸气热力性质特点的基础上，掌握水和水蒸气热力性质图表的构成及应用是本章的主要任务。

7.1　水的相变与相图

自然界中大多数纯物质以三种聚集态存在：固相、液相和气相。所谓相是指系统内物理和化学性质完全相同的均匀体。下面介绍纯净水的三种状态变化。

在一定压力下，对固态冰加热，冰的温度升高至熔点温度，开始熔化成液态水，在全部熔化之前保持熔点温度不变，此过程称为熔解过程。对水继续加热，当温度升至沸点温度时，水开始沸腾汽化，直到全部变为水蒸气，在汽化过程中温度也保持不变。再进一步加热，温度逐渐升高为过热水蒸气。上述过程在 $p\text{-}t$ 图上用水平线 $abel$ 表示，如图 7-1 所示。线段 ab、be 和 el 相应为冰、水和水蒸气的等压加热过程，b 点为固-液共存点（凝固点或熔化点），e 点为液-气共存点（沸点或凝结点）。AB 线为固-液态共存线（熔化曲线），它反映了熔点与压力的关系。水在凝固时体积膨胀，从而使它的 *AB* 线斜率为负，其他纯净物质的 *AB* 线的斜率均为正，如图 7-2 所示。从图 7-1 中可以看出，当压力增加时，冰的融点降低。滑冰的冰刀比较锋利，在很小作用面上受到很大压力，根据冰的上述特点，冰在较低的温度下可以融化为水，水的润滑作用好，使冰刀滑动流畅，冰刀使用一段时间变钝后，就需要重新磨砺。

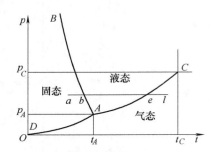

图 7-1　凝固时体积膨胀的物质的 *p-t* 图

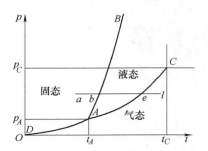

图 7-2　凝固时体积缩小的物质的 *p-t* 图

AC 线为液-气态共存线（汽化线或凝结线）。*AC* 线上端点 *C* 是临界点，*AC* 线显示了沸点与压力的关系。所有纯物质的汽化曲线斜率为正，说明饱和压力随饱和温度升高而增大。

当压力降低时，*AB* 线和 *AC* 线逐渐接近，最后相交于 *A* 点。*A* 点是固、液、气三态共存的状态点，称为**三相点**。每种纯物质的三相点的压力和温度都是唯一确定的。一些物质的三相点温度和压力见表 7-1。

表 7-1　一些物质的三相点温度和压力

物质		温度/K	压力/Pa	物质		温度/K	压力/Pa
氢	H_2	13.84	7039	水	H_2O	273.16	611.2
氧	O_2	54.35	152	硫化氢	H_2S	187.66	23185
一氧化碳	CO	68.14	15351	乙炔	C_2H_2	192.4	128256
二氧化碳	CO_2	216.55	517970	氨	NH_3	195.42	6077
甲烷	CH_4	90.67	11692	二氧化硫	SO_2	197.69	167
乙烯	C_2H_4	104.00	120				

AD 线为固-气态共存线（升华线或凝华线），从图中可以看出，升华过程只有在低于三相点温度时才会发生。制造集成电路就是利用低温下升华的原理将金属蒸气沉积在其他固体表面。冬季北方挂在室外冻硬的湿衣服可以晾干就是冰升华为水蒸气的缘故。秋冬之交的霜冻则是升华过程的逆过程，称为**凝华**。

水由液态转变为蒸汽的过程称为汽化，汽化是液体分子脱离液面的现象，根据汽化剧烈程度可分为蒸发和沸腾。在水表面进行的汽化过程称为**蒸发**；在水表面和内部同时进行的强烈的汽化过程称为**沸腾**。

实际上，水分子脱离表面的汽化过程，同时伴有水分子回到液体中的凝结过程，在图 7-3 所示的密闭的盛有水的容器中，在一定温度下，起初汽化过程占优势，随着汽化的分子增多，空间中水蒸气的浓度变大，使水分子返回液体中的凝结过程加剧。到一定程度时，虽然汽化和凝结都在进行，但处于动态平衡中，空间中蒸汽的

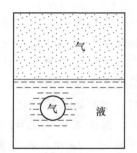

图 7-3　水的饱和状态

分子数目不再增加，这种动态平衡的状态称为**饱和状态**。在这一状态下的温度称为**饱和温度**，用 t_s 表示。由于处于这一状态的蒸汽分子动能和分子总数不再改变，因此压力也确定不变，称为**饱和压力**，用 p_s 表示。t_s 和 p_s 是一一对应的，不是相互独立的状态参数：压力增加，则对应的饱和温度升高；压力降低，对应的饱和温度也降低。处于饱和状态下的液态水称为**饱和水**，处于饱和状态下的气态蒸汽称为**干饱和蒸汽**，简称**饱和蒸汽**。

小知识　电站锅炉汽包的"虚假水位"："虚假水位"是暂时不真实的水位，它不是由于给水量与蒸发量之间的平衡关系被破坏引起的，而是当汽包压力突然改变但温度变化滞后引起的。当汽包压力突然降低时，对应的饱和温度也相应降低，汽包内的水自行蒸发，于是水中的汽泡增加，体积膨胀，使水位上升，形成虚假水位。当汽包压力突然升高时，对应的饱和温度提高，水中的汽泡减少，体积收缩，促使水位下降，同样形成虚假水位。

7.2　水的等压汽化过程

1. 水的等压加热汽化过程

工程上所用的水蒸气大多是由锅炉在压力不变的情况下产生的，下面用图 7-4 来说明水蒸气的产生过程。设有一桶状容器中盛有 1kg、0℃ 的水，在水面上有一个可以移动的活塞，对容器内的水施加一定的压力 p，在容器底部对水加热。

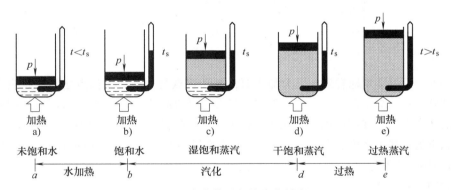

图 7-4　水的等压加热汽化过程

刚开始对水加热时，水的温度将不断上升，水的比体积则增加很少，当达到压力 p 对应的饱和温度 t_s 时，水开始沸腾，水处于"饱和水"状态，达到沸腾之前的水则称为**未饱和水**。在等压下继续加热，水将逐渐汽化，在这个过程中，水和蒸汽的温度都保持不变。当容器中最后一滴水完全蒸发，变为干饱和蒸汽时，温度仍是 t_s。水还没有完全变为干饱和蒸汽之前，容器中饱和水和饱和蒸汽共存，通常把混有饱和水的饱和蒸汽称为**湿饱和蒸汽**或简称**湿蒸汽**。如果对饱和蒸汽再加热，蒸汽的温度又开始上升，这时蒸汽的温度已超过饱和温度，这种蒸汽称为**过热蒸汽**。过热蒸汽的温度超过其压力对应的饱和温度 t_s 的部分称为过热蒸汽的**过热度**。

综上所述，水的等压加热汽化过程先后经历了未饱和水、饱和水、湿饱和蒸汽、干饱和蒸汽和过热蒸汽五种状态。

水的等压加热汽化过程可以在 p-v 图和 T-s 图上表示，如图7-5所示。其中 a 点相应于 0℃ 水的状态，b 点相应于饱和水的状态，c 点相应于某种比例的汽水混和湿饱和蒸汽的状态，d 点相应于干饱和蒸汽的状态，e 点是过热蒸汽的状态。

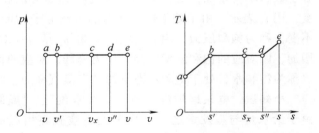

图 7-5 水的等压加热汽化过程
在 p-v 图和 T-s 图上的表示

2. 水蒸气的 p-v 图与 T-s 图

如果将不同压力下蒸汽的形成过程表示在 p-v 图和 T-s 图上，并将不同压力下对应的饱和水点和干饱和蒸汽点连接起来，就得到了图7-6中的 $b_1 b_2 b_3 \cdots$ 和 $d_1 d_2 d_3 \cdots$ 线，分别称为饱和水线（或下界线）和干饱和蒸汽线（或上界线）。

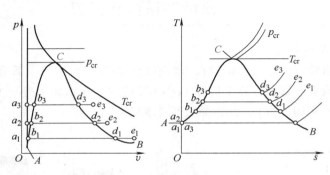

图 7-6 水蒸气的 p-v 图与 T-s 图

从图7-6中可以清楚地看到，压力加大时，饱和水点与干饱和蒸汽点之间的距离逐渐缩短。当压力增加到某一临界值时，饱和水与干饱和蒸汽之间的差异已完全消失，即饱和水与干饱和蒸汽有相同的状态参数。在图中用点 C 表示，这个点称为**临界点**。这样一种特殊的状态称为**临界状态**。临界状态的各热力参数都加下标 "cr"，水的临界参数为 $p_{cr} = 22.064\text{MPa}$，$t_{cr} = 373.99℃$，$v_{cr} = 0.003106\text{m}^3/\text{kg}$，$h_{cr} = 2085.9\text{kJ/kg}$，$s_{cr} = 4.4092\text{kJ/(kg·K)}$。

临界状态有以下几个特点：

1）任何纯物质都有其唯一确定的临界状态。

2）在 $p \geqslant p_{cr}$ 下，等压加热过程不存在汽化段，水由未饱和态直接变化为过热态。

3）当 $t > t_{cr}$ 时，无论压力多高都不可能使气体液化。

4）在临界状态下，可能存在超流动特性。

5）在临界状态附近，水及水蒸气有大比定压热容特性，如图7-7所示。

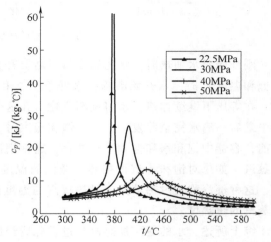

图 7-7 超临界压力下工质的大比定压热容特性

在大比定压热容区内，工质比定压热容的急剧变化，必然导致工质的膨胀量增大，从而引起水动力不稳定。在大比定压热容区外，工质比定压热容很小，温度随吸热变化很大。因此，掌握这个特性对超临界锅炉机组的设计和运行很重要。

提高新蒸汽参数可以提高火力发电厂的热效率。近些年，我国新投产的火电机组中有一大批超临界机组。超临界机组中锅炉产生的新蒸汽的压力高于临界压力。在此压力下将水加热汽化时，饱和水与干饱和蒸汽不再有区别。因此，超临界机组不能采用自然循环锅炉，而必须用直流锅炉。

从图7-6中可以看出，饱和水线 CA 和饱和蒸汽线 CB 将 p-v 图和 T-s 图分为三个区域：CA 线的左方是未饱和水区，CA 线与 CB 线之间为气液两相共存的湿蒸汽区，CB 线右方为过热蒸汽区。

综合 p-v 图与 T-s 图，可以得到"一点、两线、三区、五态"。

一点：临界点。

两线：饱和水线和饱和蒸汽线。

三区：未饱和水区、湿蒸汽区、过热蒸汽区。

五态：未饱和水、饱和水、湿饱和蒸汽、干饱和蒸汽、过热蒸汽。

7.3 水蒸气的状态参数和水蒸气表

如前所述，在大多数情况下，不能把水蒸气按理想气体处理，其 p、v、T 的关系不满足理想气体状态方程式 $pv = R_g T$，水蒸气的热力学能和焓也不是温度的单值函数。为了便于工程计算，将不同温度和不同压力下的未饱和水、饱和水、干饱和蒸汽和过热蒸汽的比体积、比焓、比熵等参数列成表或绘制成线算图，利用它们可以很容易地确定水蒸气的状态参数。比热力学能 u 不能直接查出，而是按 $u = h - pv$ 计算得到。

1. 零点的规定

水及水蒸气的 h、s、u 在热工计算中不必求其绝对值，而仅需求其增加或减少的相对数值，故可规定一任意起点。为了方便国际交流，根据国际水蒸气会议的规定，世界各国统一选定水的三相点中液相水的热力学能和熵为零，即对于 $t_0 = t_{tr} = 0.01℃$，$p_0 = p_{tr} = 611.659\text{Pa}$ 的饱和水，有

$$u_0' = 0\text{kJ/kg} \quad s_0' = 0\text{kJ/(kg·K)}$$

此时，水的比体积 $v_0' = v_{tr} = 0.00100021\text{m}^3/\text{kg}$，比焓可以通过公式 $h = u + pv$ 来计算，即

$$h_0' = u_0' + p_0 v_0'$$
$$= (0 + 611.659 × 0.00100021)\text{J/kg} = 0.6118\text{J/kg} ≈ 0\text{kJ/kg}$$

2. 水蒸气表

水蒸气表分"饱和水与干饱和蒸汽的热力性质表"和"未饱和水与过热蒸汽的热力性质表"两种。为了使用方便，"饱和水与干饱和蒸汽的热力性质表"又分为以温度为序排列和以压力为序排列的两种，见附录 A.7 和附录 A.8，表7-2 和表7-3 为两附录的节选。在这些表中，上标"'"表示饱和水的参数，上标"""表示干饱和蒸汽的参数。

附录 A.9 为未饱和水与过热蒸汽的热力性质表，表7-4 为该附录的节选。已知温度和压力即可从表中查出相应的 v、h、s，表中还有一条黑线，黑线以上是未饱和水状态，黑线以下是过热蒸汽状态。

表 7-2　饱和水与干饱和蒸汽的热力性质表（按温度排列）

t	p	v'	v"	h'	h"	r	s'	s"
℃	MPa	m³/kg		kJ/kg			kJ/(kg·K)	
0	0.0006112	0.00100022	206.154	−0.05	2500.51	2500.6	−0.0002	9.1544
0.01	0.0006117	0.00100021	206.012	0.00	2500.53	2500.5	0	9.1541
1	0.0006571	0.00100018	192.464	4.18	2502.35	2498.2	0.0153	9.1278
5	0.0008725	0.00100008	147.048	21.02	2509.71	2488.7	0.0763	9.0236
10	0.0012279	0.00100034	106.341	42.00	2518.90	2476.9	0.1510	8.8988
20	0.002385	0.00100185	57.86	83.86	2537.20	2453.3	0.2963	8.6652
30	0.0042451	0.00100442	32.899	125.68	2555.35	2429.7	0.4366	8.4514
100	0.101325	0.00104344	1.6736	419.06	2675.71	2256.6	1.3069	7.3545
150	0.47571	0.00109046	0.39286	632.28	2746.35	2114.1	1.8420	6.8381
200	1.55366	0.00115641	0.12732	852.34	2792.47	1940.1	2.3307	6.4312
250	3.97351	0.00125145	0.050112	1085.3	2800.66	1715.4	2.7926	6.0716
300	8.58308	0.00140369	0.021669	1344.0	2748.71	1404.7	3.2533	5.7042
350	16.521	0.00174008	0.008812	1670.3	2563.39	893.0	3.7773	5.2104
373.99	22.064	0.003106	0.003106	2085.9	2085.90	0	4.4092	4.4092

表 7-3　饱和水与干饱和蒸汽的热力性质表（按压力排列）

p	t	v'	v"	h'	h"	r	s'	s"
MPa	℃	m³/kg		kJ/kg			kJ/(kg·K)	
0.001	6.969	0.0010001	129.185	29.21	2513.19	2484.1	0.1056	8.9735
0.005	32.879	0.0010053	28.191	137.72	2560.55	2422.8	0.4761	8.3930
0.010	45.799	0.0010103	14.673	191.76	2583.72	2392.0	0.6490	8.1481
0.10	99.634	0.0010432	1.6943	417.52	2675.14	2275.6	1.3028	7.3589
1.00	179.916	0.0011272	0.19438	762.84	2777.67	2014.8	2.1388	6.5859
5.0	263.980	0.0012862	0.039439	1154.2	2793.64	1639.5	2.9201	5.9724
10.0	311.037	0.0014522	0.018026	1407.2	2724.46	1317.2	3.3591	5.6139
15.0	342.196	0.0016571	0.010340	1609.8	2610.01	1000.2	3.6836	5.3091
20.0	365.789	0.0020379	0.005870	1827.7	2413.05	585.9	4.0153	4.9322
22.064	379.99	0.0031060	0.003106	2085.9	2085.9	0	4.4092	4.4092

表 7-4　未饱和水与过热蒸汽的热力性质表

t	0.5MPa			1.0MPa		
	s	v	h	s	v	h
℃	m³/kg	kJ/kg	kJ/(kg·K)	m³/kg	kJ/kg	kJ/(kg·K)
0	0.0010000	0.46	−0.0001	0.0009997	0.97	−0.0001
10	0.0010001	42.49	0.1510	0.0009999	4298	0.1509
50	0.0010119	209.75	0.7035	0.0010117	210.18	0.7033
100	0.0010432	419.36	1.3066	0.0010430	419.74	1.3062
120	0.0010601	503.97	1.5275	0.0010599	504.32	1.5270
140	0.0010796	589.30	1.7392	0.0010793	589.62	1.7386
160	0.38358	2767.2	6.8647	0.0011017	675.84	1.9424
180	0.40450	2811.7	6.9651	0.19443	2777.9	6.5864
200	0.42487	2854.9	7.0585	0.20590	2827.3	6.6931
300	0.52255	3063.6	7.4588	0.25793	3050.4	7.1216
320	0.54164	3104.9	7.5297	0.26781	3093.2	7.1950
360	0.57958	3187.8	7.6649	0.28732	3178.2	7.3337

3. 汽化热

将 1kg 饱和水等压加热到干饱和蒸汽所需的热量称为**汽化热**，用 r 表示，在图 7-8 中表示为汽化过程线下面的面积。汽化热 r 不是定值，而是随 p_s（或 t_s）而改变的，p_s 增加，汽化热减少，当 p_s 增加到临界压力时，$r = 0$。

在等压加热过程中不做技术功，根据热力学第一定律，有

$$q = \Delta h$$

显然得到

$$r \equiv h'' - h' \tag{7-1}$$

也不难得出

$$r = T_s(s'' - s') \tag{7-2}$$

$$s'' = s' + \frac{r}{T_s} \tag{7-3}$$

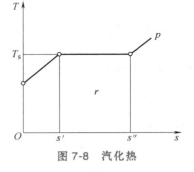

图 7-8 汽化热

式中，T_s 为饱和压力 p_s 对应的饱和温度（K）。

4. 湿蒸汽的干度

从水蒸气表中，无法直接查出湿蒸汽的状态参数，这是由于湿蒸汽是由压力、温度相同的饱和水与干饱和蒸汽所组成的混合物，要确定其状态，除需知道它的压力（或温度）外，还需知道湿蒸汽的干度 x。

湿蒸汽中干饱和蒸汽的质量分数称为湿蒸汽的**干度**。

$$x = \frac{m_v}{m_m} = \frac{m_v}{m_w + m_v} \tag{7-4}$$

式中，m_v 为干饱和蒸汽质量；m_m 为湿蒸汽质量；m_w 为饱和水质量。

干度 x 可以理解为 1kg 湿蒸汽中含有 x（kg）干饱和蒸汽，$(1-x)$（kg）饱和水。相应地，用 "x" 做下标来表示湿蒸汽的状态参数。因此，有

$$v_x = (1 - x)v' + xv'' \tag{7-5}$$
$$h_x = (1 - x)h' + xh'' \tag{7-6}$$
$$s_x = (1 - x)s' + xs'' \tag{7-7}$$
$$u_x = (1 - x)u' + xu'' \tag{7-8}$$

或者
$$u_x = h_x - p_s v_x \tag{7-9}$$

例 7-1 蒸汽的状态

利用水蒸气表确定下列各点的状态和 h、s 值。

1) $p = 0.5\text{MPa}$，$v = 0.0010925\text{m}^3/\text{kg}$。

2) $p = 0.5\text{MPa}$，$v = 0.316\text{m}^3/\text{kg}$。

3) $p = 0.5\text{MPa}$，$v = 0.4349\text{m}^3/\text{kg}$。

解 由饱和水与干饱和蒸汽的热力性质表（附录 A.8）查得，$p = 0.5\text{MPa}$ 时，则

$$v' = 0.0010925\text{m}^3/\text{kg}, \quad v'' = 0.37486\text{m}^3/\text{kg}$$

$$h' = 640.35\text{kJ/kg}, \quad h'' = 2748.59\text{kJ/kg}$$

$$s' = 1.8610 \text{kJ/(kg · K)}, \quad s'' = 6.8214 \text{kJ/(kg · K)}$$

可知，状态 1）为饱和水，有

$$h = 640.35 \text{kJ/kg}, \quad s = 1.8610 \text{kJ/(kg · K)}$$

状态 2）为湿蒸汽，则

$$v_x = (1 - x)v' + xv''$$

$$0.316 = 0.0010925(1 - x) + 0.37486x$$

解得干度

$$x = 0.8425$$

$$h_x = xh'' + (1 - x)h' = (0.8425 \times 2748.59 + 0.1575 \times 640.35) \text{kJ/kg}$$
$$= 2416.54 \text{kJ/kg}$$

$$s_x = xs'' + (1 - x)s' = (0.8425 \times 6.8214 + 0.1575 \times 1.8610) \text{kJ/(kg · K)}$$
$$= 6.04 \text{kJ/(kg · K)}$$

状态 3）为过热蒸汽，查未饱和水与过热蒸汽的热力性质表（附录 A.9）得

$$h = 2876.2 \text{kJ/kg}, \quad s = 7.103 \text{kJ/(kg · K)}$$

例 7-2　水蒸气等容加热

在一个容积为 1m^3 的刚性容器内有 0.03m^3 饱和水和 0.97m^3 饱和蒸汽，压力为 0.1MPa，试问必须加入多少热量才能使容器内的液态水正好完全汽化？此时蒸汽的压力为多少？

解　由饱和水和干饱和蒸汽热力性质表（附录 A.8）查得，$p = 0.1 \text{MPa}$ 时，则

$$v' = 0.0010432 \text{m}^3/\text{kg}, \quad v'' = 1.6943 \text{m}^3/\text{kg}$$

$$h' = 417.52 \text{kJ/kg}, \quad h'' = 2675.14 \text{kJ/kg}$$

根据比焓的定义式 $h = u + pv$，可得 $u = h - pv$，所以

$$u' = h' - pv' = (417.52 - 0.1 \times 10^6 \times 0.0010432 \times 10^{-3}) \text{kJ/kg} = 417.42 \text{kJ/kg}$$

$$u'' = h'' - pv'' = (2675.14 - 0.1 \times 10^6 \times 1.6943 \times 10^{-3}) \text{kJ/kg} = 2505.71 \text{kJ/kg}$$

饱和水和饱和蒸汽的质量分别为

$$m_w = \frac{0.03}{0.0010432} \text{kg} = 28.76 \text{kg}, \quad m_v = \frac{0.97}{1.6943} \text{kg} = 0.57 \text{kg}$$

初始状态湿蒸汽的热力学能为

$$U_1 = m_w u' + m_v u'' = (28.76 \times 417.42 + 0.57 \times 2505.71) \text{kJ} = 13433.25 \text{kJ}$$

液态水全部刚好汽化时，容器内为干饱和蒸汽状态，其比体积为

$$v_2 = v'' = \frac{1}{m_w + m_v} = \frac{1}{28.76 + 0.57} \text{m}^3/\text{kg} = 0.034095 \text{m}^3/\text{kg}$$

采用内插法，可求得 $v'' = 0.034095 \text{m}^3/\text{kg}$ 对应的饱和压力为 5.73MPa，此即为终态时容器内蒸汽的压力。采用内插法，5.73MPa 对应的干饱和蒸汽的焓为

$$h_2 = h'' = 2786.72 \text{kJ/kg}$$

$$u_2 = u'' = h'' - pv'' = (2786.72 - 5.73 \times 10^6 \times 0.034095 \times 10^{-3}) \text{kJ/kg}$$
$$= 2591.36 \text{kJ/kg}$$

$$U_2 = mu_2 = (28.76 + 0.57) \times 2591.36 \text{kJ} = 76004.59 \text{kJ}$$

根据热力学第一定律

$$Q = \Delta U + W$$

因为是刚性容器，对外没有做功，$W = 0$，所以加入的热量为

$$Q = \Delta U = U_2 - U_1 = (76004.59 - 13433.25)\text{kJ} = 62571.34\text{kJ}$$

5. 未饱和水及饱和水比焓和比熵值的粗略计算

在热工计算中，比焓和比熵值的计算最重要，应用最为广泛，通过水蒸气表可以查出水和水蒸气在各个状态下的精确值。但是，当手头缺少必要的资料时，可以用简便公式粗略计算未饱和水及饱和水的比焓和比熵，在温度和压力不太高时，误差不太大。

0.01℃的水在等压下加热至 t_s 时变成饱和水，单位质量所加入的热量称为液体热，用 q_1 表示。根据热力学第一定律，有

$$q_1 = h' - h_0 \approx h'$$

在温度不太高（$t_s < 100℃$）时，按水的平均比定压热容 $c_{p,m} = 4.1868\text{kJ}/(\text{kg} \cdot \text{K})$ 计算，则

$$h' = q_1 = c_{p,m}(t_s - 0.01) \approx 4.1868t_s \tag{7-10}$$

对于未饱和水，在温度不太高时，也可用上式计算，只需将 t_s 换成未饱和水的温度 t 即可，即

$$h = 4.1868t \tag{7-11}$$

需要指出的是，以上两式中 t 和 t_s 的单位都是℃，而千万不能将℃转变为热力学温度单位 K 来计算。

因为在三相点（$T = 273.16\text{K}$）处水的比熵为零，根据第 5 章介绍的固体和液体熵差的计算公式，且在温度不太高时，水的比热容 $c = 4.1868\text{kJ}/(\text{kg} \cdot \text{K})$，不难得出饱和水的比熵 $[\text{kJ}/(\text{kg} \cdot \text{K})]$ 为

$$s' = 4.1868\ln\frac{T_s}{273.16} \tag{7-12}$$

未饱和水的比熵 $[\text{kJ}/(\text{kg} \cdot \text{K})]$ 为

$$s = 4.1868\ln\frac{T}{273.16} \tag{7-13}$$

以上两个公式中 T_s 和 T 必须使用热力学温度。

7.4　水蒸气焓熵图及其应用

1. 水蒸气的焓熵图

利用水蒸气表确定蒸汽的状态时，能得到相对精确的结果，但是它给出的数据是不连续的，常常要用到内插法。另外，在分析过程中，可能发生跨越两相的变化过程，使用水蒸气表会不方便。如果在热力参数坐标图上，精确地画出标有数据的等压线、等温线等，就会更容易确定出蒸汽的状态。由于在热工计算中常常遇到绝热过程和焓差的计算，因此最常见的蒸汽图是以比焓 h 为纵坐标，比熵 s 为横坐标的所谓"焓熵图（h-s 图）"，h-s 图又称莫里尔图，是德国人莫里尔在 1904 年首先绘制的，如图 7-9 所示。在 h-s 图上，汽化热、绝热膨胀技术功等都可以用线段表示，这就简化了计算工作，使 h-s 图具有很大的实用价值，成为工程上广泛使用的一种重要工具。

图 7-9 中的粗线为 $x=1$ 的干饱和蒸汽
线，其上为过热蒸汽区，其下为湿蒸汽区。
在湿蒸汽区有等压线和等干度线，在过热
蒸汽区有等压线和等温线，在实际应用的
h-s 图中还有等容线，一般用红线标出，其
斜率大于等压线。

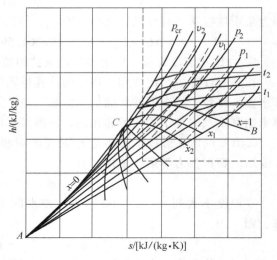

图 7-9 水蒸气的 h-s 图

由热力学第一定律，有

$$\delta q = \mathrm{d}h - v\mathrm{d}p$$

$$T\mathrm{d}s = \mathrm{d}h - v\mathrm{d}p$$

得到

$$\left(\frac{\partial h}{\partial s}\right)_p = T$$

这说明在 h-s 图上，等压线的斜率等于该状
态点的温度。由于湿蒸汽压力与温度是相
互依赖的，因此在湿蒸汽区的等压线和等
温线重合，为一斜率不变的直线。进入过
热区后，等压线的斜率要逐渐增加。等温线和等压线在上界线处开始分离，而且随着温度的
升高及压力的降低，等温线逐渐接近于水平的等焓线。这表明，此时过热蒸汽的性质逐渐接
近理想气体。

在 h-s 图中，水及 $x<0.6$ 的湿蒸汽区域里曲线密集，查图所得的数据误差很大，如果需
要水或干度较小的湿蒸汽参数，可以查水与水蒸气表。工程上使用的多是过热蒸汽或 $x>0.7$
的湿蒸汽，所以，实用的 h-s 图只限于图 7-9 中右上方用虚线框出的部分，工程上用的 h-s
图就是这部分放大后绘制而成的。

2. h-s 图的应用举例

如果已知过热蒸汽的压力和温度，就很容易通过"找交点"的方法在 h-s 图上确定蒸汽
的状态，查得相应的 h 和其他参数的数据。同样的道理，若已知湿蒸汽的压力（或温度）
和干度，也很容易在 h-s 图上确定其状态点，进而找出相应的参数。

例 7-3 水蒸气在汽轮机内膨胀做功

水蒸气进入汽轮机时 $p_1=5\mathrm{MPa}$，$t_1=400\,℃$，排出汽轮机时 $p_2=0.005\mathrm{MPa}$，蒸汽流量为
$100\mathrm{t/h}$。假设蒸汽在汽轮机内的膨胀是可逆绝热的，求乏汽干度和温度及汽轮机的功率。

解法 1 利用 h-s 图计算，如图 7-10 所示。

初态参数：已知 $p_1=5\mathrm{MPa}$，$t_1=400\,℃$，从 h-s 图上
找出 $p=5\mathrm{MPa}$ 的等压线和 $t=400\,℃$ 的等温线，两线的交
点即为初态参数状态点 1，读得

$$h_1 = 3195\mathrm{kJ/kg}$$

终态参数：已知终压 $p_2=0.005\mathrm{MPa}$，因是可逆绝
热膨胀，故熵不变。从点 1 向下作垂直线交 $p=$
$0.005\mathrm{MPa}$ 的等压线于点 2，即终态点，直接读得

$$h_2 = 2026\mathrm{kJ/kg}$$

$$x_2 = 0.78$$

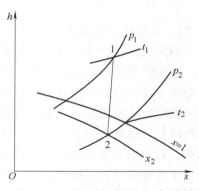

图 7-10 水蒸气的可逆绝热过程

从点 2 不能直接读出乏汽的温度，但是在湿蒸汽区等温线和等压线是重合的，因此，点 2 的温度等于 $p = 0.005MPa$ 的等压线与 $x = 1$ 的干饱和蒸汽线交点处的温度，从 h-s 图上可以读出 $t_2 \approx 33℃$。

1kg 蒸汽在汽轮机内做的技术功为

$$w_t = h_1 - h_2 = (3195 - 2026)kJ/kg = 1169kJ/kg$$

汽轮机功率为

$$P = q_m w_t = \frac{100 \times 10^3 \times 1169}{3600} kW = 32472.2kW$$

解法 2　利用水蒸气热力性质表计算

当 $p_1 = 5MPa$，$t_1 = 400℃$ 时，查未饱和水与过热蒸汽的热力性质表（附录 A.9）得

$$h_1 = 3194.9kJ/kg, \quad s_1 = 6.6446kJ/(kg \cdot K)$$

当 $p_2 = 0.005MPa$ 时，查饱和水与干饱和蒸汽的热力性质表（附录 A.8）得

$$t_s = 32.879℃, \quad h' = 137.72kJ/kg, \quad h'' = 2560.55kJ/kg$$
$$s' = 0.4761kJ/(kg \cdot K), \quad s'' = 8.393kJ/(kg \cdot K)$$

因为过程可逆绝热，故有 $s_1 = s_2$。于是有

$$s_2 = s_x = (1 - x)s' + xs''$$
$$6.6446 = (1 - x) \times 0.4761 + 8.393x$$

解得

$$x = 0.7792$$

$$h_2 = h_x = (1 - x)h' + xh''$$
$$= [(1 - 0.7792) \times 137.72 + 0.7792 \times 2560.55]kJ/kg = 2025.6kJ/kg$$

1kg 蒸汽在汽轮机内做的技术功为

$$w_t = h_1 - h_2 = (3194.9 - 2025.6)kJ/kg = 1169.3kJ/kg$$

汽轮机功率为

$$P = q_m w_t = \frac{100 \times 10^3 \times 1169.3}{3600} kW = 32480.6kW$$

分析：两种方法计算的结果相差不大，但是用 h-s 图计算就很简单。

例 7-4　蒸汽在过热器内等压加热

某锅炉由汽包出来的蒸汽，其压力 $p = 2MPa$，干度 $x = 0.9$，进入过热器内等压加热，温度升高至 $t_2 = 300℃$，求 1kg 蒸汽在过热器中吸收的热量。

解　如图 7-11 所示，根据 p 和 x，在 h-s 图上确定点 1，沿等压线与 $t_2 = 300℃$ 线相交于点 2，并查得以下参数：

$$h_1 = 2610kJ/kg, \quad h_2 = 3023kJ/kg$$

1kg 蒸汽在过热器中吸收热量为

$$q = h_2 - h_1 = (3023 - 2610)kJ/kg = 413kJ/kg$$

此题也可以利用水蒸气表来做，请读者自行完成。

例 7-5　湿蒸汽的干度测量

工程上有时利用蒸汽节流来测定湿蒸汽的干度。图 7-12

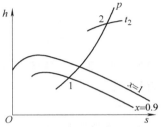

图 7-11　例 7-4 图

为一节流式湿蒸汽干度测定仪（简称干度计）的示意图。设湿蒸汽进入干度计前的压力 $p_1 = 1.5MPa$，经节流后的压力 $p_2 = 0.2MPa$，温度 $t_2 = 130℃$。试用 h-s 图确定湿蒸汽的干度。

解 如图 7-13 所示，根据节流后的参数 p_2 和 t_2，即可在 h-s 图上确定过热蒸汽的状态点 2。由于绝热节流前后蒸汽的焓值不变。于是，由点 2 出发，沿水平线（等焓线）向左与湿蒸汽节流前的等压线 p_1 相交于点 1，从 h-s 图上可直接读出湿蒸汽的干度 $x_1 = 0.968$。

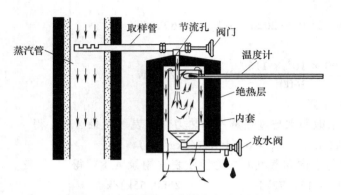

图 7-12 湿蒸汽干度测定仪示意图

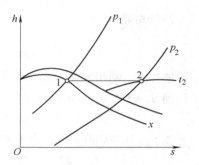

图 7-13 湿蒸汽的绝热节流过程

7.5 水蒸气的焓㶲图

焓是一个重要的热力参数，而㶲则是综合考虑了能量的质和量的又一个重要热力参数。以焓为纵坐标，以㶲为横坐标，这样的坐标图称为焓㶲图，本书附录 B.4 提供了水蒸气的焓㶲图，而图 7-14 所示为焓㶲图的轮廓和形状。

7.5.1 基本特征

由焓㶲的表达式可知

$$de_x = dh - T_0 ds \qquad (7\text{-}14)$$

1. 等熵线

等熵时有

$$\left(\frac{\partial h}{\partial e_x}\right)_s = 1 \qquad (7\text{-}15)$$

这说明在焓㶲图上等熵线永远是斜率为 1 的直线。

2. 等压线

为了研究等压线的形状，把式（7-14）两侧对 h 求偏导数，即

$$\left(\frac{\partial e_x}{\partial h}\right)_p = 1 - T_0 \left(\frac{\partial s}{\partial h}\right)_p \qquad (7\text{-}16)$$

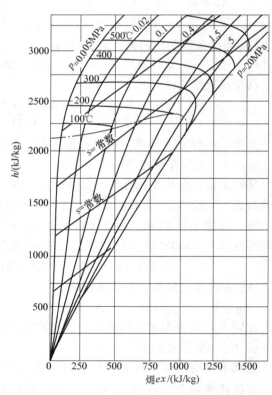

图 7-14 水蒸气的焓㶲图

由式（6-17）知 $(\partial s/\partial h)_p = 1/T$，因此有

$$\left(\frac{\partial h}{\partial ex}\right)_p = \frac{1}{1 - T_0/T} \tag{7-17}$$

由式（7-17）可以看出：

1）在焓㶲图上，等压线一般是一条曲线，因为沿等压线温度 T 是变化着的。但是在湿蒸汽区（相变区），由于等压线和等温线重合，因此等压线为一条直线。

2）当 $T > T_0$ 时，$(\partial h/\partial ex)_p > 1$，表明工质在其温度高于环境温度时吸收的热量，在任何情况下也只能是部分地而不是全部地转变为其自身的㶲。工质吸热时温度越高，等压线的斜率就越小，表明热量中变成㶲的份额也越大。

3）当 $T = T_0$ 时，$(\partial h/\partial ex)_p = \infty$，这就是说，工质在其温度等于环境温度的条件下吸热或放热，均不会改变其自身的焓㶲。

4）当 $T < T_0$ 时，$(\partial h/\partial ex)_p < 0$，这表明如果工质温度低于环境温度，吸收热量反而会使其自身的焓㶲值下降。

3. 等温线

在等温条件下，式（7-14）两侧对 h 求偏导数，得

$$\left(\frac{\partial ex}{\partial h}\right)_T = 1 - T_0\left(\frac{\partial s}{\partial h}\right)_T = 1 - T_0\left(\frac{\partial s}{\partial p}\right)_T\left(\frac{\partial p}{\partial h}\right)_T \tag{7-18}$$

为了简化式（7-18），先定义焦耳-汤姆逊系数为

$$\mu \equiv \left(\frac{\partial T}{\partial p}\right)_h \tag{7-19}$$

根据式（6-30）可以得出

$$\mu = \frac{1}{c_p}\left[T\left(\frac{\partial v}{\partial T}\right)_p - v\right] \tag{7-20}$$

根据式（6-23）、式（6-30）及式（7-20），式（7-18）可以变形为

$$\left(\frac{\partial h}{\partial ex}\right)_T = \frac{1}{1 - \dfrac{T_0}{T}\left(1 + \dfrac{v}{\mu c_p}\right)} \tag{7-21}$$

焦耳-汤姆逊系数的物理意义是绝热节流中工质温度随压力的变化率。水蒸气及热机中常用的许多工质，其焦耳-汤姆逊系数多为正值，即节流后工质的温度下降。此时，焓㶲图的等温线在高压区比等压线的斜率要大。随着压力的降低，等温线的斜率增大，直至无穷大然后变为负值。在压力很低时，工质具有理想气体性质，焦耳-汤姆逊系数由负无穷增大至零，等温线与等焓线重合，变成一条水平线。

考察式（7-21）不难看出，当

$$\frac{T_0}{T}\left(1 + \frac{v}{\mu c_p}\right) = 1$$

时，焓㶲图上的等温线的斜率趋于无穷大。对于一定工质在给定的等温线上有一定的压力值，在此压力下㶲值最大，高于此压力或者低于此压力，都会导致工质的㶲值下降。

7.5.2 焓㶲图

在水蒸气的参数计算中广泛使用图线。为了便于进行㶲分析，本书附录中有水蒸气的焓㶲图（附录 B.4）。在这张焓㶲图上，取 0.01℃ 的饱和水作为㶲的起算点。为了使用方便，同时又不致使图面过大，把水蒸气相变区的下部转了 180°，放在图的右下侧，它的焓和㶲分别使用右侧的纵坐标和右下侧的横坐标。相变区的上半部分以及整个过热区，则使用左侧和左下侧的标尺--读取数据。只要知道了水蒸气（包括液态水）的两个独立参数，就可以从图中读出所需要的焓值和㶲值。

7.5.3 蒸汽的品质

工质在蒸汽锅炉中的吸热，要经过一个由液态向气态的相变过程。在相变过程中，工质的温度和压力有严格的制约关系，要提高这一阶段的温度水平，就不得不同时提高其压力水平。相变过程的吸热量往往占工质在锅炉中吸热量的相当大部分。所以为了提高工质吸热的平均温度，不仅需要提高蒸汽的温度，还要提高蒸汽的压力。温度和压力的提高，使得单位质量蒸汽的㶲值提高，标志着蒸汽品质的提高。

为了探讨温度对蒸汽比㶲的影响，从水蒸气焓㶲图中一条 $p = 30 \times 10^5 \text{Pa}$ 的等压线上可以看出，在等压下提高温度，蒸汽的焓值和㶲值都提高。如图 7-15 所示，在等温的条件下提高压力，虽然焓值大致不变，甚至可能有所降低，但其㶲值提高了，蒸汽的品质提高了。从焓㶲图上还可以看出，通过提高压力来提高工质的㶲值是有限度的，在一定的温度下存在一个压力，使㶲值达到最大，超过这个极限压力后，继续提高压力反而会使㶲值降低。对于水蒸气，不同温度下所对应的这一压力及最大㶲值见表 7-5。

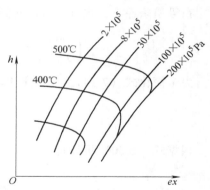

图 7-15 压力对工质比㶲值的影响

表 7-5 水蒸气在不同温度下的最大㶲值

$t/℃$	400	450	500	550
p/MPa	9.6	11.0	14.0	16.0
$ex/(\text{kJ/kg})$	1398	1486	1574	1666

7.5.4 水蒸气的节流过程

节流降压过程是一种典型的不可逆过程，节流后工质的压力降低，熵增加，做功能力降低。节流所造成的㶲损在焓㶲图上能很直观地表示。在图 7-16 中线段 ab 表示绝热节流过程，其特点是虽然节流后工质的焓值不变，但工质的㶲却明显地降低了，这个过程中的㶲损失由图 7-16 中线段 ab 的长度表示。对于单位质量工质既有节流又有散热损失的情况由线段 ab' 表示，相应的

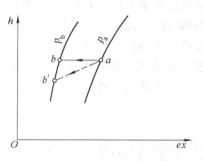

图 7-16 蒸汽节流过程中的㶲损

烟损失为 $ex_a - ex_{b'}$。

思 考 题

7-1 压力升高后，饱和水的比体积 v' 和干饱和蒸汽的比体积 v'' 将如何变化？

7-2 有没有 400℃ 的水？为什么？

7-3 不经过冷凝，如何使水蒸气液化？

7-4 $dh = c_p dT$，在水蒸气的等压汽化过程中，$dT = 0$，因此，比焓的变化量 $dh = c_p dT = 0$，这一推论正确吗？为什么？

7-5 知道了湿饱和水蒸气的温度和压力就可以确定水蒸气所处的状态吗？

7-6 知道了湿饱和水蒸气的比焓和比体积能确定水蒸气所处的状态吗？

7-7 水的汽化热随压力如何变化？干饱和蒸汽的比焓随压力如何变化？

7-8 过热水蒸气经绝热节流后，其比焓、比熵、温度如何变化？

7-9 一个装有透明观察孔的刚性气瓶，内储有压力为 p、温度为 130℃ 的过热水蒸气。如果不用压力表，只用温度计，试问用什么方法可以确定水蒸气的压力 p 的大小？

7-10 如图 7-17 所示，细绳上挂一重物，可以观测：细绳穿冰而过，冰块却复原如初，这称为复冰现象。试用水的 p-t 图解释这个现象。

7-11 在焓熵图上的湿蒸汽区，等压线是直线还是曲线？为什么？

7-12 请通过互联网查找哪些情况会导致电站锅炉产生"虚假水位"？虚假水位会带来什么后果？

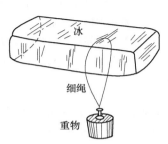

图 7-17 复冰现象

习 题

7-1 利用水蒸气表或 h-s 图，填充下表中的空白栏：

序号	p/MPa	t/℃	h/(kJ/kg)	s/[kJ/(kg·K)]	x	过热度/℃
1	5	500				
2	1		3500			
3		400		7.5		
4	0.05				0.88	
5		300				100
6			3000	8.0		

7-2 某工质在饱和温度为 200℃ 时汽化热为 1600kJ/kg，在该温度下饱和液体的比熵为 0.45kJ/(kg·K)，那么，5kg 干度为 0.8 的上述工质的熵是多少？

7-3 0.1kg 压力为 0.3MPa、干度为 0.76 的水蒸气盛于一绝热刚性容器中，一搅拌轮置于容器中，由外面的电动机带动旋转，直到水全部变为饱和蒸汽。求：

1）水蒸气的最终压力和温度。

2）完成此过程所需要的功。

7-4 100kg、150℃ 的水蒸气，其中含饱和水 20kg。求蒸汽的体积、压力和焓。

1）利用水蒸气表计算。

2）利用 h-s 图计算。

7-5　测得一容积为 $5m^3$ 的容器中湿蒸汽的质量为 $35kg$，蒸汽的压力 $p=1.2MPa$，求蒸汽的干度。

7-6　$260℃$ 的饱和液态水被节流到 $0.1MPa$，如果节流之后是湿饱和状态，试计算湿饱和蒸汽的干度，如果是过热状态，则计算其最终温度，节流之后水的比熵增加了多少？如果质量流量为 $3kg/s$，且要求节流之后流速不能超过 $5m/s$，那么，节流之后流过蒸汽的管道的直径至少是多少？

7-7　一开水供应站使用 $0.1MPa$、干度 $x=0.98$ 的湿饱和蒸汽，和压力相同、温度为 $15℃$ 的水相混合来生产开水。今欲取得 $2t$ 的开水，试问需要提供多少湿蒸汽和水？

7-8　有 $0.1kg$ 的水蒸气由活塞封闭在气缸中。蒸汽的初态为 $p_1=1MPa$，干度 $x=0.9$，可逆等温膨胀至 $p_2=0.1MPa$，求蒸汽吸收的热量和对外做出的功。

7-9　锅炉每小时产生 $20t$ 压力为 $5MPa$、温度为 $480℃$ 的蒸汽，进入锅炉的水压力为 $5MPa$，温度为 $30℃$。若锅炉效率为 0.8，煤的发热量为 $23400kJ/kg$，试计算此锅炉每小时需要烧多少吨煤？

7-10　水蒸气进入汽轮机时，$p_1=10MPa$，$t_1=450℃$；排出汽轮机时，$p_2=8kPa$。假设蒸汽在汽轮机内的膨胀是可逆绝热的，且忽略入口和出口的动能差，汽轮机输出功率为 $100MW$，求水蒸气的流量。

7-11　对压力 $p_1=1.5MPa$、容积 $V_1=0.263m^3$ 的干饱和水蒸气进行压缩，使 $V_2=V_1/2$，求：

1）被压缩的蒸汽量。

2）等温压缩过程的终态参数 v_2、x_2、h_2、H_2。

3）如按 $p_1V_1=p_2V_2$ 定值计算，将会得到什么结果？并讨论之。

7-12　某火电机组的凝汽器如图 7-18 所示。乏汽压力为 $0.006MPa$，干度 $x=0.9$，质量流量为 $500t/h$，乏汽在凝汽器中等压放热，变为饱和水，热量由循环水带走，设循环水的温升为 $11℃$，水的比热容为 $4.187kJ/(kg·K)$，不考虑凝汽器的散热，也不考虑加热器疏水的影响。求循环水的流量。

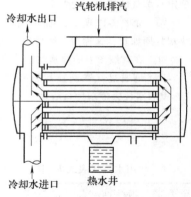

图 7-18　习题 7-12 图

7-13　在 $0.1MPa$ 下将一壶水从 $20℃$ 烧开需要 $20min$，如果加热速度不变，问将这壶水烧干还需要多长时间？

7-14　给水在温度 $t_1=60℃$ 和压力 $p_1=3.5MPa$ 下进入锅炉省煤器中被预热，然后再汽化，变成 $t_2=350℃$ 的过热蒸汽。设过程等压进行，试把过程表示在 T-s 图上，并求加热过程中的平均吸热温度。

7-15　一加热器的换热量为 $9010kJ/h$，现送入压力 $p=0.2MPa$ 的干饱和蒸汽，蒸汽在加热器内放热后，变为 $t_2=50℃$ 的凝结水排入大气，问此换热器每小时所需蒸汽量。

7-16　有一余热锅炉每小时可把 $200kg$、温度 $t_1=10℃$ 的水，变为 $t_2=100℃$ 的干饱和蒸汽。进入锅炉的烟气温度 $t_{g1}=600℃$，排烟温度 $t_{g2}=200℃$，若锅炉的效率为 60%，求每小时通过的烟气流量。已知烟气的比定压热容 $c_p=1.0467kJ/(kg·K)$。

7-17　在蒸汽锅炉的汽包中储有 $p=1MPa$、$x=0.1$ 的汽水混合物共 $12000kg$。如果关死汽阀和给水门，炉内燃料每分钟供给汽包 $35000kJ$ 的热量，求汽包内压力升到 $5MPa$ 所需的时间。

7-18　$p_1=5MPa$、$t_1=480℃$ 的过热蒸汽经过汽轮机进汽阀时被绝热节流至 $p_2=2MPa$，然后送入汽轮机中，可逆绝热膨胀至乏汽压力 $p_3=5kPa$。求

1）水蒸气经过绝热节流后的温度和熵。

2）和不采用绝热节流而直接从 p_1、t_1 可逆绝热膨胀至 p_3 相比，绝热节流后每千克蒸汽少做多少功？

7-19　某火力发电厂的凝汽器中乏汽压力为 $0.005MPa$，$x=0.95$，试求此乏汽的 v_x、h_x、s_x。若此乏汽等压凝结为水，试比较其体积的变化。

7-20　压力为 $1MPa$、干度为 5% 的湿蒸汽经过减压阀节流后引入压力为 $0.5MPa$ 的绝热容器，使饱和水和饱和蒸汽分离，如图 7-19 所示。设湿蒸汽的流入量为 $200t/h$，试求流出的饱和蒸汽和饱和水的流量。

7-21 压力为 1MPa、质量流量为 12t/h 的干饱和蒸汽在汽轮机内膨胀到 0.1MPa 而带动发电机发电，汽轮机出口蒸汽干度为 0.9，发电机的效率为 98%。求：发电机的输出功率（kW）及膨胀过程蒸汽比熵的变化。

7-22 火力发电厂热力系统中除氧器是一种混合式加热器，它的作用是除掉给水系统中的氧气，减少设备腐蚀，同时也作为一级回热加热器。设压力 $p_1 = 0.85MPa$、温度 $t_1 = 130℃$ 的未饱和水，与压力 $p_2 = p_1$、温度 $t_2 = 260℃$ 的过热蒸汽在除氧器中混合成为同压力下质量流量为 600t/h 的饱和水，除氧器可看成绝热系统。求：

图 7-19 习题 7-20 图

1）未饱和水的流量和过热蒸汽的流量。

2）混合过程的熵产。

7-23 已知蒸汽的参数为 $p = 10MPa$、$t = 500℃$，环境参数为 $p_0 = 0.1MPa$、$t_0 = 0.01℃$，求蒸汽的㶲。

1）利用公式计算。

2）利用水蒸气的焓熵图计算。

7-24 容积为 $2m^3$ 的刚性容器内装有 500kg 的液态饱和水，其余部分充满平衡的纯饱和水蒸气。平衡温度为 100℃，压力为 0.101325MPa。现通过水管向容器内输入 1000kg、70℃（比焓为 293kJ/kg）的水。如果要使容器内的压力和温度在这一过程中保持不变，试问必须向容器内加入多少热量？

7-25 试用麦克斯韦关系式 $\left(\dfrac{\partial s}{\partial p}\right)_T = -\left(\dfrac{\partial v}{\partial T}\right)_p$ 验证过热水蒸气表中的数据。

扫描下方二维码，可获取部分习题参考答案。

第 8 章

湿空气

在自然界中，环绕地球周围的空气称为大气，由于江河湖海里水的蒸发，以及植被、土壤中水的蒸发，使大气中总含有一些水蒸气。这种含有水蒸气的空气称为湿空气。完全不含水蒸气的空气称为干空气。因此，湿空气是干空气和水蒸气的混合物。在地球表面的湿空气中，尚有悬浮尘埃、烟雾、微生物及化学排放物等，由于这些物质并不影响湿空气的物理性质，因此在此不涉及相关内容。

干空气的组成一般比较稳定，只有 CO_2 含量变化较大，但由于其平均值本身就非常小，则其变化量可不予考虑，在研究空气的物理性质时，允许将干空气作为一个整体来对待。

湿空气中水蒸气的含量一般不多，即水蒸气的分压力很低，因此，可以将湿空气当作理想气体混合物的一种特例。在某些情况下往往可以忽略水蒸气的影响。但是，水蒸气含量的变化会引起湿空气干、湿程度的改变，从而使湿空气的物理性质随之改变，这会对人的感觉、产品质量、工艺过程和设备维护等产生直接影响，要特别加以注意。因而在干燥过程、暖通与空调、精密仪器和电绝缘的防潮、火力发电厂凉水塔等工程中，必须考虑空气中水蒸气的影响。

8.1 湿空气的物理性质

8.1.1 饱和湿空气和未饱和湿空气

湿空气各组分的温度是相同的，所以用一个温度计测量得到的湿空气的温度 t，等于湿空气中干空气的温度 t_a，也等于湿空气中水蒸气的温度 t_v，即

$$t = t_a = t_v = T - 273.15 \approx T - 273 \tag{8-1}$$

式中，T 为湿空气的热力学温度。

大气压力指地球表面的空气层在单位面积上所形成的压力 p_b。它不是一个定值，与海拔高度成反比，也和气象条件有关。

根据道尔顿分压定律，湿空气的总压力 p 等于干空气的分压力 p_a 和水蒸气的分压力 p_v

之和，就大气而言，湿空气的总压力为 p_b。

$$p = p_b = p_a + p_v \tag{8-2}$$

湿空气能容纳水蒸气的数量有一定限度。在一定温度条件下，湿空气中水蒸气分压力的极限是饱和分压力，此时相应的湿空气称为**饱和湿空气**（简称**饱和空气**）。通常，湿空气中的水蒸气分压力低于当时温度所对应的饱和压力，即水蒸气处于过热状态，这种湿空气称为**未饱和湿空气**。

这两个概念可以从图8-1中得到理解。开始时，湿空气中的水蒸气处于 A 点，为过热状态。向湿空气中加入相同温度的水蒸气，则湿空气温度不变，但水蒸气含量增加，水蒸气分压力 p_v 增加，水蒸气状态点沿等温线向 C 点移动，到 C 点时达到饱和，如果再加入水蒸气将会有液滴析出。这说明，若湿空气中的水蒸气处于过热状态，即水蒸气分压力 p_v 低于湿空气温度 t 对应的饱和压力 p_s，或者说湿空气温度 t 高于水蒸气分压力 p_v 对应的饱和温度 t_s，此时湿空气还有继续吸收水蒸气的能力，因此，这种湿空气就称为未饱和湿空气。湿空气中的水蒸气处于饱和状态时，就不能再吸收水蒸气了，此时湿空气就称为饱和湿空气。

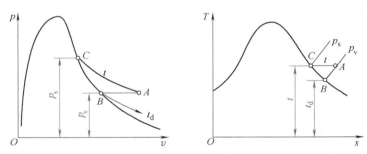

图 8-1　湿空气中水蒸气状态的 p-v 图与 T-s 图

8.1.2　露点温度

除了加入水蒸气外，也可以通过另一途径使未饱和湿空气达到饱和。如图8-1所示，如果保持湿空气中的水蒸气分压力 p_v 不变而逐渐降低温度，水蒸气状态点将沿等压线由点 A 向 B 移动，湿空气被冷却，放出热量，温度下降。水蒸气的分压力和含湿量都保持不变。φ 值逐渐增大，最后达到100%，即达到饱和状态点 B，这点温度称为**露点温度**，简称**露点**，用 t_d 表示。可见露点温度就是水蒸气分压力 p_v 对应的饱和温度。t_d 只取决于空气的水蒸气分压力 p_v，可在饱和水蒸气表中由 p_v 值查得。具有相同水蒸气分压力 p_v 的不同状态点具有相同的 t_d。

到达露点温度后，继续冷却则有液态水析出，如果露点温度低于0℃，就会出现结霜。

露点温度可以用一种叫"露点计"的仪器测定。使乙醚在一个金属容器中蒸发而迫使其表面温度下降，读出与之接触的湿空气在容器外表面上开始呈现第一颗露滴时的温度，就得到了该湿空气所处状态下的露点温度。

露点温度在热力工程中有重要用途。如锅炉尾部受热面因设计的排烟温度过低而结露，生成的水分使烟气中的氮氧化物、硫氧化物变为酸性物质而引起设备腐蚀。因此，设计锅炉时必须保证这些部位的温度不低于露点温度。又如在空气调节工程中，寒冷的冬天外墙内表面的壁温不能低于房间空气的露点温度，否则在墙壁上会出现液滴。

8.1.3 绝对湿度与相对湿度

1. 绝对湿度

$1m^3$ 湿空气中所含水蒸气的质量称为湿空气的**绝对湿度**，很明显，绝对湿度指的是湿空气中水蒸气的密度，故用符号 ρ_v（kg/m^3）表示。

$$\rho_v = \frac{m_v}{V} = \frac{p_v}{R_{gv}T} \tag{8-3}$$

式中，m_v 为水蒸气质量；V 为湿空气体积；p_v 为水蒸气分压力；R_{gv} 为水蒸气的气体常数。

绝对湿度只能说明湿空气中实际含水蒸气的多少，而不能说明湿空气所具有的吸收水蒸气能力的大小，并且当空气中水蒸气状态变化时，式（8-3）分子与分母均变化，使用起来非常不方便，因此实际中很少采用。

2. 相对湿度

湿空气中所含水蒸气的质量，与同样温度、同样总压力下饱和湿空气中所含水蒸气的质量之比称为**相对湿度**，用 φ 表示，则

$$\varphi = \frac{\rho_v}{\rho_s} = \frac{p_v}{p_s} \tag{8-4}$$

式中，ρ_s 为饱和湿空气的绝对湿度；p_s 为湿空气温度所对应的饱和压力。

相对湿度 φ 的值介于 0 和 1 之间，它表示空气中水蒸气的实际含量相对最大可能含量的接近程度。φ 值越小，湿空气中水蒸气偏离饱和状态越远，空气越干燥，吸收水蒸气能力越强，对于干空气而言，$\varphi = 0$；反之，φ 值越大，则湿空气中的水蒸气越接近饱和状态，空气越潮湿，吸收水蒸气能力越弱，当 $\varphi = 1$ 时，湿蒸汽为饱和湿空气，不具有吸收水蒸气的能力。

湿空气的相对湿度可以直接用"毛发湿度计"测定。这种湿度计是利用经过严格挑选和处理过的细而匀净的毛发在不同的湿空气环境中因吸湿而伸张的原理，对湿空气相对湿度的指示事先做好合理的标定而制成的。

8.1.4 湿空气的含湿量

在空调或干燥过程中，湿空气中水蒸气的含量会有变化，而干空气的含量不改变。因此，为了分析和计算上的方便，通常采用单位质量干空气作为计算基准。我们定义在含有 1kg 干空气的湿空气中所含水蒸气的克数为湿空气的**含湿量**，用 d 表示，单位为 g/kg（干空气）或 g/kg（DA）。

$$d = 1000\frac{m_v}{m_a} = 1000\frac{\rho_v}{\rho_a} \tag{8-5}$$

式中，m_v 为水蒸气质量（kg）；ρ_v 为水蒸气密度（kg/m^3）；m_a 为干空气质量（kg）；ρ_a 为干空气密度（kg/m^3）。

根据理想气体状态方程式，有

$$\rho_v = \frac{p_v}{R_{gv}T} \text{ 和 } \rho_a = \frac{p_a}{R_{ga}T}$$

其中，干空气的气体常数 $R_{ga} = 287\mathrm{J}/(\mathrm{kg} \cdot \mathrm{K})$，水蒸气的气体常数 $R_{gv} = 461.5\mathrm{J}/(\mathrm{kg} \cdot \mathrm{K})$，并考虑到湿空气的总压力 $p = p_a + p_v$，代入式（8-5）可得

$$d = 622 \frac{p_v}{p - p_v} \tag{8-6}$$

式（8-6）说明，当湿空气压力 p 一定时，含湿量 d 只取决于水蒸气分压力 p_v，即 $d = f(p_v)$。由于湿空气中水蒸气的含量较少，因此当大气压力一定时，水蒸气分压力和含湿量近似为直线关系。水蒸气分压力越大，含湿量也就越大。如果含湿量不变，水蒸气分压力将随着大气压力的增加而上升，随着大气压力的减小而下降。

由式（8-4）可知，$p_v = \varphi p_s$，所以式（8-6）可变为

$$d = 622 \frac{\varphi p_s}{p - \varphi p_s} \tag{8-7}$$

相对湿度 φ 与含湿量 d 都是表示空气湿度的参数，但意义却有所不同。φ 能够表示空气中水蒸气的饱和程度，但不能表示水蒸气的含量，而 d 可表示水蒸气含量，却不能表示空气中水蒸气的饱和程度。例如：现有 A、B 两个房间，A 房间 $d_A = 10\mathrm{g/kg}$（DA）、$\varphi_A = 50\%$，B 房间 $d_B = 10\mathrm{g/kg}$（DA）、$\varphi_B = 70\%$。因为含湿量 $d_A = d_B$，所以两个房间具有相同的水蒸气含量；因为相对湿度 $\varphi_A < \varphi_B$，所以 A 房间空气的吸湿能力大于 B 房间。

因为人体对 φ 值较 d 值更为敏感，所以，判定室内湿度状态时常用 φ，而 d 值能确切地反映出系统对房间加湿或减湿的量，因而计算加减湿量时用 d。

例 8-1 已知房间内的大气压力为 0.1MPa，温度为 20℃，相对湿度 $\varphi = 30\%$。试求：

1）水蒸气的分压力。

2）含湿量。

解 由饱和水蒸气热力性质表查得 $t = 20℃$ 时，$p_s = 2.3385\mathrm{kPa}$。

1）$p_v = \varphi p_s = 30\% \times 2.3385\mathrm{kPa} \approx 0.7\mathrm{kPa}$

2）$d = 622 \dfrac{p_v}{p - p_v} = 622 \times \dfrac{0.7}{100 - 0.7}\mathrm{g/kg}$（DA）$= 4.385\mathrm{g/kg}$（DA）

8.1.5 湿空气的焓

湿空气的焓的计算也是以 1kg 干空气为基准的，即 h [kJ/kg（DA）] 为

$$h = h_a + 0.001dh_v \tag{8-8}$$

式中，h_a 为干空气的焓（kJ/kg）；h_v 为水蒸气的焓（kJ/kg）；d 为湿空气的含湿量 [g/kg（DA）]。

工程上常取 0℃时干空气的焓值为零，其比定压热容 $c_p = 1.005\mathrm{kJ}/(\mathrm{kg} \cdot \mathrm{K})$，则温度为 t 时：

干空气的焓，$h_a = c_p t = 1.005t$；

水蒸气的焓，$h_v = 2501 + 1.863t$。

其中 2501 是 0℃时饱和水蒸气的焓值，即水蒸气的汽化热（kJ/kg）；1.863 为常温下水蒸气的平均比定压热容 [kJ/(kg·K)]。

于是，湿空气的焓 [kJ/kg(DA)] 为

$$h = 1.005t + 0.001d(2501 + 1.863t) \tag{8-9}$$

或

$$h = (1.005 + 0.001863d)t + 2.501d \tag{8-9'}$$

由上式看出，$(1.005 + 0.001863d)t$ 是随温度而变化的热量，称之为"显热"；而 $2.501d$ 是 $0℃$、含湿量为 d 时水的汽化热，称之为"潜热"，它仅随含湿量变化。由此可见，湿空气的焓将随着温度和含湿量的升高而加大。在使用焓这个参数时必须注意，显热值 $(1.005 + 0.001863d)t$ 与潜热值 $2.501d$ 数量级相当，因而在空气温度升高的同时，若含湿量有所下降，其结果是湿空气的焓不一定会增加。

8.1.6 湿球温度

空气的湿度除了可以用毛发湿度计测量外，还可以用图 8-2 所示的干湿球温度计来测量。

两只相同的温度计，其中一只的感温泡包裹上纱布，下端置于盛有水的玻璃小杯里，在毛细作用下，纱布处于润湿状态，此温度计称为湿球温度计，它所测得的温度称为空气的湿球温度。另一只未包裹纱布的温度计相应地称为干球温度计，它所测得的温度称为空气的干球温度，就是实际的空气温度。

当空气的相对湿度 $\varphi < 100\%$ 时，随着空气流过湿球温度计的端部必存在着水的蒸发现象，若水温高于空气温度，蒸发所需的汽化热必然首先取自水分本身，因此，湿纱布的水温下降，无论原来水温多高，经过一段时间后，水温终将降低至空气温度以下，这时，空气将向水面传热，阻止水温的不断下降。当空气传给水的热量等于水蒸发需要的热量时，达到平衡。此时，水温不再下降，这一稳定的温度称为湿球温度 t_w。

相对湿度 φ 越小，空气越干燥，则湿球温度计湿纱布上的水分蒸发越多，湿球温度 t_w 越低，干湿球温度计的读数差别越大。反之，相对湿度 φ 越大，空气越潮湿，湿纱布上的水分蒸发越少，从而干湿球温度计的读数差别越小。当 $\varphi = 1$ 时，湿空气达到饱和，无吸湿能力，此时，干湿球温度计的读数相等。这就是利用干湿球温度计测量湿空气相对湿度 φ 的基本原理。图 8-3 说明了干球温度 t、湿球温度 t_w 及相对湿度 φ 的相互关系。

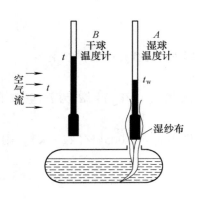

图 8-2　干湿球温度计示意图

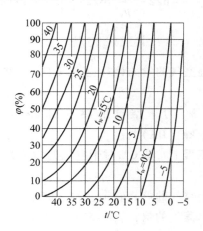

图 8-3　t、t_w、φ 的关系

显然，当湿纱布的最初水温低于湿球温度时，则空气向水面传热一方面供水蒸发用，另一方面供水温的升高用。随着水温增高，温差减小，传热量减少，最终水温仍稳定于湿球温度状态。

湿球温度计达到平衡过程的热平衡关系式为

$$h + ct_w(d_s - d) \times 10^{-3} = h_s \tag{8-10}$$

式中，c 为水的比热容，$c = 4.19 \text{kJ}/(\text{kg} \cdot \text{K})$。

由于湿纱布上水分蒸发的数量很少，而 t_w 一般不高，再乘上 10^{-3} 之后，式（8-10）中的等号左边第二项很小，在一般的空调工程中可以忽略不计。因此，式（8-10）可写成

$$h = h_s \tag{8-11}$$

从式（8-11）可知，通过湿球的湿空气在加湿过程中，湿空气的焓不变，是一个等焓过程。

注意：只有当湿球温度计周围的空气流速较大时，热、湿交换才能趋于稳定。因此，想要准确地反映空气的相对湿度，应使湿球温度计周围的空气流速保持在 $2.5m/s$ 以上。

8.2　湿空气的焓湿图

工程上为了计算方便，往往将湿空气的主要参数 h、d、φ、p_v、t 等制成焓湿图（h-d 图），h-d 图是一种非常重要的工具。利用图中的图线既便于确定湿空气的参数，也便于对工程上常见的一些涉及湿空气的热力过程进行分析计算。需要指出，工程上的 h-d 图按照惯例是根据 $p_b = 0.1\text{MPa}$ 绘制的。在工程计算中，如果大气压力略微偏离 0.1MPa 时，利用该图计算也不会有太大的误差。

图 8-4 是湿空气的 h-d 示意图（$p_b = 0.1\text{MPa}$）。它以比焓 h 为纵坐标，含湿量 d 为横坐标，为了尽可能扩大不饱和湿空气区的范围，使图上的线段更加清晰，习惯上将 h 轴与 d 轴画成 $135°$ 夹角（注意不是 $90°$），即等 h 线与等 d 线成 $135°$ 夹角。

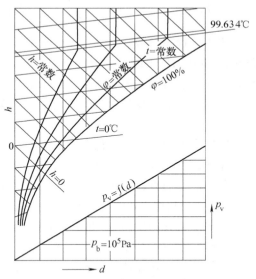

图 8-4　湿空气的 h-d 示意图

h-d 图中主要有下列几条线簇。

1. 等湿线簇

该线簇与 d 轴垂直，自左向右 d 值逐渐增加。按照式（8-6），在一定的总压力下，水蒸气分压力 p_v 与 d 值一一对应，因此，等 d 线也就是等 p_v 线。又因为湿空气的露点 t_d 仅决定于水蒸气分压力 p_v，即 $t_d = f(p_v)$，因此，等 d 线簇又是等 t_d 线簇。

2. 等焓线簇

等焓线簇与 d 轴成 $135°$ 夹角。

3. 等干球温度线簇

等干球温度线簇即等温线簇，根据公式 $h = 1.005t + 0.001 \times (2501 + 1.863t)d$，当 $t =$ 常数

时，$h=a+bd$ 的形式，其中 $a=1.005t$ 为等温线在纵坐标上的截距，$b=0.001\times(2501+1.863t)$ 为等温线的斜率，由于各等温线的温度不同，每条等温线的斜率不等，即等温线是一组斜率为正的斜直线。斜率的差别为 $0.001\times1.863t$，但由于其值与 0.001×2501 相比很小，因此等温线又可近似看作是平行的。

4. 等相对湿度线簇

当 p_b 一定时，等 φ 线是一组上凸的曲线，其中 $\varphi=100\%$ 的相对湿度线将 h-d 图分成两部分。上部为未饱和湿空气区，$\varphi<100\%$；下部 $\varphi>100\%$ 为"雾区"，这种状态只是暂时的，会立即凝结出多余的水蒸气，使得 $\varphi=100\%$，因此，湿空气状态点都在饱和曲线的上方。显然，$\varphi=0$ 的等相对湿度线就是干空气线，即纵坐标轴，而 $\varphi=100\%$ 的线是饱和湿空气线，也可以说是露点的轨迹线。

在 $p_b=0.1\text{MPa}$ 时，相应压力的水蒸气饱和温度 $t=99.634\text{℃}$。当 $t<99.634\text{℃}$ 时，根据相对湿度的定义式 $\varphi=p_v/p_s$，此时的等 φ 线是上升的曲线。当 $t>99.634\text{℃}$ 时，其水蒸气饱和分压力 p_s 的极限值是 p_b，这时的相对湿度为 $\varphi=p_v/p_b$。因为 p_b 一定，所以 φ 为常数时，p_v 也为常数。这说明 $t>99.634\text{℃}$ 时的 φ 与温度 t 无关，仅与 p_v 或 d 有关，即 $\varphi=f(d)$ 为一条与等 d 线平行的垂直向上的直线。由于空调工程中，不常采用高温空气，故很少涉及。但在干燥工程中，空气的温度往往超过 100℃，所以需要注意。

5. 等水蒸气分压力线簇

由 $d=622\dfrac{p_v}{p_b-p_v}$，得 $p_v=\dfrac{p_b d}{622+d}$。因此，当 p_b 一定时，$p_v=f(d)$，说明 p_v 与 d 不是互相独立的两个状态参数。在图 8-4 中下部有 p_v 与 d 的变换线，从一定的 d 处向上作一条直线，遇到 p_v 与 d 的变换线后，有一交点，从这一交点往右作一条水平线，从右侧纵轴即可读出 d 所对应的 p_v。现在也有的 h-d 图没有在图下部作这样的变换线，而是在 h-d 图之外的上部作一条直线，这条直线的上部和下部有两种刻度，从这条直线上也可以直接读出一定的 d 对应的 p_v。

这样作出的 h-d 图则包含了 p_b、t、d、h、φ、p_v 等湿空气参数。在湿空气压力 p_b 一定的条件下，在 t、d、h、φ 中，已知任意两个参数，则湿空气状态就确定了。在 h-d 图上也就是有一确定的点，其余参数均可由此点查出。但 d 与 p_v 不能确定一个空气状态点。

例 8-2　利用 h-d 图求湿空气的参数

已知湿空气的压力 $p=0.1\text{MPa}$，$t=30\text{℃}$，$\varphi=60\%$。试用 h-d 图求湿空气的 d、h、t_w、t_d、p_v。

解　首先，在 h-d 图上找到 $t=30\text{℃}$ 和 $\varphi=60\%$ 的交点 1，如图 8-5 所示，直接查得

$$d=16.2\text{g/kg(DA)}, \quad h=71.7\text{kJ/kg(DA)}$$

从点 1 沿等 h 线作一条直线和 $\varphi=100\%$ 的饱和湿空气线相交于点 2，点 2 的温度即为湿空气的湿球温度，查得 $t_w=23.8\text{℃}$。

从点 1 沿等 d 线向下作一条垂直线和 $\varphi=100\%$ 的饱和湿空气线相交于点 3，点 3 的温度即为湿空气的露点温度，查得

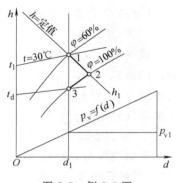

图 8-5　例 8-2 图

$t_d = 21.5℃$。

从点 1 沿等 d 线向下作一条垂直线和 $p_v = f(d)$ 线相交，从交点向右侧作水平线与纵轴相交，即可在纵轴上读出水蒸气的分压力 $p_v = 2.5kPa$。

结果：对于未饱和湿空气，干球温度 t、湿球温度 t_w、露点温度 t_d 三者之间的关系为

$$t > t_w > t_d$$

8.3 湿空气的热力过程

下面用 h-d 图讨论几种典型的湿空气的热力过程。工程上遇到的较复杂的湿空气过程多是它们的某种组合。

1. 加热（冷却）过程

对湿空气单纯地加热或冷却过程，其特征是过程中含湿量 d 保持不变。加热过程中湿空气温度升高，焓增大，相对湿度降低，如图 8-6 中 1-2 过程。冷却过程反之，如图 8-6 中 1-2′过程。加热能使湿空气相对湿度降低，吸收水蒸气能力提高，这正是烘干木材、粮食，以及用电吹风吹干头发的基本原理所在。

根据稳定流动能量方程，湿空气加热（或冷却）过程中吸热量（或放热量）等于焓差，即

$$q = \Delta h = h_2 - h_1 \tag{8-12}$$

式中，h_1、h_2 分别为湿空气的初、终态焓值。

2. 冷却去湿过程

湿空气被定压冷却到露点温度，变为饱和状态，若继续冷却，将有水蒸气凝结析出，达到冷却去湿的目的。如图 8-7 所示，过程沿 1-A-2 方向进行，温度降到露点 A 后，沿 $\varphi = 100\%$ 的等 φ 线向 d、t 减小的方向到达 2 点，对应的温度为 t_2，在这个过程中相对于 1kg 干空气析出的水量为 $d_1 - d_2$。

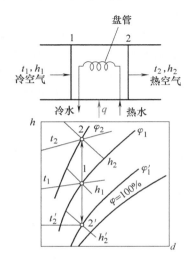

图 8-6 湿空气的加热（冷却）过程

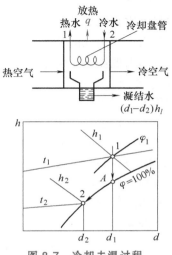

图 8-7 冷却去湿过程

通过冷却盘管带走的热量为

$$q = (h_1 - h_2) - 0.001(d_1 - d_2)h_l \tag{8-13}$$

式中，h_l 为凝结水的比焓，$0.001(d_1 - d_2)h_l$ 为凝结水带走的能量。

大多数火力发电厂利用氢气冷却发电机，氢气依靠电解水而得到，因此氢气中会含有少量水分，这会威胁到发电机的安全性，需要将氢气中所含的水分减小到尽量低的水平。有的厂利用分子筛吸附的办法去除氢气中的水分，也有的厂利用冷冻法去除氢气中的水分，其基本原理就是上面讲的冷却去湿。当然，从图8-7中可以看出，必须将湿空气温度降至露点温度以下，才能去除部分水分。

例8-3 冷却去湿

在大气压力 $p_b = 0.1\text{MPa}$ 的条件下，湿空气温度 $t_1 = 50℃$，相对湿度 $\varphi_1 = 50\%$，求湿空气的含湿量 d_1 及露点温度 t_{d1}。如果将湿空气冷却到 $t_2 = 10℃$，求析出水分的量。

解 查饱和水蒸气热力性质表，$t_1 = 50℃$ 时，$p_s = 0.0123446\text{MPa}$。

故湿空气中水蒸气分压力 $p_v = \varphi_1 p_s = 0.5 \times 0.0123446\text{MPa} = 0.0061723\text{MPa}$

利用内插法，计算得出 0.0061723MPa 对应的饱和温度（即露点）为 $t_{d1} = 36.67℃$。

初态含湿量为

$$d_1 = 622\frac{p_v}{p_b - p_v} = \frac{622 \times 0.0061723}{0.1 - 0.0061723}\text{g/kg(DA)} = 40.92\text{g/kg(DA)}$$

当把湿空气温度降低到10℃时，其低于原湿空气的露点温度，将有水分析出。

查饱和水蒸气热力性质表，$t_2 = 10℃$ 时，$p_s = 0.0012279\text{MPa}$。

终态含湿量为

$$d_2 = 622\frac{p_v}{p_b - p_v} = \frac{622 \times 0.0012279}{0.1 - 0.0012279}\text{g/kg(DA)} = 7.73\text{g/kg(DA)}$$

析出的水分为

$$d_1 - d_2 = (40.92 - 7.73)\text{g/kg(DA)} = 33.19\text{g/kg(DA)}$$

此题也可以利用湿空气的 h-d 图求解，请有兴趣的读者试一试。

3. 增压冷凝过程

初始状态为未饱和状态的湿空气，由式（3-50）可知，水蒸气分压力 $p_v = x_v p$。提高湿空气的总压力，水蒸气的分压力 p_v 随之提高，它对应的饱和温度（即湿空气的露点）随之提高。一旦露点温度高于湿空气的温度，湿空气中的水分就会凝结出来，湿空气中水蒸气的摩尔分数 x_v 降低，最后湿空气会处于饱和状态。工业过程中经常要用压气机提高空气或其他气体的压力，需要注意储气罐中凝结出来的液体。

例8-4 增压冷凝

湿空气初始压力 $p_1 = 0.1\text{MPa}$，温度 $t_1 = 30℃$，相对湿度 $\varphi_1 = 60\%$，求将湿空气等温压缩到 $p_2 = 0.5\text{MPa}$ 析出水分的量。

解 查饱和水蒸气热力性质表，$t_1 = 30℃$ 时，$p_s = 0.0042451\text{MPa}$。

故湿空气中水蒸气分压力 $p_v = \varphi_1 p_s = 0.6 \times 0.0042451\text{MPa} = 0.002547\text{MPa}$

初态含湿量为

$$d_1 = 622\frac{p_v}{p_b - p_v} = \frac{622 \times 0.002547}{0.1 - 0.002547}\text{g/kg(DA)} = 16.256\text{g/kg(DA)}$$

加压到 $p_2 = 0.5\text{MPa}$ 时，假设水蒸气不能直接析出，水蒸气分压力将增加 5 倍，即

水蒸气分压力 $\qquad p_{v2} = 5 \times 0.002547\text{MPa} = 0.012735\text{MPa}$

利用内插法，计算得出 0.012735MPa 对应的饱和温度（即露点）为 $t_d = 50.62℃$。可见湿空气温度低于露点温度，必将有水分析出。析出水分后的湿空气维持饱和状态，水蒸气分压力为 $t_1 = 30℃$ 对应的饱和压力。故终态含湿量为

$$d_2 = 622 \frac{p_v}{p_b - p_v} = \frac{622 \times 0.0042451}{0.5 - 0.0042451}\text{g/kg(DA)} = 5.326\text{g/kg(DA)}$$

析出的水分为

$$d_1 - d_2 = (16.256 - 5.326)\ \text{g/kg(DA)} = 10.93\text{g/kg(DA)}$$

4. 冷却塔

冷却塔是利用蒸发冷却原理，使热水降温以获得循环冷却水的装置，在火力发电厂、空气调节工程中经常采用。图 8-8 为冷却塔装置示意图。热水由塔上部向下喷淋，与自下而上的湿空气流接触。装置中装有填料，使热水往下流时水流变得尽量细，从而增大了热水与湿空气的接触面积和接触时间。热水与空气间进行着复杂的传热和传质过程，水分蒸发的汽化热随蒸汽流向空气，总的效果是热量由热水传给空气，使热水温度降低，而湿空气温度升高，相对湿度增大。其极限情况是冷却塔的出口处湿空气可以达到饱和状态，水温可降为入口空气状态对应的湿球温度。

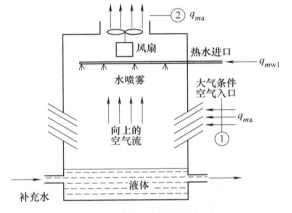

图 8-8 冷却塔装置示意图

如忽略冷却塔的散热，不考虑流动工质的动能变化及位能变化。对冷却塔列热平衡方程为

$$q_{ma}(h_{a2} - h_{a1}) = q_{mw1}h_{w1} - q_{mw2}h_{w2} \tag{8-14}$$

质量平衡关系式为

$$q_{mw1} - q_{mw2} = q_{ma}(d_{a2} - d_{a1}) \times 10^{-3} \tag{8-15}$$

合并上列两式可得

$$q_{ma} = \frac{q_{mw1}(h_{w1} - h_{w2})}{(h_{a2} - h_{a1}) - h_{w2}(d_{a2} - d_{a1}) \times 10^{-3}} \tag{8-16}$$

式中，h_{a1}、d_{a1} 分别为进入冷却塔湿空气的比焓值和含湿量；h_{a2}、d_{a2} 分别为离开冷却塔湿空气的比焓值和含湿量；q_{ma} 为进入冷却塔湿空气中干空气的质量流量；q_{mw1}、h_{w1} 分别为进入冷却塔水的质量流量和比焓值；q_{mw2}、h_{w2} 分别为离开冷却塔水的质量流量和比焓值。

例 8-5 冷却塔计算

某电厂需将 12000kg/s 的循环水自 40℃ 冷却到 30℃。冷却塔的进口空气为 $t_1 = 25℃$，$\varphi_1 = 35\%$，并假定空气出冷却塔时为 $t_2 = 35℃$，$\varphi_2 = 90\%$，大气压力维持 $p_b = 0.1\text{MPa}$。试计算空气的质量流量及所需的补充水量。

解 查饱和水蒸气热力性质表得

$$t_1 = 25℃ \text{ 时}, p_{s1} = 0.0031687\text{MPa}$$

$$t_2 = 35℃ \text{ 时}, p_{s2} = 0.0056263\text{MPa}$$

在 0.1MPa 下，30℃时水的比焓 $h_{w2} = 125.77\text{kJ/kg}$

40℃时水的比焓 $h_{w1} = 167.59\text{kJ/kg}$

湿空气中水蒸气的分压力为

$$p_{v1} = \varphi_1 p_{s1} = 0.35 \times 0.0031687\text{MPa} = 0.001109\text{MPa}$$

$$p_{v2} = \varphi_2 p_{s2} = 0.9 \times 0.0056263\text{MPa} = 0.005064\text{MPa}$$

根据式 (8-6)，湿空气的含湿量分别为

$$d_1 = 622 \frac{p_{v1}}{p_b - p_{v1}} = 622 \times \frac{0.001109}{0.1 - 0.001109}\text{g/kg(DA)}$$

$$= 6.98\text{g/kg(DA)}$$

$$d_2 = 622 \frac{p_{v2}}{p_b - p_{v2}} = 622 \times \frac{0.005064}{0.1 - 0.005064}\text{g/kg(DA)}$$

$$= 33.18\text{g/kg(DA)}$$

根据式 (8-9)，入口处和出口处湿空气的比焓分别为

$$h_1 = [1.005 \times 25 + 6.98 \times 10^{-3} \times (2501 + 1.863 \times 25)]\text{kJ/kg(DA)} = 42.91\text{kJ/kg(DA)}$$

$$h_2 = [1.005 \times 35 + 33.18 \times 10^{-3} \times (2501 + 1.863 \times 35)]\text{kJ/kg(DA)} = 120.32\text{kJ/kg(DA)}$$

设干空气的质量流量为 q_{ma}（kg/s），则需要补充的水量（也就是循环水出口比入口减少的量）为

$$\Delta q_{mw} = q_{ma}(d_2 - d_1) = q_{ma} \times (33.18 - 6.98)\text{g/kg(DA)} = 0.0262 q_{ma}$$

对冷却塔列热平衡方程，进入塔的能量＝离开塔的能量，则

$$q_{ma} \times 42.91 + 12000 \times 167.59 = q_{ma} \times 120.32 + (12000 - 0.0262 q_{ma}) \times 125.77$$

解之得

$$q_{ma} = 6771.11\text{kg/s}$$

所以，需要补充的水量为

$$\Delta q_{mw} = 0.0262 \times 6771.11\text{kg/s} = 177.4\text{kg/s}$$

进入塔的湿空气质量流量为干空气的质量流量加水蒸气的质量流量，即

$$q_m = q_{ma}(1 + d_1 \times 10^{-3}) = 6771.11 \times (1 + 0.00698)\text{kg/s} = 6818.37\text{kg/s}$$

本题也可以直接套用式 (8-16) 计算。

分析：从这个例题可以看出，在我国北方的缺水地区，火力发电厂往往采用闭式循环水冷却系统，这种冷却方式的冷却效果好，发电效率高，但是需要补充相当的水量（177.4kg/s＝638.64t/h＝15327.36t/d）。我国的煤炭资源主要集中在"三北"地区（华北、西北、东北），这些地方水资源相对贫乏，因此，国家鼓励在这些"富煤而缺水"的地区发展空冷电厂（或称为干式冷却电厂），循环水在被冷却时，不与空气相接触，这样就不会有水分损失。很明显，这种冷却方式的冷却效果没有湿式冷却好。

思 考 题

8-1 为什么影响人体感觉和物体受潮的因素主要是湿空气的相对湿度而不是绝对湿度？

8-2　为什么在冷却塔中能将水的温度降低到比大气温度还低的程度？这是否违反热力学第二定律？

8-3　在寒冷的阴天，虽然气温尚未到达0℃，但晾在室外的湿衣服会结冰，这是什么原因？

8-4　在相同的压力及温度下，湿空气与干空气的密度何者为大？

8-5　在同一地区，阴雨天的大气压力为什么比晴朗天气的大气压力低？

8-6　夏天对室内空气进行处理，是否可简单地只将室内空气温度降低即可？

8-7　当湿空气的温度低于或超过其压力所对应的饱和温度时，相对湿度的定义式有何相同和不同之处？

8-8　对于未饱和湿空气，试比较干球温度、湿球温度、露点温度三者的大小。对于饱和湿空气，三者的关系又如何？

8-9　湿空气和湿蒸汽、饱和湿空气和饱和蒸汽，它们有什么区别？

8-10　为什么浴室在夏天不像冬天那样雾气腾腾？

8-11　使湿空气冷却到露点温度以下可以达到去湿的目的，将湿空气压缩（温度不变）能否达到去湿的目的？

8-12　为什么说在冬天寒冷季节，房间外墙内表面温度必须高于室内空气的露点温度？

8-13　我国北方水资源缺乏，电厂冷却用循环水需经过冷却塔冷却后形成闭式供水系统，为什么湿式冷却比干式冷却的效果好？

8-14　为什么火力发电厂只利用燃料的低位发热量（烟气中的 H_2O 以蒸汽形式排出，不是以液态形式排出，没有利用由蒸汽凝结为液体而释放的汽化热，故称为低位发热量）？

8-15　某电厂采用图8-9所示的两级压缩、级间冷却方式获得高压空气来驱动气动设备。已知低压气缸入口的空气是未饱和湿空气，但是低压气缸的排气经过级间冷却器后，却有液态水析出，需要加以去除，否则会影响下一级的压缩，或者影响气动机构的执行情况。试分析，经级间冷却器后为什么会有液态水析出？

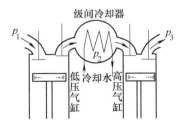

图 8-9　思考题 8-15 图

8-16　请通过网络查找国内外空冷电厂建设情况。

习　题

8-1　今测得湿空气的干球温度 $t = 30℃$，湿球温度 $t_w = 20℃$，当地大气压力 $p_b = 0.1MPa$。求湿空气的相对湿度 φ、含湿量 d、比焓 h。

8-2　已知湿空气开始时的状态是 $p_b = 0.1MPa$，温度 $t = 35℃$，相对湿度 $\varphi = 40\%$，求水蒸气的分压力和湿空气的露点温度；如果保持该湿空气的温度不变，而将压力提高到 $p_2 = 0.2MPa$，此时水蒸气的分压力和湿空气的露点温度又是多少？

8-3　已知湿空气开始时的状态是 $p_b = 0.1MPa$，温度 $t = 40℃$，相对湿度 $\varphi = 70\%$，如果湿空气被等压冷却到5℃，有多少水分被去除？

8-4　一功率为800W的电吹风机，吸入的空气为 0.1MPa、15℃、$\varphi = 70\%$，经过电吹风机后，压力基本不变，温度变为50℃，不考虑空气动能的变化。求电吹风机入口的体积流量（m^3/s）。

8-5 已知湿空气的状态是 $p_b = 0.1$MPa，干球温度 $t = 30$℃，露点温度 $t_d = 15$℃，求其相对湿度、含湿量、水蒸气分压力。如果将该湿空气等压加热至50℃，求相对湿度以及需要加入的热量。

8-6 有一房间的地板面积为325m^2，地板到天花板的高度为2.4m，如房间空气压力为0.1MPa，温度为30℃，$\varphi = 70\%$。问房间内有多少千克水蒸气？

8-7 有两股湿空气进行绝热混合，已知第一股气流的 $V_1 = 15m^3/min$，$t_1 = 20$℃，$\varphi_1 = 30\%$；第二股气流的 $V_2 = 20m^3/min$，$t_2 = 35$℃，$\varphi_2 = 80\%$。如两股气流的压力均为101315Pa，求混合后湿空气的焓、含湿量、温度、相对湿度。

8-8 某空调系统，每小时需要 $t = 21$℃、$\varphi = 60\%$ 的湿空气12000m^3。已知新空气的温度 $t_1 = 5$℃，相对湿度 $\varphi_1 = 80\%$；循环空气的温度 $t_2 = 25$℃，相对湿度 $\varphi_2 = 70\%$。新空气与循环空气混合后送入空调系统。设当时的大气压力为0.1013MPa。试求：

1）需预先将新空气加热到多少摄氏度？

2）新空气与循环空气的质量各为多少？

8-9 某空调系统，每小时需要 $t = 21$℃、$\varphi = 60\%$ 的湿空气若干（其中干空气质量 $m_a = 4500$kg），现将室外温度 $t_1 = 35$℃、相对湿度 $\varphi_1 = 70\%$ 的空气经过处理后达到上述要求。

1）求在处理过程中所除去的水分及放热量。

2）如将35℃的纯干空气4500kg冷却到21℃，应放出多少热量？设当时的大气压力为0.1013MPa。

8-10 冷却塔中水的温度由38℃被冷却至23℃，水流量为100×10³kg/h。从塔底进入的湿空气参数为温度 $t = 15$℃，相对湿度 $\varphi = 50\%$，塔顶排出的是温度为30℃的饱和湿空气。求需要送入冷却塔的湿空气质量流量和蒸发的水量。若欲将热水（38℃）冷却到进口空气的湿球温度，其他参数不变，则送入的湿空气质量流量又为多少？设当时的大气压力为0.1013MPa。

8-11 一容器容积为10m^3，内盛压力为0.1MPa、温度为30℃的饱和湿空气，试求：

1）湿空气的比焓。

2）其中干空气的质量。

3）容器中湿空气的总热力学能。

扫描下方二维码，可获取部分习题参考答案。

第 9 章

气体和蒸汽的流动

　　喷管是一种使流体压力降低而流速增加的管段。在蒸汽轮机及燃气轮机这类回转式热机中，工质先通过喷管，把热能变为工质的动能，具有很大动能的气流冲击叶轮上的叶栅，带动轴旋转输出轴功。喷管是回转式发动机的重要元件，本章的学习将为后面学习有关专业课提供理论基础。与喷管相反，所谓扩压管是将高速气流自一端引入，而在另一端得到压力较高的气体。因为气体在扩压管中所经历的过程是喷管中过程的逆过程，所以本章主要介绍气体在喷管中的流动过程。

9.1　一维稳定流动的基本方程

　　所谓稳定流动是指流动空间任意一点的状态参数都不随时间而变化的流动过程。如图 9-1 所示的喷管，如果工质在其中稳定流动，则它的 1-1 截面以及任意 x-x 截面上所有参数均不随时间而变化。但是不同截面上的参数则是不相同的。因此，气体的参数只在流动方向上有变化，这样的稳定流动称为一维稳定流动。

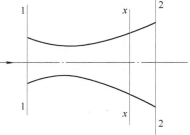

图 9-1　一维稳定流动示意图

1. 连续性方程

　　设工质以速度 c 流过一个截面积为 A 的通道，该截面处工质的比体积为 v，则通过该截面的质量流量（kg/s）为 $q_m = Ac/v$。在稳定流动过程中，流过各个截面的质量流量都相同，并且不随时间而变化。因此，对一维稳定流动，有

$$q_m = \frac{A_1 c_1}{v_1} = \frac{A_2 c_2}{v_2} = \frac{Ac}{v} = 常数 \tag{9-1}$$

式（9-1）的微分形式为

$$\frac{\mathrm{d}A}{A} + \frac{\mathrm{d}c}{c} - \frac{\mathrm{d}v}{v} = 0 \tag{9-2}$$

　　式（9-1）和式（9-2）称为连续性方程，它表达了气体流经喷管时流速变化与比体积及

喷管截面变化之间的制约关系，适合于任何工质的可逆与不可逆稳定流动。

2. 能量方程

由第2章已知喷管中一维稳定流动的能量方程，它与工质种类及过程是否可逆无关。

$$h_1 + \frac{1}{2}c_1^2 = h_2 + \frac{1}{2}c_2^2 = h + \frac{1}{2}c^2 = 常数 \tag{9-3}$$

或写成微分形式

$$\mathrm{d}h + c\mathrm{d}c = 0 \tag{9-4}$$

3. 过程方程

气体在喷管中的流动速度很快，可视为绝热过程，此外，工质受到的摩擦和扰动都很小，为了使问题简化，可以认为过程是可逆的。实际过程当然是不可逆的，后面将进行修正。

当气体为理想气体且比热容为常量时，喷管中工质的可逆绝热方程式为

$$pv^{\kappa} = 常数 \tag{9-5}$$

式（9-5）的微分形式为

$$\frac{\mathrm{d}p}{p} + \kappa\frac{\mathrm{d}v}{v} = 0 \tag{9-6}$$

4. 声速与马赫数

在连续介质中施加一个微弱扰动，介质就会以纵波的形式向周围介质传播这一扰动，其传播速度称为介质的声速。声速与介质种类以及介质所处的物理状态有关，在状态参数为p、ρ、s的流体中，声速a的表达式为

$$a = \sqrt{\left(\frac{\partial p}{\partial \rho}\right)_s} \tag{9-7}$$

对于理想气体

$$a = \sqrt{\kappa pv} = \sqrt{\kappa R_g T} \tag{9-8}$$

由此可见，声速是状态参数，而不是一个固定的数值，它与物质的性质及其所处状态有关，因此，称某一状态的声速为**当地声速**。在讨论流体流动特性时，常将气流的流速c与当地声速a的比值用Ma表示，称为**马赫数**。即

$$Ma = \frac{c}{a} \tag{9-9}$$

按马赫数大小可将气体流动分为：

$Ma<1$，$c<a$，亚声速流动。

$Ma=1$，$c=a$，等声速流动。

$Ma>1$，$c>a$，超声速流动。

例 9-1　声速计算

某地夏天时环境温度高达40℃，冬天时环境温度则降至-20℃，试求这两个温度所对应的当地声速。

解　因为空气可视为理想气体，且认为$\kappa = 1.4$，空气的气体常数$R_g = 287\mathrm{J/(kg \cdot K)}$，根据声速公式有：

夏天，$t = 40℃$ 时

$$a_1 = \sqrt{\kappa R_g T_1} = \sqrt{1.4 \times 287 \times 313.15}\ \mathrm{m/s} = 354.72\mathrm{m/s}$$

冬天，$t = -20℃$ 时

$$a_2 = \sqrt{\kappa R_g T_2} = \sqrt{1.4 \times 287 \times 253.15}\ \mathrm{m/s} = 318.93\mathrm{m/s}$$

9.2 促进流动改变的条件

气体在喷管中流动的目的在于把热能转化为动能，因此，研究促进气流速度改变的条件是很重要的。

1. 力学条件

对于喷管等熵稳定流动过程，$\delta q = 0$，根据热力学第一定律，有

$$dh = vdp$$

对比式（9-4），可得

$$cdc = -vdp \tag{9-10}$$

由式（9-10）可见，当气体在管道内流动时，dc 和 dp 的符号总是相反的。这说明，在等熵流动中，如果气体压力降低（$dp < 0$），则流速必增加（$dc > 0$），这就是喷管。如果气体流速降低（$dc < 0$），则压力必升高（$dp > 0$），这就是扩压管。

力学条件是促使流体流动改变的内因，是决定性因素，但是只有内因还不够，为达到降压增速或减速增压的目的，还必须有适当的外部条件——管道截面积的变化来配合。

2. 几何条件

几何条件就是要研究喷管截面积变化和速度变化之间的关系。推导过程如下：

由式（9-10）可得

$$\frac{dc}{c} = -\frac{vdp}{c^2} = -\frac{\kappa pv}{\kappa c^2}\frac{dp}{p} \tag{a}$$

因为声速 $a = \sqrt{\kappa pv}$，故 $a^2 = \kappa pv$，再利用马赫数的定义 $Ma = c/a$，式（a）变为

$$\frac{dp}{p} = -\kappa Ma^2\frac{dc}{c} \tag{b}$$

将式（b）和式（9-6）对比，可得

$$\frac{dv}{v} = Ma^2\frac{dc}{c} \tag{c}$$

将式（c）代入式（9-2），整理可得

$$\frac{dA}{A} = (Ma^2 - 1)\frac{dc}{c} \tag{9-11}$$

式（9-11）表明，喷管截面积与气流速度之间的变化规律与马赫数 Ma 有关。

1）当 $Ma < 1$ 时，若 $dc > 0$，则 $dA < 0$，说明亚声速气流若要加速，其流通截面沿流动方向应逐渐收缩，这样的喷管称为**渐缩喷管**，如图 9-2a 所示。

2）当 $Ma > 1$ 时，若 $dc > 0$，则 $dA > 0$，说明超声速气流若要加速，其流通截面沿流动方向应逐渐扩大，这样的喷管称为**渐扩喷管**，如图 9-2b 所示。

3）欲使气流在喷管中由亚声速（$Ma < 1$）连续地增加到超声速（$Ma > 1$），其截面变化

应该是先收缩而后扩张，这样的喷管称为**缩放喷管**或**拉伐尔喷管**，如图 9-2c 所示。在缩放喷管最小截面处（也称喉部），$Ma=1$，即流速恰好达到当地声速，此处气流处于从亚声速变为超声速的转折点，通常称为**临界截面**。临界截面处的气体参数称为临界参数，用下标 cr 表示，如临界压力 p_{cr}、临界比体积 v_{cr}、临界温度 T_{cr} 等。

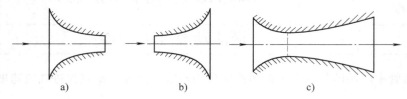

图 9-2　三种喷管形式

a）渐缩喷管　b）渐扩喷管　c）缩放喷管

关于扩压管（$\mathrm{d}p>0$，$\mathrm{d}c<0$）形状的选择，请读者自己分析完成。

9.3　等熵滞止参数

在喷管的分析计算中，入口流速 c_1 的大小将影响出口状态的参数值。在等熵流动过程中，为简化计算，常采用所谓等熵滞止参数作为入口处的参数。

设想将压力为 p、温度为 T、流速为 c 的介质，经过等熵压缩过程，使其流速降为零，这时的参数称为等熵滞止参数，简称**滞止参数**。滞止参数以下标"0"记之，如 p_0、v_0、T_0、h_0 等。

由能量方程式（9-3）得到滞止比焓的表达式

$$h_0 = h_1 + \frac{1}{2}c_1^2 = h_2 + \frac{1}{2}c_2^2 = h + \frac{1}{2}c^2 \tag{9-12}$$

从式（9-12）可以看出，在等熵流动过程中，从任一截面的气流状态进行等熵滞止，其滞止后的滞止比焓均相等。

其实滞止状态并不神秘，图 9-3 说明了真实压力 p 与滞止压力 p_0 的区别。另外，用温度计测量流体温度时，由于温度计前被测量流体速度降为零，因此，测得的实际上是流体的滞止温度。

1. 水蒸气的滞止参数

水蒸气的滞止参数求法比较简单，可以直接利用 h-s 图求得，如图 9-4 所示。需要提醒注意的是在实际运算时，如果速度 c_1 的单位是 m/s，那么 $c_1^2/2$ 的单位是 J/kg，需转化为 kJ/kg，再利用 h-s 图求解。

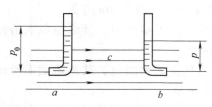

图 9-3　真实压力 p 与滞止压力 p_0 的区别

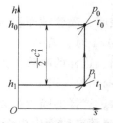

图 9-4　利用 h-s 图求水蒸气的滞止参数

2. 理想气体的滞止参数

对于理想气体，如比定压热容 c_p 为定值，将 $h = c_p T$ 及 $h_0 = c_p T_0$ 代入式（9-12）有

$$c_p T_0 = c_p T + \frac{1}{2} c^2 \qquad (9\text{-}13)$$

利用上式即可方便地求出滞止温度 T_0，再利用等熵方程

$$\frac{p_0}{p} = \left(\frac{T_0}{T} \right)^{\frac{\kappa}{\kappa - 1}}$$

可求出滞止压力 p_0。

另外，式（9-13）两边同时除以 $c_p T$，并考虑到

$$c_p = \frac{\kappa}{\kappa - 1} R_g, \qquad a = \sqrt{\kappa R_g T}$$

得到

$$\frac{T_0}{T} = 1 + \frac{\kappa - 1}{2} Ma^2 \qquad (9\text{-}14)$$

很明显，工质的流速为零时，工质本身的参数就是滞止参数。当 c_1 值较小，可以忽略不计时，完全可以按 $c_1 = 0$ 处理，不必再去计算滞止参数，而将 p_1、T_1、v_1、h_1 近似作为滞止参数。但当 $c_1 \geqslant 50 \mathrm{m/s}$，要做精确计算时，则不应忽略初速的影响。工质流速越高，工质的实际参数与滞止参数值相差越大。航天飞机、宇宙飞船返回大气层时，马赫数 Ma 很大，滞止温度 T_0 与实际温度 T 相比要高出很多，需要有很好的保温措施。我国的"神舟"号飞船采用的是另一种思路，即涂有一层烧蚀层，在"神舟"号飞船返回大气层时，很高的滞止温度会令飞船外的烧蚀层烧掉一部分，而飞船得以安全返航。

例 9-2　滞止温度

空气流动时马赫数分别为 $Ma = 0.1$、$Ma = 0.5$、$Ma = 3$。若空气的温度 $T = 290\mathrm{K}$，等熵指数 $\kappa = 1.4$。求上述三种流态下的滞止温度 T_0。

解　1）当 $Ma = 0.1$ 时，则

$$\frac{T_0}{T} = 1 + \frac{\kappa - 1}{2} Ma^2 = 1.002$$

$$T_0 = 1.002T = 290.58\mathrm{K}$$

2）当 $Ma = 0.5$ 时，则

$$\frac{T_0}{T} = 1 + \frac{\kappa - 1}{2} Ma^2 = 1.05$$

$$T_0 = 1.05T = 304.5\mathrm{K}$$

3）当 $Ma = 3$ 时，则

$$\frac{T_0}{T} = 1 + \frac{\kappa - 1}{2} Ma^2 = 2.8$$

$$T_0 = 2.8T = 812\mathrm{K}$$

可见，当马赫数较小时，滞止温度和气体的温度差别较小；但当马赫数较大时，这一差别就很大了。

9.4 喷管的计算

1. 气体的出口流速

对于回转式热动力机械，喷管出口处气体的流速 c_2 是喷管计算的核心问题。根据能量方程

$$h_0 = h + \frac{1}{2}c^2 = h_1 + \frac{1}{2}c_1^2 = h_2 + \frac{1}{2}c_2^2$$

可得喷管出口处气体流速的计算公式，即

$$c_2 = \sqrt{2(h_0 - h_2)} \tag{9-15}$$

式中，h_0、h_2 分别是滞止比焓和喷管出口截面处的比焓。

式（9-15）是由能量守恒原理导出的，对工质种类及过程是否可逆并无限制，可适用于任何流体的可逆或不可逆绝热流动过程。

对于理想气体的可逆绝热过程，有

$$c_2 = \sqrt{2(h_0 - h_2)} = \sqrt{2c_p(T_0 - T_2)}$$

$$= \sqrt{2\frac{\kappa}{\kappa - 1}R_g(T_0 - T_2)}$$

$$= \sqrt{2\frac{\kappa}{\kappa - 1}R_g T_0 \left[1 - \left(\frac{p_2}{p_0}\right)^{\frac{\kappa-1}{\kappa}}\right]}$$

$$= \sqrt{2\frac{\kappa}{\kappa - 1}p_0 v_0 \left[1 - \left(\frac{p_2}{p_0}\right)^{\frac{\kappa-1}{\kappa}}\right]} \tag{9-16}$$

由式（9-16）可知，当滞止参数一定时，出口流速 c_2 仅随喷管出口截面压力 p_2 与滞止压力 p_0 之比 p_2/p_0 而改变，而且随着 p_2/p_0 降低而升高。

2. 临界压力比

前面的分析已指出，$Ma = 1$ 的截面积称为临界截面，该截面处的压力为临界压力 p_{cr}，流速为临界流速 c_{cr}（即当地声速）。压力比 p_{cr}/p_0 称为临界压力比，以 β_{cr} 表示。

$$c_{cr} = a = \sqrt{2\frac{\kappa}{\kappa - 1}p_0 v_0 \left[1 - \left(\frac{p_{cr}}{p_0}\right)^{\frac{\kappa-1}{\kappa}}\right]} = \sqrt{\kappa p_{cr} v_{cr}}$$

求得

$$\beta_{cr} = \frac{p_{cr}}{p_0} = \left(\frac{2}{\kappa + 1}\right)^{\frac{\kappa}{\kappa-1}} \tag{9-17}$$

临界压力比在分析喷管流动过程中是一个很重要的数值，根据它可以很容易地算出气体的压力降到多少时，流速恰好等于当地声速。一些气体临界压力比的数值如下。

双原子理想气体：$\kappa = 1.4$，$\beta_{cr} = 0.528$；

三原子理想气体：$\kappa = 1.3$，$\beta_{cr} = 0.546$；

过热水蒸气：$\kappa = 1.3$，$\beta_{cr} = 0.546$；

干饱和水蒸气：$\kappa = 1.135$，$\beta_{cr} = 0.577$。

对于水蒸气而言，κ 值不是指 c_p / c_v，而是纯粹的经验数据而已。

在喷管设计计算时，通常已知工质的初态参数（p_1、t_1 和 c_1）和背压（喷管出口外的介质压力）p_B。此时，临界压力比提供了选择喷管外形的依据。欲使气流在喷管内实现完全膨胀，即喷管出口截面压力 p_2 等于背压 p_B，管形应选择如下：

$\dfrac{p_B}{p_0} \geqslant \beta_{cr}$ 时，选用渐缩喷管；

$\dfrac{p_B}{p_0} < \beta_{cr}$ 时，选用缩放喷管。

若喷管的形状已确定，将 p_B/p_0 与临界压力比 β_{cr} 比较，可以判断喷管内气流是否能进行正常的完全膨胀。

3. 气体的流量计算

在稳定流动中，流经任一截面的流量相同，故可取任一截面利用 $q_m = Ac/v$ 来计算流量。通常取最小截面或出口截面计算气体的质量流量。

今设渐缩喷管出口截面积为 A_2，流速为 c_2，比体积为 v_2，则

$$c_2 = \sqrt{2 \frac{\kappa}{\kappa - 1} p_0 v_0 \left[1 - \left(\frac{p_2}{p_0} \right)^{\frac{\kappa - 1}{\kappa}} \right]}$$

由 $p_0 v_0^{\kappa} = p_2 v_2^{\kappa}$，得到

$$\frac{1}{v_2} = \frac{1}{v_0} \left(\frac{p_2}{p_0} \right)^{\frac{1}{\kappa}}$$

代入质量流量公式，得

$$q_m = A_2 \sqrt{2 \frac{\kappa}{\kappa - 1} \frac{p_0}{v_0} \left[\left(\frac{p_2}{p_0} \right)^{\frac{2}{\kappa}} - \left(\frac{p_2}{p_0} \right)^{\frac{\kappa + 1}{\kappa}} \right]} \tag{9-18}$$

分析式（9-18），当渐缩喷管出口截面积 A_2 和滞止参数 p_0、v_0 确定时，质量流量仅随 p_2/p_0 而改变，其变化关系如图9-5所示。当 $p_2/p_0 = 1$ 时，喷管内没有压降，缺少力学条件，质量流量为零。p_2/p_0 逐渐减小，质量流量逐渐增加，直到 $p_2/p_0 = \beta_{cr}$ 时，q_m 达到最大值。之后再降低背压 p_B，出口截面的压力仍维持临界压力 $p_2 = p_{cr}$ 不变。这是因为渐缩喷管不可能使气流增速至超声速，极限是达到声速，因此，压力 p_2 降至临界压力 p_{cr} 后，将保持不变，质量流量保持最大值 $q_{m\max}$。

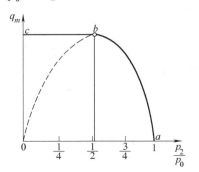

图 9-5 渐缩喷管质量流量与压比的变化关系

由于缩放喷管（拉伐尔喷管）一般工作在背压

$p_B < p_{cr}$ 的情况下，其喉部截面上的压力总保持为临界压力 p_{cr}，其质量流量总保持最大值

q_{mmax}，不随背压 p_B 的降低而增大。

4. 喷管尺寸的计算

对于渐缩喷管，只需求出喷管出口截面积 A_2 即可。喷管出口截面积 A_2 可根据气体的质量流量及喷管出口气体的参数计算求得。

对于缩放喷管，需要计算喷管喉部截面积 A_{min}、出口截面积 A_2 及喷管渐扩段长度 l。缩放喷管喉部处于临界状态，因此喷管喉部截面积为

$$A_{min} = \frac{q_m v_{cr}}{c_{cr}}$$

缩放喷管的渐缩段长度没有限制，一般比较短。缩放喷管的渐扩段不能太短，否则喷管内的气体膨胀太快，而形成气流与喷管壁面脱离，使气流产生有效能损失；缩放喷管的渐扩段也不能太长，否则会使气流与喷管壁面之间的摩擦增大，同样使得气流的有效能损失增加。通常将缩放喷管渐扩段的锥角 φ 限制为 $10° \sim 12°$（图9-6），这时实际效果颇佳。故得缩放喷管渐扩段的长度为

$$l = \frac{d_2 - d_{min}}{2\tan\dfrac{\varphi}{2}} \tag{9-19}$$

式中各量如图9-6所示。

例9-3　理想气体流经渐缩喷管

压力 $p_1 = 0.5\text{MPa}$、温度 $t_1 = 300℃$ 的空气经渐缩喷管流入背压为 p_B 的空间，出口截面积 $A_2 = 10\text{cm}^2$，假设入口流速 c_1 可以不考虑。求下列情况下流经喷管的质量流量：

1）$p_B = 0.1\text{MPa}$。

2）$p_B = 0.3\text{MPa}$。

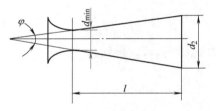

图9-6　缩放喷管的尺寸

解　将空气看成双原子理想气体，$\kappa = 1.4$，$\beta_{cr} = 0.528$。

1）当 $p_B = 0.1\text{MPa}$ 时，有

$$\frac{p_B}{p_1} = \frac{0.1}{0.5} = 0.2 < 0.528$$

虽然背压低，但由于渐缩喷管最多只能使气流加速至声速，在喷管内部压力也只能降至临界压力。

故　　$p_2 = p_{cr} = 0.528 p_1 = 0.264\text{MPa}$

$$T_2 = T_1\left(\frac{p_2}{p_1}\right)^{\frac{\kappa-1}{\kappa}} = 573 \times 0.528^{\frac{0.4}{1.4}}\text{K} = 477.43\text{K}$$

$$v_2 = \frac{R_g T_2}{p_2} = \frac{287 \times 477.43}{0.264 \times 10^6}\text{m}^3/\text{kg} = 0.519\text{m}^3/\text{kg}$$

$$c_2 = \sqrt{2c_p(T_1 - T_2)} = \sqrt{2 \times 1004 \times (573 - 477.43)}\text{m/s} = 438\text{m/s}$$

或者

$$c_2 = a_2 = \sqrt{\kappa R_g T_2} = \sqrt{1.4 \times 287 \times 477.43}\, \text{m/s} = 438\ \text{m/s}$$

故质量流量为

$$q_m = \frac{A_2 c_2}{v_2} = \frac{10 \times 10^{-4} \times 438}{0.519}\, \text{kg/s} = 0.844\text{kg/s}$$

2）当 $p_B = 0.3\text{MPa}$ 时，有

$$\frac{p_B}{p_1} = \frac{0.3}{0.5} = 0.6 > 0.528$$

可见，力学条件（内因）不好，气流不能被加速至声速，则有

$$p_2 = p_B = 0.3\ \text{MPa}$$

$$T_2 = T_1 \left(\frac{p_2}{p_1}\right)^{\frac{\kappa-1}{\kappa}} = 573 \times 0.6^{\frac{0.4}{1.4}}\, \text{K} = 495.19\text{K}$$

$$v_2 = \frac{R_g T_2}{p_2} = \frac{287 \times 495.19}{0.3 \times 10^6}\, \text{m}^3/\text{kg} = 0.474\text{m}^3/\text{kg}$$

$$c_2 = \sqrt{2c_p(T_1 - T_2)} = \sqrt{2 \times 1004 \times (573 - 495.19)}\, \text{m/s} = 395.3\text{m/s}$$

故质量流量为

$$q_m = \frac{A_2 c_2}{v_2} = \frac{10 \times 10^{-4} \times 395.3}{0.474}\, \text{kg/s} = 0.834\text{kg/s}$$

例 9-4 理想气体流经缩放喷管

空气等熵流经缩放喷管，进口截面上压力和温度分别为 0.58MPa、200℃，出口截面上压力 $p_2 = 0.12\text{MPa}$。已知喷管进口截面积为 $2.4 \times 10^{-3}\text{m}^2$，空气质量流量为 2kg/s。求入口空气流速、滞止温度、滞止压力、喉部截面积、出口气流流速和马赫数。

解 将空气看成双原子理想气体，$\kappa = 1.4$，$\beta_{cr} = 0.528$。

入口截面处空气的比体积为

$$v_1 = \frac{R_g T_1}{p_1} = \frac{287 \times 473.15}{0.58 \times 10^6}\, \text{m}^3/\text{kg} = 0.234\text{m}^3/\text{kg}$$

入口截面处空气的流速为

$$c_1 = \frac{q_m v_1}{A_1} = \frac{2 \times 0.234}{2.4 \times 10^{-3}}\, \text{m/s} = 195\text{m/s}$$

根据 $c_p T_0 = c_p T_1 + \dfrac{1}{2}c_1^2$，可求得滞止温度为

$$T_0 = T_1 + \frac{1}{2c_p}c_1^2 = \left(473.15 + \frac{195^2}{2 \times 1004}\right)\text{K} = 492.09\text{K}$$

根据

$$\frac{p_0}{p_1} = \left(\frac{T_0}{T_1}\right)^{\frac{\kappa}{\kappa-1}}$$

可求得滞止压力为

$$p_0 = p_1 \left(\frac{T_0}{T_1}\right)^{\frac{\kappa}{\kappa-1}} = 0.58 \times \left(\frac{492.09}{473.15}\right)^{\frac{1.4}{1.4-1}} \text{MPa} = 0.6654 \text{MPa}$$

喉部的临界参数为

$$p_{cr} = \beta_{cr} p_0 = 0.528 \times 0.6654 \text{MPa} = 0.3513 \text{MPa}$$

$$T_{cr} = T_0 \left(\frac{p_{cr}}{p_0}\right)^{\frac{\kappa-1}{\kappa}} = 492.09 \times 0.528^{\frac{1.4-1}{1.4}} \text{K} = 410.01 \text{K}$$

$$v_{cr} = \frac{R_g T_{cr}}{p_{cr}} = \frac{287 \times 410.01}{0.3513 \times 10^6} \text{m}^3/\text{kg} = 0.3350 \text{m}^3/\text{kg}$$

$$c_{cr} = a = \sqrt{\kappa R_g T_{cr}} = \sqrt{1.4 \times 287 \times 410.01} \text{m/s} = 405.88 \text{m/s}$$

因此，喉部截面积为

$$A_{\min} = \frac{q_m v_{cr}}{c_{cr}} = \frac{2 \times 0.3350}{405.88} \text{m}^2 = 1.65 \times 10^{-3} \text{m}^2$$

出口气流温度为

$$T_2 = T_0 \left(\frac{p_2}{p_0}\right)^{\frac{\kappa-1}{\kappa}} = 492.09 \times \left(\frac{0.12}{0.6654}\right)^{\frac{1.4-1}{1.4}} \text{K} = 301.65 \text{K}$$

出口处的气流流速为

$$c_2 = \sqrt{2c_p(T_0 - T_2)} = \sqrt{2 \times 1004 \times (492.09 - 301.65)} \text{m/s}$$
$$= 618.39 \text{m/s}$$

或

$$c_2 = \sqrt{2c_p(T_1 - T_2) + c_1^2} = \sqrt{2 \times 1004 \times (473.15 - 301.65) + 195^2} \text{m/s}$$
$$= 618.39 \text{m/s}$$

出口处的当地声速为

$$a_2 = \sqrt{\kappa R_g T_2} = \sqrt{1.4 \times 287 \times 301.65} \text{m/s} = 348.14 \text{m/s}$$

因此，出口处气流的马赫数为

$$Ma_2 = \frac{c_2}{a_2} = \frac{618.39}{348.14} = 1.78 \qquad \text{达到超声速}$$

9.5 有摩擦阻力的绝热流动

前面的论述都假定气体在喷管中的流动是没有摩擦阻力的可逆绝热流动。但实际流动中，工质内部会有扰动，工质与壁面之间又存在着摩擦，摩擦使一部分动能重新转化为热能而被工质吸收，这就造成了不可逆的熵增。不可逆的程度与喷管的类型、尺寸、制造精度及工质的种类有关。图9-7及图9-8中用虚线1-2'分别表示理想气体和水蒸气在喷管中的实际有摩擦阻力的流动情况。

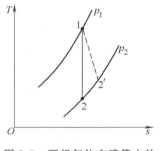

图 9-7 理想气体在喷管中的
不可逆绝热流动

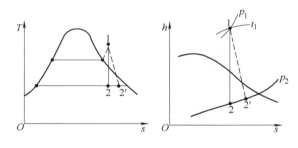

图 9-8 水蒸气在喷管中的
不可逆绝热流动

工质在喷管中的流动速度很快，因此工质向外界的散热仍然可以忽略。故有以下能量方程，即

$$h_1+\frac{1}{2}c_1^2=h_2+\frac{1}{2}c_2^2=h_2'+\frac{1}{2}c_2'^2 \tag{9-20}$$

式中，h_2、c_2 分别为理想等熵流动时喷管出口处的比焓和流速；h_2'、c_2' 分别为实际有摩擦阻力时喷管出口处的比焓和流速。

由于存在摩擦阻力，必有 $c_2'<c_2$。工程上常用经验系数来考虑由于摩擦阻力等不可逆因素引起的能量损失。定义工质实际出口速度 c_2' 与理想出口速度 c_2 之比称为喷管的速度系数，用 φ 表示。

$$\varphi=\frac{c_2'}{c_2} \tag{9-21}$$

大型机组喷管的速度系数一般在 0.92~0.98 之间。

此外，还可以用能量损失系数 ξ 来表示由于摩擦阻力引起的动能减少。能量损失系数的定义为

$$\xi=\frac{损失的动能}{理想动能}=\frac{c_2^2-c_2'^2}{c_2^2}=1-\varphi^2 \tag{9-22}$$

工程上常先按理想情况求出出口流速 c_2，然后再根据估定的 φ 值求得 c_2'，即

$$c_2'=\varphi c_2=\varphi\sqrt{2\ (h_1-h_2)\ +c_1^2}=\varphi\sqrt{2\ (h_0-h_2)} \tag{9-23}$$

例 9-5 蒸汽流经渐缩喷管

$p_1=1\text{MPa}$、$t_1=200℃$ 的蒸汽以 $c_1=198\text{m/s}$ 的速度经渐缩喷管流向背压 $p_B=0.1\text{MPa}$ 的空间，已知喷管的速度系数 $\varphi=0.92$，求喷管出口处蒸汽的实际流速。

解 由 $p_1=1\text{MPa}$、$t_1=200℃$ 查 h-s 图，得 $h_1=2828\text{kJ/kg}$。

入口处蒸汽的动能为

$$\frac{1}{2}c_1^2=\frac{1}{2}\times198^2\text{J/kg}=19602\text{J/kg}\approx19.6\text{kJ/kg}$$

蒸汽的滞止比焓为

$$h_0 = h_1 + \frac{1}{2}c_1^2 = （2828+19.6） \text{ kJ/kg} = 2847.6\text{kJ/kg}$$

如图 9-9 所示，在 h-s 图上从点 1 出发，向上作长度为 19.6kJ/kg 的线段，读得蒸汽的滞止压力 $p_0 = 1.1\text{MPa}$，因为 $p_B/p_0 < 0.546$，则出口处蒸汽的压力为

$$p_2 = \beta_{cr}p_0 = 0.546×1.1\text{MPa} = 0.6\text{MPa}$$

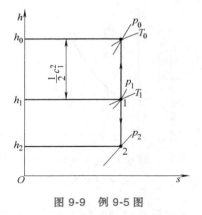

图 9-9　例 9-5 图

从点 1 出发，向下作直线，交 $p_2 = 0.6\text{MPa}$ 的等压线于点 2，读得 $h_2 = 2730\text{kJ/kg}$。

因此，喷管出口处蒸汽的实际流速为

$$c_2' = \varphi c_2 = \varphi\sqrt{2(h_1-h_2)+c_1^2} = 0.92×\sqrt{2×(2828-2730)×10^3+198^2} \text{ m/s}$$
$$= 446.18\text{m/s}$$

或者
$$c_2' = \varphi c_2 = \varphi\sqrt{2(h_0-h_2)} = 0.92×\sqrt{2×(2847.6-2730)×10^3} \text{ m/s}$$
$$= 446.18\text{m/s}$$

9.6　绝热节流

流体在管道中流动时，有时经过阀门、孔板，在制冷机中制冷剂流过毛细管等，这种由于局部的阻力，使流体的压力降低的现象称为**节流**。如果在节流过程中流体与外界没有热交换，则称为**绝热节流**。

在第 2 章中已经知道，绝热节流的特点总是压力降低，焓值不变，又由于绝热节流是一个典型的不可逆过程，因此节流之后，工质的熵会增加。

理想气体的情况比较简单，因为其比焓是温度的单值函数，$h = f(T)$，故节流后，理想气体的温度不变。

对于实际气体，则问题要复杂得多。节流后，实际气体的温度可以升高、可以降低、也可以不变，视气体种类及节流时气体所处的状态而定。

绝热节流温度效应常用绝热节流系数 μ_J（又称为焦耳-汤姆逊系数，或简称焦-汤系数）来表示，其定义是

$$\mu_J = \left(\frac{\partial T}{\partial p}\right)_h \tag{9-24}$$

从式（9-24）可知，绝热节流系数是一个物性系数。因为在绝热节流过程中，压力肯定降低，即 dp 永远为负数，所以当节流后流体温度升高（$dT>0$）时，则 $\mu_J<0$，表示**热效应**；当节流后流体温度降低（$dT<0$）时，则 $\mu_J>0$，表示**冷效应**；当节流后流体温度不变（$dT=0$）时，则 $\mu_J=0$，表示**零效应**。

绝热节流系数的值可以通过图 9-10 所示的焦耳-汤姆逊试验来测定。气流在水平管中从高压端经多孔塞进行稳定绝热流动，多孔塞的作用是使气流承受阻塞，降低压力。试验段外壁加装保温材料是使试验符合绝热的要求。

试验进行的步骤如下：任意选定一实际气体，并使它在高压端的状态保持 p_1、T_1 不变，调节调压阀的开度，改变低压端的压力 p_2，使其依次降到 p_{2_a}、p_{2_b}、p_{2_c}、p_{2_d}、p_{2_e}，并记下相应的温度读数 T_{2_a}、T_{2_b}、T_{2_c}、T_{2_d}、T_{2_e}。这样就在 T-p 图上得到由 1、2_a、2_b、2_c、2_d、2_e 所组成的一条等焓曲线。改变高压端入口气流的温度和压力，重新按上

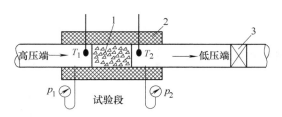

图 9-10　焦耳-汤姆逊绝热节流试验装置

1—多孔塞　2—保温材料　3—调压阀

述步骤进行试验，可以得到若干不同焓值的等焓曲线。试验结果如图 9-11 所示。从中可以看出，对于某些等焓曲线有一温度的极值点，将这些极值点连接起来，得到图中的那条虚线，这条曲线称为**回转曲线**。回转曲线把坐标图分成两个区间：当节流发生在曲线右侧时，节流之后流体的温度升高，为热效应区；当节流发生在曲线左侧时，节流之后流体的温度降低，为冷效应区。回转曲线上有一极点 M，这点的压力 p_M 称为最大转变压力。

回转曲线与纵坐标有两个交点 a 及 b，点 a 的温度 T_a 称为最大回转温度，点 b 的温度 T_b 称为最小回转温度，流体温度大于 T_a 或小于 T_b 时，节流将不能产生冷效应。许多常见的气体，在常压下有高的回转温度，在室温下利用绝热节流就可以降温，而 H_2 的最大回转温度为 200K，若想通过绝热节流产生制冷效应，则必须将 H_2 预先冷却到 200K 以下。

从某种意义上来说，上面对绝热节流的分析是针对微分节流效应来说的，即针对 $\mu_J = \left(\dfrac{\partial T}{\partial p}\right)_h$ 而言的，说明压力变化为无限小时温度的变化。但在实际节流过程中压力降低 Δp，则此时温度的变化必然是 $\Delta T = T_2 - T_1$，而 $\Delta T = \displaystyle\int_{p_1}^{p_2} \mu_J \mathrm{d}p$，这种情况称为积分节流效应。在图 9-11 中，点 1 虽然在热效应区，但如果从点 1 绝热节流到点 2_e，即压力由 p_1 降低到 p_{2_e}，而温度将由 T_1 降到 T_{2_e}，此时就产生所谓积分节流冷效应了。

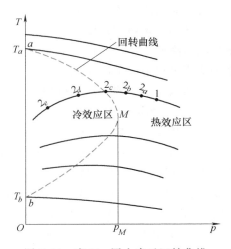

图 9-11　在 T-p 图上表示回转曲线

对于空气，当压降不大时，其积分节流效应可按下式计算

$$\Delta T_h = 0.29\Delta p\left(\frac{273}{T_1}\right)^2 \tag{9-25}$$

式中，Δp 为节流前后的压降（atm，$1\mathrm{atm} = 101.325\mathrm{kPa}$）；$T_1$ 为节流前空气的温度（K）。

在第 6 章中已经求得比焓的热力学微分方程式为

$$\mathrm{d}h = c_p\mathrm{d}T + \left[v - T\left(\frac{\partial v}{\partial T}\right)_p\right]\mathrm{d}p$$

在绝热节流过程中，$\mathrm{d}h = 0$，则

$$c_p \mathrm{d}T_h = \left[T\left(\frac{\partial v}{\partial T}\right)_p - v \right] \mathrm{d}p_h$$

将上式整理后得

$$\mu_J = \left(\frac{\partial T}{\partial p}\right)_h = \frac{T\left(\dfrac{\partial v}{\partial T}\right)_p - v}{c_p} \tag{9-26}$$

绝热节流的理论在热力学中极为重要。式（9-26）就是应用热力学理论而导出的绝热节流系数 μ_J 与 v、T 和比热容之间的一般关系式，这个一般关系式适用于任何工质。因此，可由工质的状态方程式和比热容数据而求得绝热节流系数。反过来，如果能从实验中测得绝热节流系数 μ_J 及比热容的数据，则可导出实际气体的状态方程。

例 9-6　证明理想气体的绝热节流系数 $\mu_J = 0$。

证明　理想气体的状态方程为 $pv = R_g T$，有

$$\left(\frac{\partial v}{\partial T}\right)_p = \frac{R_g}{p}$$

$$T\left(\frac{\partial v}{\partial T}\right)_p - v = \frac{T R_g}{p} - v = v - v = 0$$

根据式（9-26），很容易有 $\mu_J = 0$。即证。

最后应指出，绝热节流过程是一个典型的不可逆过程，绝热节流前后，工质的焓不变，从热力学第一定律的角度看，没有能量损失。但是，气体经绝热节流后熵增加，因此气体的做功能力降低了，这一点从下面的例 9-7 中可以看出，这是绝热节流不利的一面。但是因为绝热节流过程很简单以及某些工质节流的冷效应，绝热节流在工程上还是得到了广泛的应用，如测量流量、调节汽轮机功率、调节流量、制冷等。

例 9-7　水蒸气的绝热节流

$p_1 = 2\text{MPa}$、$t_1 = 250℃$ 的蒸汽经绝热节流后，压力降为 $p_1' = 0.8\text{MPa}$，然后等熵膨胀至 $p_2 = 10\text{kPa}$，求绝热节流后蒸汽的温度为多少？熵改变了多少？平均绝热节流系数是多少？与不经过绝热节流而直接由 p_1、t_1 等熵膨胀到 p_2 相比，每千克蒸汽做的技术功减少了多少？

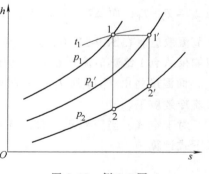

图 9-12　例 9-7 图

解　如图 9-12 所示，在 h-s 图上由 $p_1 = 2\text{MPa}$、$t_1 = 250℃$ 找到点 1，从点 1 向右作一水平线（焓不变、熵增加）交 $p_1' = 0.8\text{MPa}$ 线于点 1'，从点 1 和点 1'分别向下作垂线，交 $p_2 = 10\text{kPa}$ 线于点 2 和点 2'。

读得数据为

$$h_1 = h_1' = 2902\text{kJ/kg}, \quad h_2 = 2084\text{kJ/kg}, \quad h_2' = 2210\text{kJ/kg}$$
$$s_1 = 6.53 \text{ kJ/(kg·K)}, \quad s_1' = 6.93\text{kJ/(kg·K)}$$
$$t_1' = 230℃$$

对于 1kg 蒸汽，节流后蒸汽熵增为

$$\Delta s = s_1' - s_1 = (6.93 - 6.53)\text{kJ/(kg·K)} = 0.4\text{kJ/(kg·K)}$$

平均绝热节流系数为

$$\mu_J = \left(\frac{\Delta T}{\Delta p}\right)_h = \frac{230-250}{0.8-2}℃/MPa = 16.67℃/MPa$$

$\mu_J > 0$，属于冷效应，节流后蒸汽的温度降低。

由 p_1、t_1 直接等熵膨胀到 p_2 做的技术功为

$$w_t = h_1 - h_2$$

节流到点 $1'$ 后再等熵膨胀到 p_2 做的技术功为

$$w'_t = h'_1 - h'_2$$

每 1kg 蒸汽做的技术功减少的量为

$$\Delta w_t = w_t - w'_t = h'_2 - h_2 = (2210-2084)\ kJ/kg = 126kJ/kg$$

可见，采用节流的方法可以调节机组功率，但这种方法会引起蒸汽的做功能力降低，是一种不经济的方法，现代超高压火电机组在大部分负荷段采用滑压运行方式调节机组功率。

思 考 题

9-1 什么是滞止参数？在给定的等熵流动中，各截面上的滞止参数是否相同？

9-2 图 9-13 所示的管段，在什么情况下适合做喷管？在什么情况下适合做扩压管？

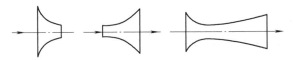

图 9-13 思考题 9-2 图

9-3 促使流动改变的条件有力学条件和几何条件之分。两个条件之间的关系怎样？哪个是决定性因素？不满足几何条件会发生什么问题？

9-4 声速取决于哪些因素？

9-5 为什么渐缩喷管中气体的流速不可能超过当地声速？

9-6 当有摩擦损耗时，喷管的出口处流速同样可用 $c_2 = \sqrt{2(h_0-h_2)}$ 计算，似乎与无摩擦损耗时相同，那么摩擦损耗表现在哪里呢？

9-7 如何理解临界压力比？临界压力比在分析气体在喷管中流动情况方面起什么作用？

9-8 通过互联网查找火力发电厂汽轮机"定压运行"和"滑压运行"的有关情况。

9-9 通过互联网查找有关我国"神舟号"宇宙飞船烧蚀层的情况。

习 题

9-1 某火力发电厂主蒸汽管道中蒸汽的温度为 540℃，压力为 16MPa，质量流量为 1000t/h，主蒸汽管道的内径为 800mm，求蒸汽在管道中的流速。

9-2 滞止压力 p_0 和静压力 p 可以用如图 9-3 所示的这种叫皮托管的仪器来测量，利用测得的两种压力的数据可以求出流体的速度。试证明，对于不可压缩流体的速度可以用静压力 p、滞止压力 p_0，以下列形式表示，即

$$c = \sqrt{2v(p_0-p)}$$

式中，v 为流体的比体积。

9-3 实际温度为 100℃的空气，以 200m/s 的速度沿着管路流动，用水银温度计来测量空气的温度，假

定气流在温度计周围完全滞止，求温度计的读数。

9-4 一陨石以 1200m/s 的速度进入大气层时，大气压力为 70Pa，温度为 150K，求陨石下落的马赫数及空气在陨石上绝热滞止时的温度和压力。

9-5 初速不计、压力 $p_1 = 2.5$MPa、温度 $t_1 = 180$℃ 的空气，经一出口截面积 $A_2 = 10\text{cm}^2$ 的渐缩喷管流入背压 $p_B = 1.5$MPa 的空间，求空气流经喷管后的速度、质量流量以及出口处空气的状态参数 v_2、t_2。

9-6 如果进入喷管的水蒸气状态为 $p_1 = 2$MPa、$t_1 = 400$℃，喷管出口处的压力 $p_2 = 0.5$MPa，速度系数 $\varphi = 0.95$，入口速度不计。试求喷管出口处水蒸气的速度和比体积。

9-7 压力 $p_1 = 0.1$MPa、温度 $t_1 = 27$℃ 的空气流经一扩压管时，压力提高到 $p_2 = 0.18$MPa，问空气进入扩压管时至少应有多大流速？

9-8 空气在管内做等熵流动，进入渐缩喷管的空气参数为 $p_1 = 0.5$MPa，$t_1 = 327$℃，$c_1 = 150$m/s。若喷管的背压 $p_B = 270$kPa，出口截面积 $A_2 = 3.0\text{cm}^2$。求：

1）喷管出口截面上气流的温度 t_2、流速 c_2 及流经喷管的质量流量。

2）马赫数 $Ma = 0.7$ 处的截面积 A。

3）简要讨论喷管背压 p_B 升高（但仍小于临界压力 p_{cr}）时喷管内流动状况。设空气可作为理想气体处理，比热容取定值。

9-9 空气流经一渐缩喷管，在喷管内某点处压力为 3.43×10^5Pa，温度为 540℃，速度为 180m/s，截面积为 0.003m^2，试求：

1）该点处的滞止压力。

2）该点处的声速及马赫数。

3）喷管出口处的马赫数等于 1 时，求该出口处的截面积。

9-10 喷管进口处的空气状态参数 $p_1 = 0.15$MPa，$t_1 = 27$℃，流速 $c_1 = 150$m/s，喷管出口背压 $p_B = 0.1$MPa，喷管内的质量流量为 0.2kg/s。设空气在喷管内进行可逆绝热膨胀，试求：

1）喷管应设计为什么形状（渐缩型、渐扩型、缩放型）？

2）喷管出口截面处的流速、截面积。

9-11 设计一缩放喷管，使其在出口产生马赫数 $Ma = 4.0$ 及 $p_2 = 0.1$MPa 的空气流，其滞止温度为 550℃，出口截面积 $A_2 = 6\text{cm}^2$，试计算喉部截面积及质量流量。

9-12 考虑到飞机蒙皮材料在高速时能耐受的温度而对高速飞机加一些设计限制，对于一个给定的速度，飞机蒙皮的最高耐受温度就是滞止温度。若当在 $t = -45$℃、$p = 0.1$MPa 的高度上飞行时，允许的最高蒙皮温度为 370℃，问最大飞行速度为多少？

9-13 设计一个小型超声速风洞，其试验段的空气流参数为 $Ma = 2.0$，$t = -45$℃，$p = 14$kPa，流动面积为 0.1m^2，此空气流是用一个高压箱的排气通过一拉伐尔喷管而建立起来的，试问在箱中要求什么样的滞止参数？所需的空气质量流量为多少？并计算喷管喉部面积。

9-14 空气流经渐缩喷管出口截面时，其马赫数 $Ma = 1$，压力 $p_2 = 0.12$MPa，温度 $t_2 = 27$℃，若喷管出口截面积 $A_2 = 0.4\text{cm}^2$，求流经喷管的空气的质量流量。

9-15 有一压气机试验站，为测定流经空气压气机的流量，在储气筒上装一只出口截面积为 4cm^2 的渐缩喷管，空气排向压力为 0.1MPa 的大气。已知储气筒中空气的压力为 0.7MPa，温度为 60℃，喷管的速度系数 $\varphi = 0.96$，空气的比定压热容 $c_p = 1.004\text{kJ}/(\text{kg} \cdot \text{K})$，试求流经喷管的空气流量。

9-16 空气由输气管送来，管端接一出口截面积 $A_2 = 8\text{cm}^2$ 的渐缩喷管，进入喷管前空气压力 $p_1 = 2.5$MPa，温度 $T_1 = 353$K，速度 $c_1 = 35$m/s。已知喷管出口处背压 $p_B = 1.5$MPa，若空气可作为理想气体，比热容取定值，且 $c_p = 1.004\text{kJ}/(\text{kg} \cdot \text{K})$。

1）计算滞止参数，并分析初速的影响。

2）确定出口截面上是否达到临界，确定压力 p_2、比体积 v_2、温度 T_2。

3) 确定空气流经喷管射出的速度、流量。

9-17 空气可逆绝热地流经渐缩喷管,测得某截面上的压力为 0.3MPa,温度为 350K,速度为 180m/s,截面积为 $9×10^{-3}m^2$。试求:

1) 截面上的马赫数、流量。

2) 滞止压力、滞止温度。

3) 如果出口达到声速,求出口截面的速度、温度、压力。

9-18 压力为 0.1MPa、温度为 30℃、流速不计的空气,经压气机绝热压缩,再经一个换热器等压放热,每千克空气的放热量为 10kJ,然后流经一个出口截面积为 $5cm^2$ 的喷管,喷管出口处压力为 0.1MPa,温度为 30℃,流速为 310m/s。求空气的质量流量及压气机消耗的功率(kW)。

9-19 空气以 $260kg/(m^2 \cdot s)$ 的质量流率(单位面积上的质量流量)在一等截面管道内做稳定绝热流动。已知在某一截面上的压力为 0.5MPa,温度为 30℃,下游另一截面上的压力为 0.2MPa。若比热容为定值,且 $c_p = 1.004kJ/(kg \cdot K)$,试求下游截面上空气的流速是多大?

9-20 蒸发量 $D = 500t/h$ 的锅炉,对外供给压力 $p = 10MPa$、干度 $x = 0.95$ 的湿饱和蒸汽。为了防备一旦外界停止用汽时锅炉压力过高而发生事故,在汽包上共装有 2 只安全阀,要求在外界突然完全停止用汽时,足以保证将锅炉产生的蒸汽排出,从而保证锅炉内压力不变。安全阀的结构如图 9-14 所示,可以近似将安全阀当作一个拉伐尔喷管来处理。如果大气压力为 0.1MPa,并设湿饱和蒸汽的临界压力比为 0.577,不计流动过程中的摩擦阻力,试求安全阀的最小截面积。

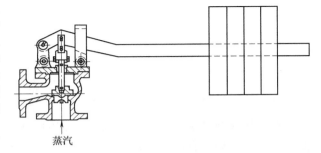

蒸汽

图 9-14 杠杆式安全阀

9-21 如图 9-15 所示,一渐缩喷管经一可调阀门与空气罐连接。气罐中参数恒定为 $p_a = 500kPa$、$t_a = 43℃$,喷管外大气压力 $p_B = 100kPa$,温度 $t_0 = 27℃$,喷管出口截面积为 $68cm^2$。设空气的气体常数 $R_g = 287J/(kg \cdot K)$,等熵指数 $\kappa = 1.4$。试求:

1) 阀门 A 完全开启时(假设无阻力),求流经喷管的空气流量是多少?

2) 关小阀门 A,使空气经阀门后压力降为 150kPa,求流经喷管的空气流量,以及因节流引起的做功能力损失是多少?并将此流动过程及损失表示在 $T-s$ 图上。

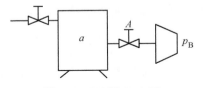

图 9-15 习题 9-21 图

9-22 设计一个通过水蒸气的喷管,已知流入喷管的是初速可不计、压力为 0.5MPa 的干饱和蒸汽,喷管出口截面处的压力必须保证 $p_2 = 0.1MPa$,设蒸汽在喷管中进行等熵膨胀流动,而质量流量为 2000kg/h,问应采用什么形状的喷管?并求该喷管主要截面的面积。

9-23 水蒸气的初态参数为 3.5MPa、450℃,经调节阀门节流后压力降为 2.2MPa,再进入一缩放喷管内等熵流动,出口处压力为 0.1MPa,质量流量为 12kg/s,喷管入口处初速可略去不计。试求:

1) 喷管出口处的流速及温度。

2) 喷管出口及喉部截面积。

3) 将整个过程表示在 $h-s$ 图上。

扫描下方二维码,可获取部分习题参考答案。

第 10 章

制冷与热泵循环

10.1 概　述

在现代社会的生产和生活实践中，制冷技术已应用到各个方面，如改变人们生活空间温度、湿度的空调；食品的冷加工和冷藏；电子工业中，需要低温或恒温环境以提高电子元器件性能；多路通信、雷达等电子设备需要在低温下工作；医疗卫生事业中，某些药品的生产及血浆、疫苗的保存需要低温环境；建造堤坝工程中，需要建立人工冻土围墙和冷却混凝土固化时的释放反应热；体育中的冰上运动；低温和超低温方面的超导；作为冬季供暖设备的热泵等。本章将对制冷和热泵技术做一介绍。

10.1.1　制冷技术的定义和发展

所谓制冷技术是使某一空间或物体的温度低于周围环境温度，并保持在规定低温状态的一门科学技术，它随着人们对低温条件的要求和社会生产力的提高而不断发展。

为实现制冷，人们经历了从利用天然冷源到制造人工冷源的过程。天然冷源主要是指冬季储藏的天然冰和夏季使用的深井水。但随着用冷范围的日益广泛和对温度值要求的越来越低，天然冷源已远不能满足社会生产的要求。

1748 年，苏格兰科学家库仑（W. Cullen）观察到乙醚蒸发会引起温度的下降。1755年，他又在真空罩下利用乙醚蒸发制得了少量冰，同年发表了论文《液体蒸发制冷》。通常认为从此开始出现了真正意义上的现代制冷技术。1834 年，美国人珀金斯（Perkins）试制成功了人力转动的用乙醚作为工质的制冷机，这也是世界上第一台制冷机，之后人工制冷技术进入了一个飞速发展的时代。1875 年，德国人卡尔·林德（Linde）设计成功了氨压缩式制冷装置，直至今日蒸气压缩式制冷仍然是使用最广泛的一种制冷方法。

1834 年，法国人珀尔帖（Peltier）发现了热电制冷，即珀尔帖效应，在此基础上 20 世纪初发明了半导体制冷。19 世纪 50 年代，试制了第一台氨水吸收式制冷机。蒸汽喷射式制冷机是在 1890 年以后才发展起来的。

10.1.2 制冷技术分类

实现人工制冷的办法有多种，按实现途径可以分为相变制冷、气体膨胀制冷、热电制冷、固体绝热去磁制冷、声制冷、气体涡流制冷、氦稀释制冷等。

1. 相变制冷

相变是指物质集聚态的变化。在相变过程中由于物质分子的重新排列和分子运动速度的改变，就需要吸收或放出热量，这种热量称为相变潜热。相变制冷就是利用某些物质相变时的吸热效应，主要有蒸气压缩式制冷、蒸气吸收式制冷、蒸气喷射式制冷和固体吸附式制冷。

蒸气压缩式制冷是目前应用最为广泛的制冷技术，它采用逆卡诺循环的原理，利用电能或其他动力驱动压缩机带动整个系统运行，其装置被广泛地应用于冰箱、空调等制冷装置中。

蒸气吸收式制冷是利用热能制取冷能的一种方法，当有废热可以利用时应首选考虑这种方法，与蒸气压缩式制冷相比，其制冷效率低、系统复杂、设备庞大，目前多应用于大型的空调制冷装置中。

蒸气喷射式制冷也是利用热能来制取冷能，工作介质一般为水，因此制取的温度在0℃以上，使其应用受到一定的限制。

固体吸附式制冷是利用固体吸附剂对制冷剂气体具有吸附作用来制冷。固体吸附剂的吸附能力随其温度不同而不同，吸附时，吸附剂吸收制冷剂使之蒸发产生制冷作用；脱附时，释放制冷剂气体，并使之冷凝为液体，这就是吸附式制冷的原理。从上面可知，它的制冷方式是间歇式的，这是阻碍其发展的重要因素。图10-1为太阳能沸石-水吸附制冷系统示意图。

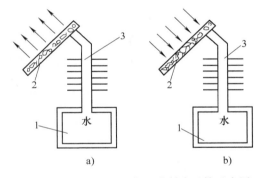

图10-1 太阳能沸石-水吸附制冷系统示意图
a）夜间吸附 b）白天脱附
1—储水箱 2—吸附床 3—冷凝器

2. 气体膨胀制冷

气体膨胀制冷是利用高压气体绝热膨胀或绝热放气使气体温度降低而实现的。

最早出现的高压气体膨胀制冷是压缩空气制冷机，其理想循环是由两个等熵过程和两个等压过程组成的逆向循环，也称布雷顿制冷。它与压缩蒸气制冷循环的最大区别是其制冷是靠吸收显热（而不是潜热）实现的。简单压缩空气制冷循环的主要缺点是制冷量不大。斯特林制冷是另一种更先进的压缩空气制冷循环，其理想循环是由两个等温过程和两个等容过程组成的逆向循环。另外，气体膨胀制冷还有维勒米尔制冷等。

吉福特-麦克马洪（Gifford-Mcmahon）制冷、索尔文（Solvay）制冷和脉管制冷是利用高压绝热放气实现制冷的。

3. 热电制冷（半导体制冷）

热电制冷是利用珀尔帖效应（温差电现象）的原理达到制冷目的。将直流电源通入两种不同金属组成的环路，一个接点的温度高于环境温度，另一个低于环境温度，这称为珀尔帖效应。纯金属的珀尔帖效应很弱，而半导体材料的珀尔帖效应比其他金属的要显著得多，所以热电制冷也被称为半导体制冷，其原理如图 10-2 所示。

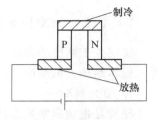

图 10-2 半导体制冷原理

4. 固体绝热去磁制冷

磁制冷是利用磁性物质的磁热效应来完成制冷循环的。磁性物质在不加磁场时，其内部结晶体内的磁矩的取向是无规则的，此时相应的熵较大。当有磁场作用（磁化）时，磁矩沿磁场方向择优取向。等温条件下，该过程导致工质的熵下降，有序度增加，向外界放热。若此后磁场强度减弱，由于磁离子的热运动，其磁矩又趋于无序，在熵增加和等温条件下，工质从外界吸热，从而达到制冷的目的。

制冷方式的分类如图 10-3 所示。

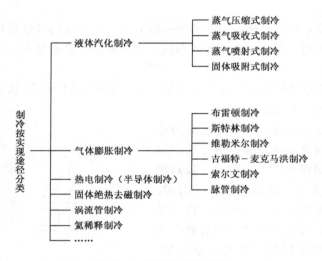

图 10-3 制冷方式的分类

其他制冷方式用得不多，这里不做介绍。

以上是根据实现制冷的途径进行分类的。不同的制冷方法适用于获取不同的温度，根据低温热源的温度要求，通常把制冷温度范围分为三个区间：

普通制冷范围（简称"普冷"），低于环境温度至−120℃（153K）；

深度制冷范围（简称"深冷"），−120～−253℃（153～20K）；

低温制冷范围，−253～接近−273℃（20～接近0K）。

空调和食品冷藏以及一般所要求的用冷温度，均属于普冷范围。

10.2 逆向卡诺循环

工质循环有两种方式：一种是把热能转变为机械能的正向循环，也称动力循环，如图 10-4a 所示；另一种是消耗机械能而把热量从低温热源传向高温热源的逆向循环，制冷和热泵循环就是按逆向循环进行的，如图 10-4b 所示。如果说卡诺循环是理想的动力循环，那么逆向卡诺循环则是理想的制冷或热泵循环。

现设有一逆向卡诺循环，工作在低温热源 T_0 和高温热源 T_k 之间，循环过程在 T-s 图上的表示如图 10-5 所示。单位质量的制冷剂按逆向卡诺循环的四个热力过程如下：

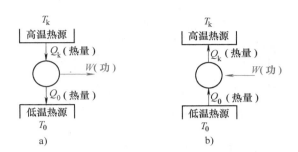

图 10-4　工质循环的两种方式
a）正向循环（动力循环）
b）逆向循环（制冷或热泵循环）

1）绝热压缩过程 1-2，制冷剂温度由 T_0 升至 T_k，外界输入功 w_C。

2）等温冷凝过程 2-3，制冷剂等温向高温热源 T_k 放出热量 q_k。

3）绝热膨胀过程 3-4，制冷剂温度由 T_k 降至 T_0，膨胀机输出功 w_e，为压缩机所利用。

4）等温蒸发过程 4-1，制冷剂等温从低温热源 T_0 吸收热量 q_0。

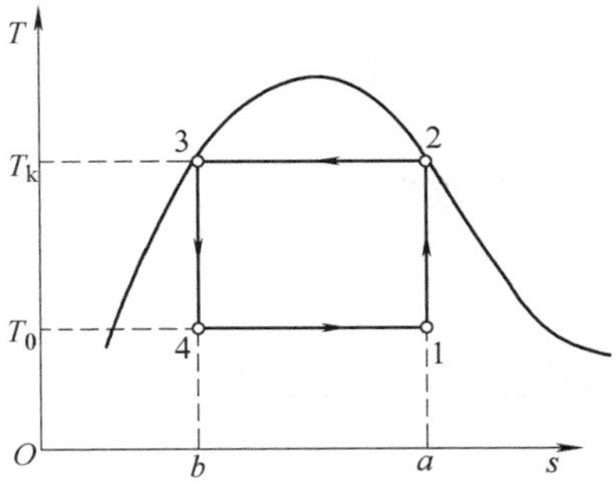

对于单位质量工质，从低温热源吸收的热量（即制冷量）为

$$q_0 = T_0(s_a - s_b) \tag{10-1}$$

向高温热源放出的热量为

$$q_k = T_k(s_a - s_b) \tag{10-2}$$

对于循环 12341，有 $w_C - q_k - w_e + q_0 = 0$，则压缩单位质量工质，外界输入压缩机的功为

$$w_{net} = w_C - w_e = q_k - q_0 = (T_k - T_0)(s_a - s_b) \tag{10-3}$$

图 10-5　逆向卡诺循环

对于逆向卡诺循环，制冷循环的性能指标用制冷系数 ε（或 COP——Coefficient of Performance）表示，为单位耗功量所能获取的冷量，即

$$\varepsilon = \frac{q_0}{w_{net}} = \frac{T_0(s_a - s_b)}{(T_k - T_0)(s_a - s_b)} = \frac{T_0}{T_k - T_0} \tag{10-4}$$

由式（10-4）可知，逆向卡诺循环的 ε 与制冷剂性质无关，仅取决于高、低温热源温度，当 T_0 升高或 T_k 降低时，ε 增大，这意味着单位耗功量所能制取的冷量增加，提高了制冷循环的经济性。

10.3　压缩空气制冷循环

1. 压缩空气制冷的基本循环

以空气为工质的制冷循环称为压缩空气制冷循环。它由压气机、冷却器、膨胀机和冷藏室四部分组成，如图 10-6 所示。压缩空气制冷循环的 p-v 图和 T-s 图如图 10-7 所示，其中 T_k 为环境温度，T_0 为冷藏室温度。1-2 为空气在压气机中的绝热压缩过程；2-3 为热空气在冷却器中的等压放热过程，理论上可以将空气冷却到环境温度，即 $T_3 = T_k$；3-4 为空气在膨胀机中的可逆绝热膨胀过程，点 4 的温度低于冷藏室温度；4-1 为空气在冷藏室中的等压吸热过程，理论上空气温度可以升至冷藏室的温度，即 $T_1 = T_0$。

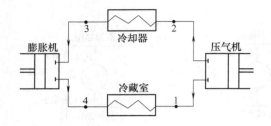

图 10-6 压缩空气制冷循环的系统图

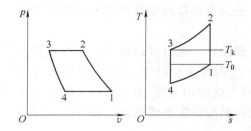

图 10-7 压缩空气制冷循环的 p-v 图和 T-s 图

下面对于单位质量空气，进行压缩空气制冷循环的热力分析。

单位质量空气向高温热源排放的热量为

$$q_k = h_2 - h_3 \tag{10-5}$$

单位质量空气从冷藏室中吸收的热量为

$$q_0 = h_1 - h_4 \tag{10-6}$$

压缩空气制冷循环系统所消耗的循环净功为

$$w_{net} = q_k - q_0 \tag{10-7}$$

制冷系数为

$$\varepsilon = \frac{q_0}{w_{net}} = \frac{q_0}{q_k - q_0} = \frac{h_1 - h_4}{(h_2 - h_3) - (h_1 - h_4)} \tag{10-8}$$

如果把空气视为理想气体，并且比热容为定值，则

$$\varepsilon = \frac{T_1 - T_4}{(T_2 - T_3) - (T_1 - T_4)} \tag{10-9}$$

因 1-2 和 3-4 过程都是等熵的，且 $p_2 = p_3$，$p_1 = p_4$，故有

$$\frac{T_2}{T_1} = \left(\frac{p_2}{p_1}\right)^{\frac{\kappa-1}{\kappa}} = \pi^{\frac{\kappa-1}{\kappa}} = \left(\frac{p_3}{p_4}\right)^{\frac{\kappa-1}{\kappa}} = \frac{T_3}{T_4}$$

式中，$\pi = p_2/p_1$ 为循环增压比。

$$T_2 = T_1 \pi^{\frac{\kappa-1}{\kappa}}, \quad T_3 = T_4 \pi^{\frac{\kappa-1}{\kappa}}$$

$$T_2 - T_3 = (T_1 - T_4) \pi^{\frac{\kappa-1}{\kappa}}$$

将上式代入式（10-9），有

$$\varepsilon = \frac{1}{\pi^{\frac{\kappa-1}{\kappa}} - 1} \tag{10-10}$$

若压缩空气制冷循环中空气的质量流量为 q_m（kg/s），则单位时间内的循环制冷量为

$$\dot{Q}_0 = q_m q_0 = q_m c_p (T_1 - T_4) \tag{10-11}$$

由式（10-10）可知，循环增压比 π 越低，制冷系数越大。但是增压比减小会使单位质量工质的制冷量 q_0 减小。再加上活塞式压缩机和膨胀机的循环工质的质量流量 q_m 不能太大，否则，压缩机和膨胀机要造得庞大沉重，所以循环制冷量很小。这种制冷循环在普冷范围内，除了飞机空调等场合外，在其他方面很少应用，而且飞机机舱采用的是开式压缩空气制冷，即膨胀机流出的低温空气直接吹入机舱。

例 10-1 压缩空气制冷循环如图 10-6 和图 10-7 所示。已知大气温度 $T_k = T_3 = 293K$，冷库温度 $T_0 = T_1 = 263K$，压气机循环增压比 $\pi = p_2/p_1 = 3$。试求（按定比热容理想气体计算）：

1) 压气机消耗的理论功。

2) 膨胀机做出的理论功。

3) 单位质量空气的理论制冷量。

4) 理论制冷系数。

解
$$T_2 = T_1 \left(\frac{p_2}{p_1}\right)^{\frac{\kappa-1}{\kappa}} = 263 \times 3^{\frac{1.4-1}{1.4}} K = 359.98K$$

$$T_4 = T_3 \left(\frac{p_4}{p_3}\right)^{\frac{\kappa-1}{\kappa}} = 293 \times \left(\frac{1}{3}\right)^{\frac{1.4-1}{1.4}} K = 214.07K$$

1) 对于单位质量空气，压气机消耗的理论功为
$$w_C = h_2 - h_1 = c_p(T_2 - T_1) = 1.004 \times (359.98 - 263) kJ/kg = 97.37kJ/kg$$

2) 对于单位质量空气，膨胀机做出的理论功为
$$w_T = h_3 - h_4 = c_p(T_3 - T_4) = 1.004 \times (293 - 214.07) kJ/kg$$
$$= 79.25kJ/kg$$

3) 单位质量空气的理论制冷量为
$$q_0 = h_1 - h_4 = c_p(T_1 - T_4) = 1.004 \times (263 - 214.07) kJ/kg$$
$$= 49.13kJ/kg$$

4) 理论制冷系数为
$$\varepsilon = \frac{q_0}{w_{net}} = \frac{q_0}{w_C - w_T} = \frac{49.13}{97.37 - 79.25} = 2.71$$

或者
$$\varepsilon = \frac{1}{\pi^{\frac{\kappa-1}{\kappa}} - 1} = \frac{1}{3^{\frac{1.4-1}{1.4}} - 1} = 2.71$$

2. 回热式压缩空气制冷循环

图 10-8a 所示为回热式压缩空气制冷循环装置。这个循环采用叶轮式压缩机和膨胀机以增大空气流量，再辅以回热措施，制冷量得到改善，它在深度冷冻、液化气体等方面获得了

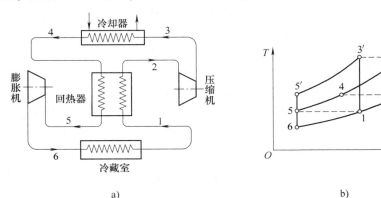

图 10-8 回热式压缩空气制冷循环

a) 回热式压缩空气制冷循环装置　b) 回热式压缩空气制冷循环的 T-s 图

实际的应用。

图 10-8b 是这个理想循环 1234561 的 T-s 图。图中：1-2 为空气在回热器中的等压预热过程；2-3 为空气在压缩机中的可逆绝热压缩过程；3-4 为空气在冷却器中的等压放热过程，4-5 为空气在回热器中的等压放热过程，它放出的热量供 1-2 过程吸热，可见是一个理想回热过程；5-6 为空气在膨胀机中的可逆绝热膨胀过程；6-1 为空气在冷藏室中的等压吸热过程。

图 10-8b 中的循环 $13'5'61$ 为不带回热的压缩空气制冷循环，两者的最高温度相同，$T_3 = T_{3'}$，增压比不同，采用回热时增压比小。比较两个循环可知，每完成一个循环，两者单位质量工质的制冷量 q_0 相等，均为 $h_1 - h_6$，向高温热源排放的热量也相等（$h_{3'} - h_{5'} = h_3 - h_4$）。可见两种循环的制冷系数相同。但是采用回热后，循环增压比却从 $p_{3'}/p_1$ 降为 p_3/p_1。这为采用压缩比不能很高但流量很大的叶轮式压缩机和膨胀机提供了条件，替换了活塞式压缩机和膨胀机后，就可以大大增加循环工质的质量流量，从而提高总制冷量。

10.4 压缩蒸气制冷循环

1. 压缩蒸气制冷的基本循环

图 10-9 为压缩蒸气制冷循环装置示意图，它由压缩机、冷凝器、节流阀和蒸发器等组成，其中压缩机是整个系统的心脏，起着提升制冷剂压力和输送制冷剂的作用，根据压缩机不同，可分为活塞式、离心式、螺杆式、涡旋式制冷机。

与压缩空气制冷循环相比，压缩蒸气制冷循环有两个显著的优点：一是饱和蒸气等压吸热和放热过程都同时是等温的，因而它更接近于逆向卡诺循环，制冷系数较高；二是蒸气的汽化热很大，因而单位质量工质的制冷量大，可以采用尺寸较小的设备。另外，与压缩空气制冷循环相比，该循环有两点不同：第一个不同点是用节流阀取代了膨胀机。从能量利用的角度看，这是不经济的，少回收了部分机械功。当然，这也是不得已的办法，因为从冷凝器出来后，工质为液态，液态工质膨胀变为湿蒸气状态的膨胀机难以设计。采用节流阀后，虽然损失了一部分机械功，但系统变得简单了，设备成本也降低了，同时使冷藏室的温度调节变得十分方便。第二个不同点是虽然设备功能没有变化，但是名称发生了

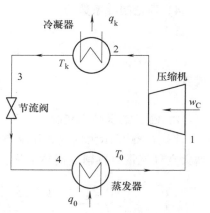

图 10-9 压缩蒸气制冷循环装置示意图

变化。冷却器变成了冷凝器，冷藏室又习惯上称为蒸发器，这是由于发生相变的缘故。

图 10-10 所示为压缩蒸气制冷循环的 T-s 图。1-2 为从蒸发器中出来的蒸气在压缩机中被可逆绝热压缩的过程；2-3 为过热蒸气在冷凝器中等压放热被冷凝的过程；3-4 为饱和液体在节流阀中节流、降压、降温的过程，因为是不可逆过程，故用虚线表示，节流前后工质比焓不变，$h_3 = h_4$；4-1 为湿饱和蒸气在蒸发器中等压吸热、汽化的过程。

下面进行压缩蒸气制冷循环的热力分析。

单位质量工质在蒸发器中吸收的热量（制冷量）为

$$q_0 = h_1 - h_4 = h_1 - h_3 \qquad (10\text{-}12)$$

单位质量工质在冷凝器中向环境放出的热量为

$$q_k = h_2 - h_3 \qquad (10\text{-}13)$$

单位质量工质消耗的循环净功为

$$w_{net} = h_2 - h_1 = q_k - q_0 \qquad (10\text{-}14)$$

所以，循环的制冷系数为

$$\varepsilon = \frac{q_0}{w_{net}} = \frac{q_0}{q_k - q_0} = \frac{h_1 - h_3}{h_2 - h_1} \qquad (10\text{-}15)$$

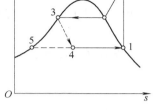

图 10-10　压缩蒸气制冷
循环的 $T\text{-}s$ 图

2. 回热式压缩蒸气制冷循环

在实际制冷循环中，到达节流阀前的制冷剂已处于过冷状态，这种液体过冷可以在不增加耗功的情况下增加制冷量，也就是提高了制冷系数。而为了有效地防止液击，通常压缩机吸入的是过热蒸气，这需要增加压缩机的耗功量，不过同时也增加了制冷量，但是否增加制冷系数需根据工质的种类进一步分析。这种液体过冷和气体过热可以通过增加冷凝器和蒸发器的面积来实现。在实际中，为了使节流阀前液态制冷剂的温度降得更低（即增大过冷度），以便进一步减少节流阀的节流损失，同时又能保证压缩机吸入具有一定过热度的蒸气，也可以采用另一种常用的方法，即采用回热式压缩蒸气制冷循环。

图 10-11 是回热制冷循环 $1'2'3'4'1$ 及其在 $T\text{-}s$ 图上的表示。在该循环中，制冷剂液体过冷和吸气过热是利用流出蒸发器的低温饱和蒸气与流出冷凝器的高温饱和液体通过热交换器的传热过程而产生，而不是与外界的冷却介质和被冷却介质之间进行热交换而产生。此时，压缩机绝热压缩过程为 $1'\text{-}2'$，过热蒸气在冷凝器中等压放热过程为 $2'\text{-}3$，注意不是 $2'\text{-}3'$，因为 $3\text{-}3'$ 是冷凝器的饱和液体在热交换器中的降温过程，过冷液体在节流阀中的过程为 $3'\text{-}4'$（$h_{3'} = h_{4'}$），湿饱和蒸气在蒸发器中吸热汽化的过程为 $4'\text{-}1$，而 $1\text{-}1'$ 为饱和蒸气在热交换器中的升温过程。

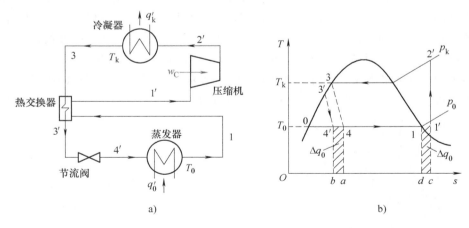

图 10-11　回热式压缩蒸气制冷循环
a) 回热式压缩蒸气制冷循环装置　b) 回热式压缩蒸气制冷循环的 $T\text{-}s$ 图

单位质量工质在蒸发器中吸收的热量为

$$q_0' = h_1 - h_{4'} = h_1 - h_{3'} \qquad (10\text{-}16)$$

单位质量工质在冷凝器中向环境放出的热量为

$$q_k' = h_{2'} - h_3 \qquad (10\text{-}17)$$

单位质量工质消耗的循环净功为

$$w_{net}' = h_{2'} - h_{1'} = q_k' - q_0' \qquad (10\text{-}18)$$

所以，循环的制冷系数为

$$\varepsilon = \frac{q_0'}{w_{net}'} = \frac{q_0'}{q_k' - q_0'} = \frac{h_1 - h_{3'}}{h_{2'} - h_{1'}} \qquad (10\text{-}19)$$

在回热循环的热交换器中，如果忽略对外散热，则制冷剂过冷时的放热量等于其过热时的吸热量（即图中面积 $1'cd1$ 等于面积 $4ab4'$）。所以

$$h_{1'} - h_1 = h_3 - h_{3'} \qquad (10\text{-}20)$$

$$c(T_{3'} - T_3) = c'(T_{1'} - T_1)$$

因为液体的比热容 c 总大于蒸气的比热容 c'，所以液体温度的降低总小于蒸气温度的升高（或者液体过冷度的增加总小于蒸气过热度的增加）。如果热交换器具有足够大的传热面积（且逆流），则它可以使压缩机的吸气温度 $T_{1'}$（即流出热交换器的制冷剂蒸气温度）接近流出冷凝器的液体制冷剂温度 T_3（图 10-11 中等于 T_k），而流出热交换器的制冷剂过冷温度 $T_{3'}$ 绝不可能接近流入热交换器的制冷剂气体温度 T_1（图 10-11 中等于 T_0）。

3. 压缩蒸气制冷循环的压焓图

前面在分析蒸气压缩式制冷循环时，使用了制冷剂的 $T\text{-}s$ 图，因 $T\text{-}s$ 图中热力过程线下面的面积表示该过程中传递的热量。在制冷循环的热力计算中，还经常用制冷剂的压焓图（$p\text{-}h$ 图），因为压力 p 和比焓 h 是热力计算过程中使用最多的参数。$p\text{-}h$ 图是以制冷剂的比焓作为横坐标，以压力为纵坐标，但为了缩小图面，压力不是等刻度分格，而是采用对数分格（需要注意，从图上读取的仍是压力值，而不是压力的对数值），如图 10-12 所示。

图 10-12 中绘出了制冷剂的 6 种状态参数线簇，即等比焓（h）、等压（p）、等温（t）、等比体积（v）、等比熵（s）及等干度（x）线。与水蒸气的图标类似，在 $p\text{-}h$ 图上也绘有饱和液体（$x=0$）线和干饱和蒸气（$x=1$）线，两者汇合于临界点 C。$x=0$ 线左侧为未饱和液体区，$x=1$ 线右侧为过热蒸气区，$x=0$ 线和 $x=1$ 线之间为湿蒸气区。

将图 10-10 中压缩蒸气制冷的基本循环 12341 表示在 $p\text{-}h$ 图上，如图 10-13 所示。1-2 为等熵压缩过程，2-3 为等压放热过程，3-4 为绝热节流过程（$h_3 = h_4$），4-1 为等压吸热过程。

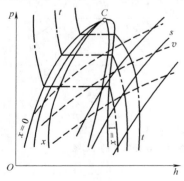

图 10-12　制冷剂的 $p\text{-}h$ 图

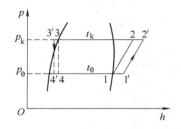

图 10-13　压缩蒸气制冷循环 $p\text{-}h$ 图

可见单位质量工质的循环制冷量（$q_0 = h_1 - h_4$）、冷凝放热量（$q_k = h_2 - h_3$），以及压缩所需的功（$w_{net} = h_2 - h_1$）都可以用图中线段的长度表示，十分方便。另外，$1'2'3'4'1'$是回热式蒸气制冷循环。

例10-2 试计算氟利昂12（R12）制冷剂在冷凝温度 $t_k = 40℃$、蒸发温度 $t_0 = -5℃$ 时进行循环的理论制冷系数，以及在上述温度条件下，采用回热循环（压缩机吸气温度 $t_{1'} = 5℃$）的理论制冷系数。

解 图10-13中12341为压缩蒸气制冷的基本理论循环，而 $1'2'3'4'1'$ 是回热式蒸气制冷循环。

从 R12 压焓图上可以查得：$h_1 = 213kJ/kg$，$h_3 = 100kJ/kg$。

1-2过程为等熵过程，查得 $h_2 = 236kJ/kg$。

1）基本理论循环。对于单位质量工质，蒸发器的制冷量为

$$q_0 = h_1 - h_4 = h_1 - h_3 = (213-100)kJ/kg = 113kJ/kg$$

冷凝器的放热量为

$$q_k = h_2 - h_3 = (236-100)kJ/kg = 136kJ/kg$$

消耗的循环净功为

$$w_{net} = h_2 - h_1 = q_k - q_0 = (136-113)kJ/kg = 23kJ/kg$$

制冷系数为

$$\varepsilon = \frac{q_0}{w_{net}} = \frac{q_0}{q_k - q_0} = \frac{h_1 - h_3}{h_2 - h_1} = \frac{113}{23} = 4.91$$

2）回热循环。从压焓图上可以查得：$h_{1'} = 220kJ/kg$，$h_{2'} = 242kJ/kg$。

因为是回热循环，由式（10-20）得

$$h_{3'} = h_3 - (h_{1'} - h_1) = [100-(220-213)]kJ/kg = 93kJ/kg$$

在蒸发器的制冷量为

$$q_0' = h_1 - h_{4'} = h_1 - h_{3'} = (213-93)kJ/kg = 120kJ/kg$$

在冷凝器的放热量为

$$q_k' = h_{2'} - h_3 = (242-100)kJ/kg = 142kJ/kg$$

消耗的循环净功为

$$w_{net}' = h_{2'} - h_{1'} = q_k' - q_0' = (142-120)kJ/kg = 22\ kJ/kg$$

制冷系数为

$$\varepsilon = \frac{q_0'}{w_{net}'} = \frac{q_0'}{q_k' - q_0'} = \frac{h_1 - h_{3'}}{h_{2'} - h_{1'}} = \frac{120}{22} = 5.45$$

10.5 蒸气吸收式制冷循环

吸收式制冷与喷射式制冷一样，是以消耗热能而达到制冷的目的的。吸收式制冷机主要由发生器、冷凝器、节流机构、蒸发器和吸收器等组成，如图10-14所示。它所采用的循环工质通常称为"工质对"，有氨-水溶液（氨为制冷剂，水为吸收剂）或水-溴化锂溶液（水为制冷剂，溴化锂为吸收剂）。

吸收式制冷机根据热能利用的程度，分单效、双效、多效。根据热源不同，分热水型、蒸汽型、直燃型。

图 10-14 所示是氨吸收式制冷装置系统图。在氨气发生器中，浓氨水溶液被加热，饱和氨气从溶液中分离出来进入冷凝器，在冷凝器中被冷却为饱和液态氨。液态氨经过节流阀降压、降温变为干度很小的湿饱和蒸气，进入蒸发器中吸热变为干饱和氨蒸气，然后进入吸收器被稀氨水溶液溶解，溶解时放出的热量被冷却水带走。吸收氨气之后的浓氨水溶液经过溶液泵加压进入氨气发生器继续下一个循环。在发生器中分解出氨气之后的稀氨水溶液经减压阀再回吸收器被继续利用。

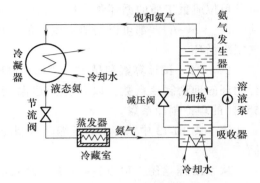

图 10-14　氨吸收式制冷装置系统图

从上述分析可知，吸收式制冷循环与蒸气压缩式制冷循环的不同点在于，将低压蒸气变为高压蒸气所采用的方式不同，压缩式制冷循环是通过压缩机完成的，而吸收式制冷循环则是通过发生器、减压阀、吸收器和溶液泵完成的。

在吸收式制冷循环中，工质对在发生器中从高温热源获得热量，在蒸发器中从低温热源获得热量，在吸收器和冷凝器中向外界环境放出热量，而溶液泵只是提供输送溶液时克服管路阻力和重力位差所需的动力，消耗的机械功很小。对于理想的吸收式制冷循环，如忽略溶液泵的机械功和其他热损失，则由热力学第一定律有，加入机组中的热量等于机组向外放出的热量，热平衡关系式为

$$Q_o + Q_g = Q_a + Q_k \tag{10-21}$$

式中，Q_o 为蒸发器中吸收的热量（即制冷量）；Q_g 为所消耗的高温热能，即供给发生器的热量；Q_a 为吸收器中释放的热量；Q_k 为冷凝器中放出的热量。

蒸气吸收式制冷循环的经济性用热力系数 ξ 来衡量，即

$$\xi = \frac{收获}{代价} = \frac{Q_o}{Q_g} \tag{10-22}$$

虽然吸收式制冷装置的热力系数不高，但因消耗电功少，可以利用温度不是很高的热能，因此在有余热可以利用的场合，对综合利用热能有实际意义。例如，火力发电厂可以用抽汽冬天供暖，夏天驱动吸收式制冷循环，实现热、电、冷三联产。

10.6　蒸气喷射式制冷循环

蒸气喷射式制冷机主要是用喷射器取代压缩式制冷机中的压缩机，它以消耗蒸气的热能作为补偿来实现制冷的目的。蒸气喷射式制冷循环装置主要由锅炉、喷射器、冷凝器、节流阀、蒸发器和水泵等组成，其中喷射器由喷管、混合室和扩压管三部分组成，如图 10-15 所示。使低压蒸气由蒸发器压力提高到冷凝器压力的过程不是通过压缩机的机械作用来完成的，而是利用高压蒸气的喷射、吸引及扩压作用来完成的。

从锅炉引来的高温高压蒸气（状态 1′）在喷管中膨胀至混合室，压力降低而获得高速气流（状态 2′），在混合室里与从蒸发器引来的低压蒸气（状态 1）混合，而形成一股速度略低的气流，进入扩压管减速升压（过程 2-3），然后在冷凝器中凝结（过程 3-4）。凝结后

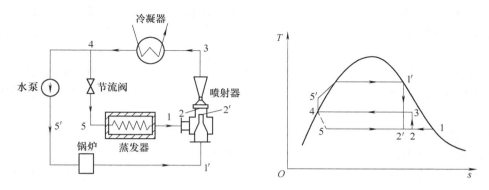

图 10-15　蒸气喷射式制冷循环装置及 T-s 图

的液体分成两路：一路通过节流阀降压、降温（过程 4-5）后进入蒸发器，吸热汽化变成低温低压的蒸气（状态 1）；另一路通过水泵提高压力后（状态 $5'$）返回锅炉重新加热，产生工作蒸气 $1'$，完成循环。

蒸气喷射式制冷循环实际上包括两个循环，一个是逆向制冷循环 123451，另一个则是正向循环 $1'2'2345'1'$。喷射器在制冷循环中代替了压缩机，起到了压缩蒸气的作用。蒸气压缩是非自发过程，它所以能实现是靠锅炉供给的高温热能所进行的自发过程作为补偿的。

蒸气喷射式制冷循环的经济性也用热力系数 ξ 来衡量，即

$$\xi = \frac{收获}{代价} = \frac{Q_2}{Q_1} \tag{10-23}$$

式中，Q_1 为工作蒸气在锅炉中吸收的热量；Q_2 为从低温热源吸取的热量。

由于蒸气喷射式制冷机的工作介质与制冷工质通常都是同一种物质，因此就不存在工作介质与制冷工质的分离问题。由于水具有汽化热大、无毒、价廉等优越性，因此蒸气喷射式制冷机都用水作为工质。

蒸气喷射式制冷机的设备结构简单，不消耗机械功，金属耗量少，造价低廉，运行可靠性高，使用寿命长，一般都不需要备用设备。同时，它的操作简便，维修工作量、管理人员和管理费用都比较少。由于其消耗电能很少，故对于缺电的地区尤其适用，特别是当工厂企业有廉价的蒸气可以利用时，就显得更为经济。另外，以水作为工质，也可节省在制冷工质方面的费用。它的缺点主要是混合过程的不可逆损失很大，因而热力系数较低，喷管加工精度要求高，工作蒸气消耗量较大，又由于以水作为工质，故制取的温度必须在 0℃ 以上。

10.7　空气的液化

在冶金、石化、石油、化工、机械、电子、航空航天等诸多领域中经常需要氧气、氮气、氖气、氩气等，这就需要用到深冷技术，先将空气液化，再利用精馏或者部分冷凝的方法分离出所需要的气体。

如前所述，工程上经常采用节流制冷和膨胀机制冷，它们各自的特点如下：

1）任何气体在任何情况下经膨胀机绝热膨胀做功都能降温，而少数气体必须预先冷却到一定的低温，然后节流，才能获得冷效应。

2）降温程度不同。膨胀机经等熵膨胀做功产生的降温远比节流膨胀大。例如，20℃的空气从 10atm 降到 1atm，采用等熵膨胀，温度可以下降 140K，而采用绝热节流膨胀温度仅可下降 2.3K，两者相差 60 倍。

3）节流膨胀没有运动部件，简单易行，也无须润滑，允许气体液化；而膨胀机的结构复杂，成本高，需要用到耐低温的润滑油，且不允许气体在气缸中液化，否则会造成很大的困难。

4）初温的影响。在绝热节流膨胀中，如果焦耳-汤姆孙系数为正值，初温越低，降温幅度越大；而膨胀机则相反，初温越低，降温幅度越小。

本节主要介绍应用最成功的两种液化空气循环的基本原理，请有兴趣的读者参阅其他资料进一步熟悉其性能计算等问题。

1. 林德循环

1895 年，德国人卡尔·林德研究成功了一次节流循环液化空气的方法，这是最简单的深度冷冻循环。林德先生将科技与产业相结合，他创立的林德集团是当今世界上最大的气体供应商。林德循环装置及 $T\text{-}s$ 图如图 10-16 所示。1kg 气体从状态 1（p_1，T_1）经过多级压缩（图中只画出一级）压力增加到 p_2，再经过冷却，温度恢复到 $T_2 = T_1$，状态 2 的气体经过换热器预冷到相当低的温度（状态 3），经节流阀后，气体变为湿蒸气（状态 4），经过气液分离器，$m$kg 饱和液体（状态 5）即为所需要的液化空气产品，将剩余的（$1-m$）kg 饱和空气（状态 6）送入到换热器区预冷新来的高压空气，其吸收高压空气的热量后，变为状态 1。

从图 10-16 中可以看出，要将空气液化，需要将状态 3 的温度降到相当低才行。因此，林德循环建立的起始阶段如图 10-17 所示。

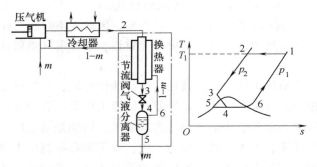

图 10-16　林德循环装置及 $T\text{-}s$ 图

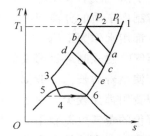

图 10-17　林德循环的起始阶段

空气从状态 1 压缩和冷却到状态 2，节流后温度有所降低，到 a 状态，但并没有液化，将其全部送入换热器中冷却新压缩好的状态为 2 的高压空气至 b 状态，再进行绝热节流至 c 状态，空气仍然没有液化，将其全部送入换热器中冷却新压缩好的状态为 2 的高压空气至 d 状态，再进行绝热节流至 e 状态。如此反复，最后就会有液态空气产生。

2. 克劳德循环

1902 年，法国人克劳德（Claude）提出了有名的克劳德循环，并以此技术为基础建立了另一个空分行业巨头——法国液化空气集团（法液空）。克劳德循环的最大特点是循环中同时采用了膨胀机制冷和节流制冷。

克劳德循环装置及 $T\text{-}s$ 图如图 10-18 所示，1kg 空气经过压气机 A 多级压缩（图中只画出一级）、级间冷却到状态 2，然后分为两路，一路 Mkg 空气经过换热器 C_1、C_2 被预先冷却到状态 3，经过节流阀 D 绝热节流变为状态 4，为湿饱和蒸气状态，经过气液分离器 B，x kg 液态空气作为产品排出，$(M-x)$ kg 气态部分被引入换热器 C_2 中，去预冷新送来的高压空气；另一路 $(1-M)$ kg 空气进入膨胀机 E，沿过程线 2-1′不可逆绝热膨胀做功，其排气与经过换热器 C_2 的低压气体混合，一起进入换热器 C_1 去预冷新送来的高压气体，经历 1′-1 后恢复到初始状态 1。

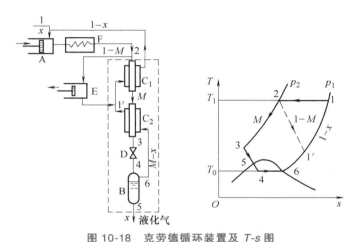

图 10-18　克劳德循环装置及 T-s 图

10.8　热　泵

热泵装置与制冷装置的工作原理相似，都消耗一部分高品质能量作为补偿，所不同的是它们工作的温度范围和要求的效果不同，制冷装置是将低温物体的热量传给自然环境以形成低温环境（这里的自然环境可以是地表水、地下水、空气、土壤以及中水等）；热泵则是从自然环境（除上述以外还可包括余热）中吸取热量，并把它输送到人们所需要温度较高的物体中去。

根据热泵的驱动方式，热泵可分为：

（1）电驱动热泵　它是以电能驱动压缩机工作的蒸气压缩式或空气压缩式热泵。

（2）燃料发动机驱动热泵　它是以燃料发动机，如柴（汽）油机、燃气发动机及汽轮机驱动压缩机工作的机械压缩式热泵。

（3）热能驱动热泵　有第一类和第二类吸收式热泵，以及蒸气喷射式热泵。

根据热泵吸取热量的低温热源种类的不同，热泵可分为：

（1）空气源热泵　低温热源为空气，热泵从空气中吸取热量。

（2）水源热泵　低温热源为水，热泵从水中吸取热量。水源可以是地表水、地下水、生活与工业废水、中水等。

（3）土壤源热泵　低温热源为土壤，热泵通过地埋管从土壤中吸取热量。

（4）太阳能热泵　它是以低温的太阳能作为低温热源。

图 10-19 所示为电驱动的压缩式水源热泵工作原理和 T-s 图。过程 4-1 为工质在蒸发器

中吸收自然水源中的热能而变为干饱和蒸气；1-2 为蒸气在压缩机中被可逆绝热压缩的过程；2-3 为过热蒸气在冷凝器中放热而凝结成饱和液体的过程，工质放出的热量被送到热用户用作采暖或热水供应等；3-4 为饱和液体在节流阀中的降压降温过程。这样就完成了一个热泵循环。

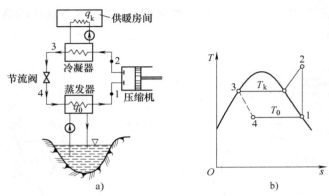

图 10-19　压缩式水源热泵工作原理和 T-s 图

a）工作原理图　b）T-s 图

热泵循环的经济性用供热系数（或称为热泵系数、供暖系数）来表示，即

$$\varepsilon' = \frac{收获}{代价} = \frac{q_k}{w} = \frac{q_k}{q_k - q_0} = \frac{h_2 - h_3}{h_2 - h_1} \tag{10-24}$$

可见，热泵的供热系数恒大于 1，相对于直接燃烧燃料或用电炉取暖来说，热泵是一种有效的节能技术，但它并不是什么条件均可利用。因为，热泵循环与制冷循环一样，当高、低温热源温差较大或传热温差增大时，热泵供热系数与制冷系数均下降，而热泵装置的造价往往比其他采暖设备高出很多，所以它虽然比直接电热节能，但是否比其他供热方法（如燃料的直接燃烧、蒸汽供热等）节能和经济，还应根据提供热泵运行的具体条件（如空气源热泵是否冬季结霜等）进行分析和比较，才能得出最后结论，否则，就会造成"节能不省钱"的局面。

因为制冷和热泵的原理相同，所以经常将两种装置合二为一，达到制冷供暖的双重功效。图 10-20 为一制冷与热泵两用装置的示意图。从图中可以看出，蒸发器、冷凝器在冬、

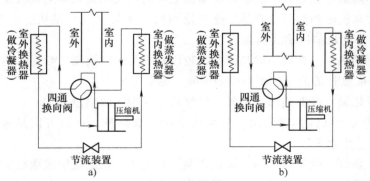

图 10-20　制冷与热泵两用装置的示意图

a）夏季制冷循环　b）冬季热泵循环

夏季的位置是不同的，这是通过一个四通换向阀来改变制冷工质在装置中的流向来实现的。夏季室内的换热设备为蒸发器，冬季室内的换热设备为冷凝器，这样可以达到夏季对室内供冷，冬季对室内供热的目的。

思 考 题

10-1 压缩蒸气制冷循环与压缩空气制冷循环相比有哪些优点？为什么有时候还要用压缩空气制冷循环？

10-2 节流制冷和膨胀机制冷各有什么特点？

10-3 在吸收式制冷循环中，吸收器的目的是使饱和蒸气变为液体。有人提出了一个设想，即不用吸收剂，而采用大流量的低温冷却水，同样也可以使饱和蒸气液化，通过水泵加压后，再经节流阀节流。依此，同样可以达到制冷的目的。试问这个设想可以实现吗？为什么？

10-4 对逆向卡诺循环而言，冷、热源温差越大，制冷系数是越大还是越小？为什么？

10-5 如何理解压缩空气制冷循环采用回热措施后，不能提高理论制冷系数，却能提高实际制冷系数？

10-6 如图 10-10 所示，设想压缩蒸气制冷循环按 12351 运行，与循环 12341 相比，循环的净耗功未变，仍为 h_2-h_1，而制冷量却从 h_1-h_4 增加到 h_1-h_5，这看起来是有利的。这种考虑错误何在？

10-7 试比较蒸气压缩制冷循环在 T-s 图和 p-h 图上的区别。

10-8 既然热泵的供热量总大于电热供热量，那么是否可用热泵代替所有的电加热器，以省电能？为什么？

10-9 请通过互联网查找世界上主要的气体公司及其技术。

10-10 请通过互联网查找近几十年我国在空分设备制造和气体生产方面取得的成就。

习 题

10-1 在商业上还用"冷吨"表示制冷量的大小，1"冷吨"表示 1t 0℃的水在 24h 冷冻到 0℃冰所需要的制冷量。试证明 1 冷吨 = 3.86kJ/s。已知在 1atm（101325Pa）下冰的熔化热为 333.4kJ/kg。

10-2 一制冷机工作在 250K 和 300K 之间，制冷率 $\dot{Q}_2 = 20$kW，制冷系数是同温限逆向卡诺循环制冷系数的 50%，试计算该制冷机耗功率。

10-3 一压缩空气制冷循环，已知压缩机入口 $t_1 = -10$℃，$p_1 = 0.1$MPa，循环增压比 $\pi = 5$，冷却器出口 $t_3 = 20$℃，设 $c_p = 1.004$kJ/(kg·K)，$\kappa = 1.4$。求循环的制冷系数 ε 和制冷量 q_0。

10-4 压缩空气制冷循环中，压缩机和膨胀机的绝热效率均为 0.85。若放热过程的终温为 20℃，吸热过程的终温为 0℃，循环增压比 $\pi = 3$，空气可视为定比热容的理想气体，$c_p = 1.004$kJ/(kg·K)，$\kappa = 1.4$。求：

1）画出此制冷循环的 T-s 图。

2）循环的平均吸热温度、平均放热温度和制冷系数。

10-5 某压缩蒸气制冷循环用氨作为制冷剂。制冷量为 10^5kJ/h，循环中压缩机的绝热压缩效率 $\eta_{cs} = 0.8$，冷凝器出口为氨饱和液体，其温度为 300K，节流阀出口温度为 260K，蒸发器出口为干饱和状态。试求：

1）每千克氨的吸热量。

2）氨的流量。

3）压气机消耗的功率。

4）压气机工作的压力范围。

5）实际循环的制冷系数。

10-6 一台氨压缩式制冷设备，蒸发器温度为 $-20℃$，冷凝器压力为 $1.2MPa$，压缩机进口为饱和氨蒸气，压缩过程可逆绝热，冷凝器出口处为饱和液体。求：

1）制冷系数。

2）若要求制冷量为 $1.26×10^6 kJ/h$，则制冷循环氨的流量（kg/h）是多少？

10-7 氨蒸气压缩式制冷循环，其中蒸发器的压力为 $0.3MPa$，冷凝器的压力为 $1.2MPa$，压缩过程可逆绝热，压缩机进口为氨过热蒸气，过热度为 $2℃$；节流阀进口为饱和液氨。试计算循环制冷量和循环制冷系数。

10-8 某制热制冷两用空调机用 R134a 作为制冷剂。压缩机进口为蒸发温度下的干饱和蒸气，出口为 $2.2MPa$、$105℃$ 的过热蒸气，冷凝器出口为饱和液体，蒸发温度为 $-10℃$。当夏季室外温度为 $35℃$ 时给房间制冷，当冬季室外温度为 $0℃$ 时给房间供暖，均要求室温能维持在 $20℃$。若室内外温差每 $1℃$，通过墙壁等的传热量为 $1100kJ/h$。求：

1）将该循环示意图画在 $p\text{-}h$ 图上。

2）制冷系数。

3）室外温度为 $35℃$ 时，制冷所需的制冷剂流量。

4）供暖系数。

5）室外温度为 $0℃$ 时，供暖所需的制冷剂流量。

10-9 一以氨为工质的压缩蒸气理想热泵循环，如图 10-21 所示，为了维持室温，每分钟需将 $30m^3$ 的室外空气（$0℃$、$0.1MPa$）等压加热到 $28℃$ 再给室内供暖。氨进入压气机时为干饱和蒸气，压气机出口压力 $p_2 = 2MPa$，经过冷凝器后 3 为饱和液态氨，蒸发温度为 $-4℃$。求：

1）工质流量（kg/s）。

2）消耗的功率。

3）供热系数。

4）如果采用电加热元件加热，消耗的电功率又是多少？设电加热元件的加热效率为 100%。

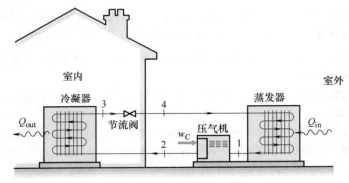

图 10-21 习题 10-9 图

10-10 某蒸气压缩制冷循环，它在压缩机入口为干饱和蒸气（状态 1），$p_1 = 0.19MPa$，经压缩机被等熵压缩到状态 2，$t_2 = 100℃$，$p_2 = 1.15MPa$，接着进入冷凝器凝结为饱和液（状态 3），再经绝热节流至状态 4，$p_4 = p_1$，进入冷库蒸发吸热到干饱和蒸气完成循环。

假定制冷剂过热蒸气的比定压热容 $c_p = 1.05kJ/kg \cdot K$ 为常数，其他参数如下：

压力/MPa	饱和温度/℃	饱和液焓 $h'/(kJ/kg)$	饱和气焓 $h''/(kJ/kg)$
0.19	-11.42	184.76	391.15
1.15	44.7	263.49	421.42

试求：1）在 T-s 图上画出此循环的示意图。

2）循环的制冷系数。

3）若制冷量为 20000kJ/h，则制冷剂的质量流量（kg/s）为多少？

10-11　利用压缩空气热泵循环给房间供热，每小时供热量为 200MJ，已知压气机入口 $p_1 = 0.1MPa$、$t_1 = -10℃$，出口 $p_2 = 1MPa$，压气机的绝热效率为 0.9，膨胀机的绝热效率为 0.88，冷却器出口温度 $t_3 = 30℃$，求：

1）画出该循环的 T-s 图。

2）热泵系数。

3）空气流量（kg/s）。

4）如果采用加热效率为 100% 的电加热器加热，需要消耗多少电功率（kW）？

扫描下方二维码，可获取部分习题参考答案。

第 11 章

蒸汽动力装置循环

汽动力装置中的动力机有汽轮机和蒸汽机，其中汽轮机是现代电力生产最主要的热动力装置，也是大型船舶的主要动力装置之一，其特点是转速快，效率高，功率大，世界上单机容量最大的汽轮发电机组功率达 1300MW。

蒸汽动力装置以水蒸气作为工质，由于水和蒸汽不能助燃，蒸汽循环必须配备产生蒸汽的锅炉（对于核电站来说，就是反应堆），因此可以燃用任意燃料，甚至燃用廉价的劣质燃料。我国煤炭资源丰富，煤炭是我国能源的主体，在一次能源生产结构中，煤炭占 70% 以上，在今后相当长的时间内也将如此。因此，学习以汽轮机为动力装置的蒸汽动力循环有重要意义。

本章以朗肯循环为基础，以提高蒸汽动力循环热效率为主线，分析各种常用的蒸汽动力循环，为今后学习专业课程奠定理论基础。

11.1　朗　肯　循　环

朗肯循环是最简单、最基本的理想蒸汽动力循环。热力发电厂的各种复杂蒸汽动力循环都是在朗肯循环的基础上予以改进而得到的，朗肯循环是各种复杂动力循环的基础。

1. 以水蒸气为工质的卡诺循环

热力学第二定律理论指出：在给定的温度范围内，卡诺循环热效率最高。由于饱和水至干饱和蒸汽间的吸热过程及饱和蒸汽至饱和水间的放热过程均为等温过程，因此，以水蒸气为工质原则上可以实现卡诺循环。图 11-1a 表示一个完全在湿蒸汽区内工作的卡诺循环的 T-s 图，其对应的热力设备系统如图 11-1b 所示。其中，1-2 是蒸汽等熵膨胀做功过程；2-3 是湿蒸汽等温放热过程；3-4 是汽、液混合物的等熵压缩过程；4-1 是等温（也等压）吸热过程。

但是所有火力发电厂均不按这个卡诺循环运行。因为：①绝热膨胀做功后蒸汽（状态点 2）湿度太大，危及汽轮机的安全；②压缩过程 3-4 是将湿蒸汽压缩成饱和水，压缩困难，且消耗功率大；③由于受湿区所限，最高温度不能超过水的临界温度（373.99℃），因此，即使这个循环能够实现，热效率也不会很高。

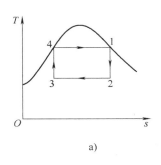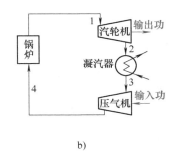

图 11-1　在湿蒸汽区内工作的卡诺循环
a) *T-s* 图　b) 系统图

以水蒸气为工质实现卡诺循环还有另一方案，如图 11-2 所示。这个方案把吸热区提高到过热区，可以克服前一方案吸热温度不高的缺点，但是为了维持卡诺循环的循环形式（吸热过程必须在等温下进行），只有使高温高压下的蒸汽在涡轮机中进行一边吸热一边做功，这样吸热过程才可能是等温的。但是，这样的过程实际上是很难实现的。另外，吸热过程的起点 4 的温度和压力都远远超过临界值，要求

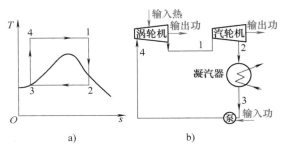

图 11-2　在过热蒸汽区内工作的卡诺循环
a) *T-s* 图　b) 系统图

水泵把凝结水绝热压缩到如此高的温度和压力也是根本不能实现的，因此，这种卡诺循环同样不可取。

2. 朗肯循环的实现

虽然以水蒸气为工质不能实现卡诺循环，但是将图 11-1 所示的方案加以改进还是可以实现的。①使乏汽在凝汽器放热全部变为饱和水，这样用水泵即可很方便地实现压缩过程，且耗功锐减；②在锅炉中将水加热成干饱和蒸汽后继续加热，使之成为过热蒸汽，这样使膨胀终态湿度不太大，同时也提高了平均吸热温度，使循环热效率得以提高。进行这样改造后，就成为朗肯循环了。

朗肯循环的蒸汽动力装置主要包括锅炉、汽轮机、凝汽器和给水泵四部分。其工作原理如图 11-3a 所示：水经过给水泵绝热加压送入锅炉，在锅炉内水被等压加热汽化，形成高温高压的过热水蒸气，过热蒸汽在汽轮机中绝热膨胀做功带动发电机发电，汽轮机的排汽（称为乏汽）在凝汽器内等压放热，凝结为冷凝水，给水泵将冷凝水送入锅炉开始新的循环。

图 11-3b~d 分别为朗肯循环的 *T-s* 图、*p-v* 图和 *h-s* 图。图中，3-3′为水在给水泵中的等熵压缩过程；3′-4-5-1 为水在锅炉中等压加热变为过热水蒸气的过程；1-2 为过热水蒸气在汽轮机内可逆绝热膨胀（等熵）过程；2-3 为乏汽在凝汽器内等压放热凝结为饱和水的过程。

由于水的压缩性很小，水在经给水泵等熵升压后温度升高很小，在 *T-s* 图上，一般可以

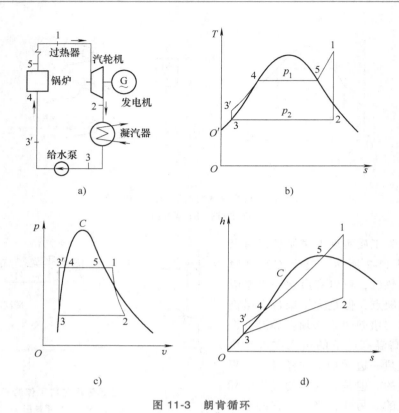

图 11-3　朗肯循环

a) 工作原理图　b) T-s 图　c) p-v 图　d) h-s 图

认为点 3′与点 3 重合，3′4 与下界线 34 重合。另外，汽轮机排汽往往是湿饱和蒸汽，在这种情况下，乏汽在凝汽器内的等压放热过程 2-3 同时也是等温放热过程。

　　3. 朗肯循环的净功及热效率

　　在朗肯循环中，每 1kg 蒸汽对外所做的净功 w_{net} 等于蒸汽流过汽轮机时所做的功 w_T 与水在给水泵内被绝热压缩消耗的功 w_P 之差。根据热力学第一定律有：

汽轮机做功为 $\qquad\qquad\qquad w_T = h_1 - h_2$

给水泵消耗功为 $\qquad\qquad\qquad w_P = h_3' - h_3$

在锅炉内的吸热量为 $\qquad\qquad q_1 = h_1 - h_3'$

在凝汽器内的放热量为 $\qquad\qquad q_2 = h_2 - h_3$

循环净功为 $\qquad\qquad w_{net} = w_T - w_P = q_1 - q_2$

根据循环热效率的定义式，可得朗肯循环的热效率为

$$\eta_t = \frac{w_{net}}{q_1} = \frac{w_T - w_P}{q_1} = \frac{(h_1 - h_2) - (h_3' - h_3)}{h_1 - h_3'} \qquad (11\text{-}1)$$

或

$$\eta_t = 1 - \frac{q_2}{q_1} = 1 - \frac{h_2 - h_3}{h_1 - h_3'} \qquad (11\text{-}2)$$

　　通常给水泵消耗的功与汽轮机做出的功相比甚小，在不要求精确计算的条件下，可以忽略给水泵耗功，即 $h_3' - h_3 \approx 0$。这样，朗肯循环的热效率可简化为

$$\eta_t = \frac{w_T}{q_1} = \frac{h_1 - h_2}{h_1 - h_3} \tag{11-3}$$

4. 汽耗率、热耗率和煤耗率

工程上习惯把每产生 $1kW \cdot h$ 的功所消耗的蒸汽质量称为**汽耗率**，用符号 d 表示，单位为 $kg/(kW \cdot h)$。设蒸汽质量流量为 q_m（kg/h），每 $1kg$ 蒸汽产生的循环净功为 w_{net}（kJ/kg），则机组的功率（kW）为 $q_m w_{net}/3600$，即机组每小时产生的功（$kW \cdot h$）为 $q_m w_{net}/3600$，因此机组的汽耗率 $[kg/(kW \cdot h)]$ 为

$$d = \frac{q_m}{q_m w_{net}/3600} = \frac{3600}{w_{net}} \tag{11-4}$$

工程上习惯把每产生 $1kW \cdot h$ 的功需要锅炉提供的热量称为**热耗率**，用 q_0 表示，单位为 $kJ/(kW \cdot h)$，由于产生 $1kW \cdot h$ 的功所消耗的蒸汽质量为 d，$1kg$ 蒸汽吸热量为 q_1（kJ/kg），因此热耗率 $[kJ/(kW \cdot h)]$ 为

$$q_0 = dq_1 = \frac{3600}{w_{net}} q_1 = \frac{3600}{\dfrac{w_{net}}{q_1}} = \frac{3600}{\eta_t} \tag{11-5}$$

各个煤矿生产的煤，其发热量不一样，为了便于科学分析比较，将低位发热量为 $29308kJ/kg$（7000kcal/kg）的煤称为标准煤。火力发电厂把每产生 $1kW \cdot h$ 电能消耗的标准煤的克数称为标准煤耗率，常简称为**煤耗率**，用 b_0 表示，单位为 $g/(kW \cdot h)$。

根据热耗率的定义，有以下平衡关系式，即

$$q_0 = \frac{3600}{\eta_t} = 0.001b_0 \times 29308$$

于是，可以导出简单朗肯循环的煤耗率 $[g/(kW \cdot h)]$ 为

$$b_0 = \frac{123}{\eta_t} \tag{11-6}$$

实际计算火力发电厂煤耗率时，在分母上还要乘上锅炉效率、管道效率、汽轮机相对内效率、机械效率、发电机效率等。

热效率、热耗率、煤耗率都是反映机组运行状态好坏的热经济指标，而汽耗率则不是直接的热经济指标。汽耗率高，不一定热效率就低。但是在功率一定的条件下，汽耗率的大小反映了设备尺寸的大小。

例 11-1 朗肯循环计算

某朗肯循环，新蒸汽参数为 $p_1 = 12MPa$、$t_1 = 500℃$，汽轮机排汽压力 $p_2 = 6kPa$，不计水泵功耗。求此朗肯循环的热效率、汽耗率、热耗率、煤耗率、乏汽干度。

解 朗肯循环的 T-s 图如图 11-3b 所示。利用水和蒸汽的热力性质表查得：

$p_1 = 12MPa$、$t_1 = 500℃$ 时，$h_1 = 3348kJ/kg$，$s_1 = 6.4868kJ/(kg \cdot K)$

$p_2 = 6kPa$ 对应的饱和参数为

$$h_2' = 151.47kJ/kg \qquad h_2'' = 2566.48kJ/kg$$

$$s_2' = 0.5208kJ/(kg \cdot K) \qquad s_2'' = 8.3283kJ/(kg \cdot K)$$

1-2 过程为过热水蒸气在汽轮机内的可逆绝热膨胀过程，熵不变，故有

$$s_1 = s_2 = x_2 s_2'' + (1 - x_2) s_2'$$

$$6.4868 = 8.3283x_2 + 0.5208(1-x_2)$$

解得乏汽干度为

$$x_2 = 0.7641$$

$$h_2 = x_2 h_2'' + (1-x_2) h_2' = 1996.54 \text{kJ/kg}$$

循环净功为 $\quad w_{\text{net}} = w_T = h_1 - h_2 = (3348-1996.54) \text{kJ/kg} = 1351.46 \text{kJ/kg}$

吸热量为 $\quad q_1 = h_1 - h_2' = (3348-151.47) \text{kJ/kg} = 3196.53 \text{kJ/kg}$

热效率为

$$\eta_t = \frac{w_{\text{net}}}{q_1} = \frac{1351.46}{3196.53} = 42.28\%$$

汽耗率为

$$d = \frac{3600}{w_{\text{net}}} = \frac{3600}{1351.46} \text{kg/(kW} \cdot \text{h)} = 2.66 \text{kg/(kW} \cdot \text{h)}$$

热耗率为 $\quad q_0 = dq_1 = 2.66 \times 3196.53 \text{kJ/(kW} \cdot \text{h)} = 8502.77 \text{kJ/(kW} \cdot \text{h)}$

煤耗率为

$$b_0 = \frac{123}{\eta_t} = \frac{123}{0.4228} \text{g/(kW} \cdot \text{h)} = 290.92 \text{g/(kW} \cdot \text{h)}$$

5. 汽轮机相对内效率

蒸汽在汽轮机内的流动速度相当快，而且汽轮机外面都有保温层，因此，可以把汽轮机看成绝热系统。根据能量守恒原理，在不考虑蒸汽流入、流出汽轮机时动能和重力势能变化的前提下，汽轮机做出的功总是等于蒸汽的焓降，而不论汽轮机的完善程度如何。因此，用焓降和做功量进行对比，就无法得知汽轮机内的损失，也看不出汽轮机是否需要节能改进。为了表征汽轮机的完善程度，引入汽轮机相对内效率的概念，用 η_{ri} 表示，这个概念本质上是属于热力学第二定律范畴的。

如图 11-4 所示，1-2 为蒸汽在汽轮机内可逆绝热膨胀做功过程（等熵），1-2$_{\text{act}}$ 是蒸汽在汽轮机内的实际做功过程。**汽轮机相对内效率**是指在汽轮机内实际做功与理论做功（等熵）的比值，即

$$\eta_{\text{ri}} = \frac{h_1 - h_{2_{\text{act}}}}{h_1 - h_2} \tag{11-7}$$

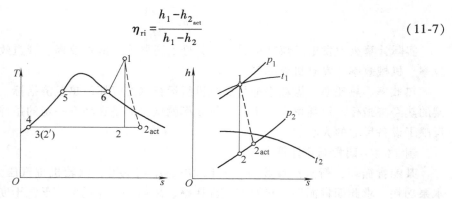

图 11-4　蒸汽在汽轮机中的绝热膨胀

从图 11-4 中可以看出，蒸汽在汽轮机中实际膨胀过程是有摩擦阻力的，这样会产生熵增和做功能力损失，使循环效率降低。从另一方面看，实际循环中乏汽状态为 2$_{\text{act}}$，实际放热过程为 2$_{\text{act}}$-2′，与理想循环相比，多排放热量为 $h_{2_{\text{act}}} - h_2$，而吸热量不变，故整个循环的效率降低。

6. 提高朗肯循环热效率的途径

利用平均吸热温度和平均放热温度的概念，可以定性地分析如何提高朗肯循环的热效

率。根据式（5-19），对于任何一个可逆循环，其热效率都可以用下式计算，即

$$\eta_t = 1 - \frac{\overline{T}_2}{\overline{T}_1}$$

式中，$\overline{T}_1$、$\overline{T}_2$ 分别代表平均吸热温度和平均放热温度。

从图 11-5 中可见，提高蒸汽初始温度和初始压力（图 11-5a、b），可以提高平均吸热温度；降低乏汽的压力（图 11-5c），可以降低平均放热温度，这些措施都可以提高朗肯循环热效率。现代大容量蒸汽动力装置，其初参数毫无例外地都是高温、高压的，目前国产蒸汽动力发电机组中采用亚临界压力（16~17MPa）的已经很普遍。2006 年 10 月正式并网发电的华能玉环电厂在我国首次采用超超临界技术，主蒸汽压力为 26.25MPa，主蒸汽温度为 600℃，再热后的蒸汽温度也达到 600℃，单机容量达 1000MW，为全国之最，设计电厂效率为 45%，供电煤耗率为 284g/(kW·h)。超临界朗肯循环的 $T\text{-}s$ 图如图 11-6 所示。

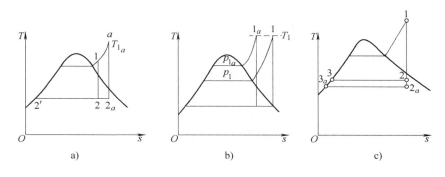

图 11-5 主蒸汽的 t_1、p_1 及乏汽压力 p_2 对朗肯循环热效率的影响

这里补充三点内容：

1）提高初蒸汽温度可以提高朗肯循环的热效率，降低煤耗率。但是初温受金属材料耐温极限的影响，不能无限制地提高。另外，耐高温材料一般价钱都很昂贵，设备的一次投资要加大，在实际工程设计中要经过技术经济比较和论证才能决定。

2）从图 11-5b 中可以看出，提高初压 p_1 可以提高平均吸热温度，从而提高朗肯循环的热效率，但是如果初温 t_1 不随之提高，乏汽的干度将降低，这意味着乏汽中液态水分增加，将会冲击和侵蚀汽轮机最后几级叶片，影响其使用寿命，并使汽轮机内部损失增加。工程上通常在提高初压的同

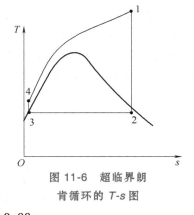

图 11-6 超临界朗
肯循环的 $T\text{-}s$ 图

时提高初温，或者采用再热措施，以保证乏汽的干度不低于 0.88。

3）降低乏汽压力 p_2 可以降低平均放热温度，而平均吸热温度变化很小，因此循环热效率将有所提高。但是乏汽压力 p_2 主要取决于冷却水的温度（即环境温度）。有人提议在凝汽器处装一空调，人为地降低乏汽压力，理论已经证明，这种做法是得不偿失的。目前我国大型蒸汽动力装置的设计终压为 3~4kPa，对应的饱和温度在 28℃ 左右。

7. 核动力系统中的蒸汽循环

从热力学的观点来看，核电厂和常规火力发电厂之间的差别是用反应堆中的核燃料替代作为锅炉的矿物燃料，核电厂的常规岛部分和火力发电厂大体上相似。目前世界上核电站常用的反应堆有压水堆、沸水堆、重水堆和改进型气冷堆以及快堆等，但用得最广泛的是压水反应堆。

在压水反应堆（PWR，简称压水堆）中，有两个回路系统，在带有放射性的一回路中有一个稳压水箱，该水箱的上部存有饱和水蒸气，下部存有饱和水，用于控制一回路中的压力。由于压力很高，一回路中的水不沸腾，如图 11-7 所示。我国广东大亚湾核电站、广东岭澳核电站、江苏田湾核电站及浙江秦山核电站一期和二期等都采用的是压水堆型。在蒸汽发生器中，一回路的水加热二回路的水（二者不接触），产生蒸汽送入常规岛汽轮机中做功。

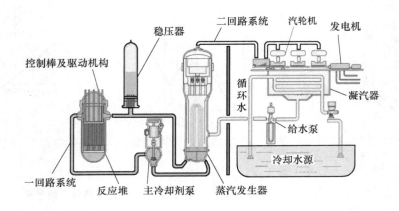

图 11-7　压水反应堆系统

在沸腾水反应堆（BWR，简称沸水堆）中，只有一个回路，如图 11-8 所示。反应堆核心中的水允许沸腾，用一个蒸汽分离器从水中分离出饱和蒸汽。因为允许水沸腾，所以 BWR 中的压力较低，一般约为 PWR 一回路压力的一半。与常规火力发电厂不同的是，BWR 机组蒸汽进入汽轮机时处于饱和状态，而不是过热状态。

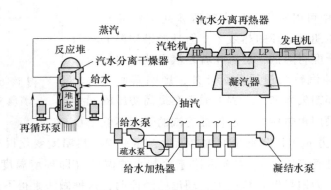

图 11-8　沸腾水反应堆系统

在高温、气体冷却反应堆（HTGR）中，用氦作为一次回路中反应堆的冷却剂，热氦通过蒸汽发生器以产生过热蒸汽供给汽轮机。

11.2 再热循环

所谓再热循环就是蒸汽在汽轮机内做了一部分功后，将它抽出来，通过管道送回锅炉再热器中，使之再加热后又送回到汽轮机低压缸里继续膨胀做功的循环。再热循环的工作原理图和 T-s 图如图 11-9 所示。

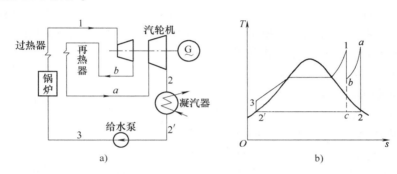

图 11-9 再热循环
a）工作原理图 b）T-s 图

采用再热循环的首要目的还不在于通过再热循环提高循环热效率，最初提出再热循环的设想，主要是因为在提高蒸汽初压时，往往会使乏汽的湿度过大。如图 11-9b 所示，如果不采用再热，蒸汽在汽轮机中将沿线 1b 往下继续膨胀至点 c，湿度较大，不利于汽轮机安全。若采用再热，蒸汽膨胀到点 b 后送回锅炉再热器内加热（通常加热至初温），再送回汽轮机膨胀至点 2 处，这样就解决了单独提高初压 p_1 而引起乏汽湿度过大的问题。

采用再热后，每千克蒸汽所携带的热能增加了，循环汽耗率将较无再热时减少。另外，虽然采用再热的直接目的不一定是为了提高循环的热效率，但若再热参数选择得当，同样也可以提高循环热效率。一般选择中间再热压力为初压的 20%～30%，可使循环热效率提高 2%～3.5%。

下面分析再热循环热效率的计算方法。对于 1kg 的蒸汽，从图 11-9b 中可以分析出：

循环吸热量为 $$q_1 = (h_1 - h_3) + (h_a - h_b)$$

对外放热量为 $$q_2 = h_2 - h_2'$$

循环净功为
$$w_{net} = w_T - w_P = (h_1 - h_b) + (h_a - h_2) - (h_3 - h_2') \tag{11-8}$$

循环热效率为
$$\eta_t = 1 - \frac{q_2}{q_1} = 1 - \frac{h_2 - h_2'}{(h_1 - h_3) + (h_a - h_b)} \tag{11-9}$$

或
$$\eta_t = \frac{w_{net}}{q_1} = \frac{(h_1 - h_b) + (h_a - h_2) - (h_3 - h_2')}{(h_1 - h_3) + (h_a - h_b)} \tag{11-10}$$

若不计水泵耗功，即 $w_P \approx 0$、$h_2' \approx h_3$，则热效率为
$$\eta_t = \frac{w_{net}}{q_1} = \frac{w_T}{q_1} = \frac{(h_1 - h_b) + (h_a - h_2)}{(h_1 - h_2') + (h_a - h_b)} \tag{11-11}$$

再热循环需要在锅炉烟道内加装再热器，还需要在汽轮机和锅炉之间加设往返蒸汽管道，这样会增加设备的一次投资费用，增大散热损失和压损，使系统运行变得更加复杂。因此，对于压力不高的小机组不宜采用再热。我国的情况是在机组功率大于125MW时采用再热循环。

核电厂普遍采用再热技术，但其再热并不是将高压缸排汽送回蒸汽发生器内加热，而是蒸汽发生器产生的蒸汽一路送到汽轮机中做功，一路送往汽水分离再热器中加热高压缸排汽产生再热作用。

随着我国火电技术的发展，在超临界机组中有的已经开始采用了二次再热系统，如图11-10所示。相对于700℃超超临界机组对材料的极高要求而言，现有的材料就可以满足二次再热机组，不存在明显的技术瓶颈，但是二次再热技术的热力系统相对复杂，会带来相对高昂的初期建设投资，运行和操作相对传统一次再热机组也更为复杂。

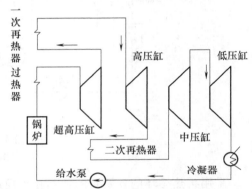

图 11-10　二次再热系统

例 11-2　再热循环计算

某再热循环，新蒸汽参数为 $p_1 = 12\text{MPa}$、$t_1 = 500℃$，再热压力为 $p_b = 3\text{MPa}$，再热后的温度 $t_a = 500℃$，乏汽压力 $p_2 = 6\text{kPa}$，不计水泵功耗。求此再热循环的热效率、汽耗率、乏汽干度。

解　此再热循环的 $T\text{-}s$ 图如图 11-9b 所示。利用 $h\text{-}s$ 图和蒸汽参数表查得：

$p_1 = 12\text{MPa}$、$t_1 = 500℃$ 时，$h_1 = 3348\text{kJ/kg}$。

$p_a = p_b = 3\text{MPa}$，$t_a = 500℃$ 时，$h_a = 3455\text{kJ/kg}$。

$p_2 = 6\text{kPa}$ 对应饱和水的焓为 $h_2' = 151.47\text{kJ/kg}$。

从 $h\text{-}s$ 图 1 点向下作垂直线（等熵线）和 $p_b = 3\text{MPa}$ 等压线交于 b 点，读得 $h_b = 2970\text{kJ/kg}$。

从 $h\text{-}s$ 图 a 点向下作垂直线（等熵线）和 $p_2 = 6\text{kPa}$ 等压线交于 2 点，读得 $h_2 = 2230\text{kJ/kg}$、$x_2 = 0.86$。

循环吸热量为

$$q_1 = (h_1 - h_2') + (h_a - h_b) = (3348 - 151.47 + 3455 - 2970)\text{kJ/kg} = 3681.53\text{kJ/kg}$$

循环放热量为

$$q_2 = h_2 - h_2' = (2230 - 151.47)\text{kJ/kg} = 2078.53\text{kJ/kg}$$

循环净功为

$$w_{\text{net}} = (h_1 - h_b) + (h_a - h_2) = (3348 - 2970 + 3455 - 2230)\text{kJ/kg} = 1603\text{kJ/kg}$$

或

$$w_{\text{net}} = q_1 - q_2 = (3681.53 - 2078.53)\text{kJ/kg} = 1603\text{kJ/kg}$$

循环热效率为

$$\eta_t = 1 - \frac{q_2}{q_1} = 1 - \frac{2078.53}{3681.53} = 43.54\%$$

汽耗率为

$$d = \frac{3600}{w_{\text{net}}} = \frac{3600}{1603}\text{kg/(kW·h)} = 2.25\text{kg/(kW·h)}$$

对比例 11-1 可知，在相同的初始状态和相同的乏汽压力条件下，采用再热措施后，乏汽干度从 0.7641 提高到 0.86，这有利于机组的安全运行。同时，由于再热压力选择合适，循环热效率也提高了。

11.3 抽汽回热循环

1. 抽汽回热循环的实现

回热循环是现代蒸汽动力循环所普遍采用的循环。它是在朗肯循环的基础上，对吸热过程加以改进而得到的。所谓回热是利用在汽轮机内做过部分功的蒸汽来加热锅炉给水，采用回热可提高循环平均吸热温度，从而提高循环热效率。

图 11-11 所示为两级抽汽回热循环工作原理图、T-s 图和蒸汽流程图。设有 1kg 过热蒸汽进入汽轮机内膨胀做功，当压力降至 p_6 时，从汽轮机内抽出 $\alpha_1$kg 蒸汽送入一号回热加热器，其余的 $(1-\alpha_1)$ kg 蒸汽在汽轮机内继续膨胀，待压力降至 p_8 时再抽出 $\alpha_2$kg 蒸汽送入二号回热加热器；剩余的 $(1-\alpha_1-\alpha_2)$ kg 蒸汽则继续膨胀，直到压力降至 p_2 时进入凝汽器。乏汽在凝汽器内凝结放热变为凝结水，凝结水依次通过二号、一号回热加热器，分别和 $\alpha_2$kg 压力为 p_8、$\alpha_1$kg 压力为 p_6 的抽汽混合，最后给水被加热到 t_7，然后再送入锅炉吸热。从 T-s 图上可以看出，如果不采用回热，给水在锅炉内的吸热过程是 3-1；采用回热后，吸热过程是 7-1，平均吸热温度升高了，从而循环热效率也提高了。因此，几乎所有火力发电厂中的蒸汽动力装置都采用这种抽汽回热循环，有的甚至有七、八级抽汽。

回热加热器有两种，一种是表面式的，抽汽与凝结水不直接接触，通过换热器壁面交换热量；另一种是混合式的，抽汽与凝结水接触换热，回热加热器的出口温度达到抽汽压力下的饱和温度。为了分析方便，图 11-11 中的回热器都是混合式的。实际上，电厂除了除氧器，其他回热器大多是表面式的。

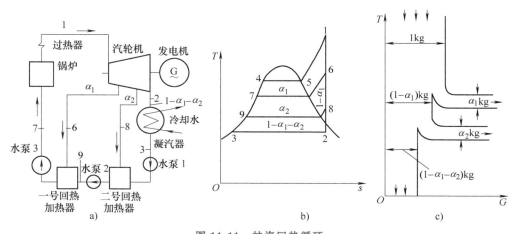

图 11-11　抽汽回热循环

a）工作原理图　b）T-s 图　c）蒸汽流程图

2. 回热循环计算

对于 1kg 蒸汽，回热循环计算首先要确定抽汽率 α_1、α_2。为了分析方便，这里不考虑水泵耗功。

对一号回热加热器列热平衡方程式有

$$\alpha_1 h_6 + (1-\alpha_1) h_9 = h_7$$

求得
$$\alpha_1 = \frac{h_7 - h_9}{h_6 - h_9}$$

再对二号回热加热器列热平衡方程式有

$$\alpha_2 h_8 + (1-\alpha_1-\alpha_2) h_3 = (1-\alpha_1) h_9$$

求得
$$\alpha_2 = \frac{(1-\alpha_1)(h_9 - h_3)}{h_8 - h_3}$$

下面求抽汽回热循环的热效率：

循环吸热量为
$$q_1 = h_1 - h_7$$

循环放热量为
$$q_2 = (1-\alpha_1-\alpha_2)(h_2 - h_3)$$

循环热效率为
$$\eta_t = 1 - \frac{q_2}{q_1} = 1 - \frac{(1-\alpha_1-\alpha_2)(h_2-h_3)}{h_1-h_7}$$

最后需要指出，虽然从理论上讲，抽汽回热级数越多，给水温度越高，从而平均吸热温度越高，循环热效率越高。但是，级数越多，设备和管路越复杂，而每增加一级抽汽的获益越少。因此，回热抽汽级数不宜过多。国产 300MW 机组采用"三高四低一除氧"的抽汽安排，即有三个高压回热加热器，四个低压回热加热器，一个除氧器。

例 11-3　抽汽回热循环计算

某理想抽汽回热循环，新蒸汽参数为 $p_1 = 12\text{MPa}$、$t_1 = 500℃$，采用一级抽汽，抽汽压力 $p_2 = 1.5\text{MPa}$，汽轮机排汽压力 $p_3 = 6\text{kPa}$，不计水泵功耗。求此抽汽回热循环的热效率、汽耗率、热耗率。

解　该一级抽汽回热循环的 T-s 图如图 11-12 所示。

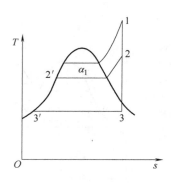

图 11-12　例 11-3 图

由例 11-1 可知：

$$h_1 = 3348\text{kJ/kg} \qquad h_3 = 1996.54\text{kJ/kg} \qquad h_3' = 151.47\text{kJ/kg}$$

在 h-s 图上从点 1 向下作垂直线交 $p_2 = 1.5\text{MPa}$ 压力线于点 2，读得 $h_2 = 2816\text{kJ/kg}$。
$p_2 = 1.5\text{MPa}$ 对应的饱和水的焓为 $h_2' = 844.82\text{kJ/kg}$。

对回热器列热平衡方程式为

$$\alpha_1 h_2 + (1-\alpha_1) h_3' = h_2'$$

$$\alpha_1 \times 2816 + (1-\alpha_1) \times 151.47 = 844.82$$

解得抽汽率为 $\qquad\qquad \alpha_1 = 0.26$

循环吸热量为 $\quad q_1 = h_1 - h_2' = (3348 - 844.82)\ \text{kJ/kg} = 2503.18\text{kJ/kg}$

循环放热量为 $\quad q_2 = (1-\alpha_1)(h_3 - h_3') = (1-0.26)(1996.54 - 151.47)\text{kJ/kg} = 1365.35\text{kJ/kg}$

循环净功为 $\quad w_{\text{net}} = q_1 - q_2 = (2503.18 - 1365.35)\text{kJ/kg} = 1137.83\text{kJ/kg}$

循环热效率为 $\qquad \eta_t = 1 - \dfrac{q_2}{q_1} = 1 - \dfrac{1365.35}{2503.18} = 45.46\%$

汽耗率为 $\qquad d = \dfrac{3600}{w_{\text{net}}} = \dfrac{3600}{1137.83}\text{kg/(kW·h)} = 3.16\text{kg/(kW·h)}$

热耗率为 $\qquad q_0 = dq_1 = 3.16 \times 2503.18\text{kJ/(kW·h)} = 7910\text{kJ/(kW·h)}$

与例 11-1 对比可知，在相同的初始状态和相同的乏汽压力条件下，采用抽汽回热后，循环的热效率提高，热耗率降低，汽耗率增加。很明显，仅仅采用抽汽回热，并不能提高乏汽干度，所以，现代化的大型火力发电机组均同时采用再热和回热，以提高机组的经济性和安全性。

11.4　热电联产循环

人类生产和生活中，需要各种能量。电能自不必说，衣食住行处处都需要电，离开了电简直是不可想象的。与此同时，人类生活也需要热能，如冬季采暖等，生产过程中用热也极为普遍，如烘干、洗涤以及各种工艺过程等。所谓热电联产循环是指火力发电厂一方面生产电能，同时向热用户提供热能的蒸汽动力循环。这种既发电又供热的电厂称为热电厂。

最早的热电联产设备出现在苏联和西、北欧一些国家。这些国家地处寒带或亚寒带，冬季采暖期长。早期的供暖方式是分散的，每家每户分别安装采暖小锅炉。这种小锅炉效率极低，每年都需要消耗大量的燃料。随着一些工业发达国家面临化石燃料枯竭的趋势，人们的节能意识也不断加强。同时，重工业的发展，也为制造大型动力设备提供了条件，于是便产生了利用大设备集中供热的方案，其中热电联产的方式兼顾了供热和供电，得到了广泛应用。热电联产是我国鼓励发展的节能措施。

1. 热电联产的方式

热电联产循环大体分为两种类型，一种最简单的方式是采用背压式汽轮机，如图 11-13所示。所谓背压式汽轮机，即蒸汽在汽轮机中不是像纯凝汽式汽轮机那样一直膨胀到接近环境温度，而是膨胀到某一较高的压力和温度（依热用户的要求而定），然后将汽轮机全部排汽直接供给热用户。背压式汽轮机省去了凝汽设备，因而排汽参数提高，排汽室及末级叶片尺寸变小，这是它的优点。但它的缺点也很突出，主要是它发出的电功率完全依赖热负荷变化，也就是说，热负荷大，电功率也大；热负荷小，电功率也小。如果热用户不需要供热了，那么整个机组就得停下。电功率变成了热负荷的因变量，失去了独立变化的自由。

工程实际中用得较多的是另一种热电联产方式——抽汽调节式热电联产循环，如图 11-14 所示。这种方式的循环，供热与供电之间相互影响较小，同时可以调节抽汽压力和温度，以满足不同用户的需求。随着供热式机组的发展，又出现了单级调节抽汽机组和双级

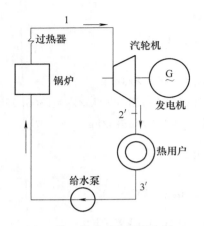

图 11-13 背压式热电联产循环

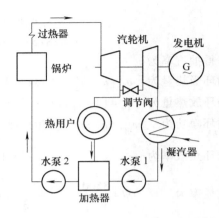

图 11-14 抽汽调节式热电联产循环

调节抽汽机组。这类机组与纯凝汽式机组在外形上一样，只是在相应于供热参数的抽汽点后面加装一调节隔板。这是因为一般汽轮机通流部分各点上的蒸汽压力随着汽轮机进汽量的变化而变化。当汽轮机的输出功率降低时，各抽汽点的压力都随之降低，这点对于回热加热抽汽来说，是无所谓的，因为回热加热对蒸汽参数并没有特定的要求。但对于外界需要的热负荷来说就不同了，因为供热抽汽必须满足热用户对蒸汽参数的要求。供热机组所加装的调节隔板，就是为此而装设的。这就是说，当汽轮机负荷降低时，抽汽压力随之降低，为了满足热用户的要求，不使这级抽汽压力过低，就把这级抽汽后面的调节隔板的流通孔关小，以减少穿过调节隔板的蒸汽流量而维持抽汽压力。反之，如果汽轮机功率增加，这级抽汽压力也将增加，这也不符合热用户要求，因此，就将此调节隔板的流通孔开大，以降低这级抽汽的参数。

2. 热电联产循环的热经济指标

热电联产循环同时生产两种不同质的产品：一种是电能，这是一种高级能量；一种是热能，这是一种低级能量。正因为如此，利用热力学第一定律分析法，即只按能量的数量关系来分析时，就要用两个指标来描述其热经济性。第一个指标称为**燃料利用系数**，用 η_f 表示。如果燃料在锅炉中释放的能量用 Q_f 表示，热电厂提供的热能为 Q_H，提供的电能为 W_e，则燃料利用系数为

$$\eta_f = \frac{W_e + Q_H}{Q_f} \tag{11-12}$$

这个指标不是热效率，它只能说明燃料在锅炉中释放的热量被利用的程度，并不能说明燃料所释放的热能被利用的好坏。如果不考虑锅炉损失以及管道等处的散热损失，背压式热电联产循环的燃料利用系数可达 100%。

要想描述热电联产循环的热经济性还必须用另一个指标，这就是热电联产循环**电能生产率**或称为**电热比**，用 ω 表示，其定义为热电联产循环发出的电能 W_e 与该循环所供出的全部热能 Q_H 的比值，即

$$\omega = \frac{W_e}{Q_H} \tag{11-13}$$

上述两个指标，一个是从数量上说明输入循环的热量（即燃料释放的热量）被利用的程度，另一个说明热量利用的好坏。在这两个指标中，ω 有着重要意义，因为它能表明生产的高级形式能量与低级形式能量的比例。ω 越高，说明在供出同样热能的情况下，热电厂发出的没有冷源损失的电能越多。

3. 供热方式

热电厂的供热系统根据载热介质的不同可分为水热网（也称水网）和汽热网（也称汽网）。

水网是通过热网换热器，将热电厂蒸汽的热量传递给循环水供热系统。水网的优点是：输送热水的距离较远，可达30km左右，在绝大部分供暖期间可以使用压力较低的汽轮机抽汽，从而提高了热电厂的经济性。水网的蓄热能力较汽网高，与有返回水的汽网相比，金属消耗量小，投资及运行费用少。水网的缺点是：输送热水要消耗电能，水网水力工况的稳定和分配较为复杂；由于水的密度大，事故时水网的泄漏是汽网的 $20 \sim 40$ 倍。

汽网供热的特点是通用性好，可满足各种用热形式的需要，特别是某些生产工艺用热必须用蒸汽。汽网有直接供汽和间接供汽两种方式，分别如图11-15和图11-16所示。

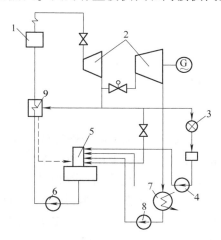

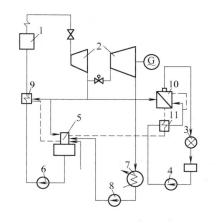

图 11-15　直接供汽系统图

1—锅炉　2—汽轮机　3—热用户　4—热网回水泵
5—除氧器　6—给水泵　7—凝汽器　8—凝结水泵
9—高压加热器

图 11-16　间接供汽系统图

1—锅炉　2—汽轮机　3—热用户　4—热网回水泵
5—除氧器　6—给水泵　7—凝汽器　8—凝结水泵
9—高压加热器　10—蒸汽发生器　11—蒸汽给水预热器

例 11-4　热电联产节约用煤

某热电厂发电功率为30MW，使用理想背压式汽轮机，$p_1 = 5\text{MPa}$、$t_1 = 450℃$，排汽压力 $p_2 = 0.5\text{MPa}$，排汽全部用于供热，p_2 对应的饱和水送回锅炉吸热。假设煤的低位发热值为 23000kJ/kg，计算电厂的循环热效率及每天耗煤量（t/d），设锅炉热效率为85%。如果热、电分开生产，电由主蒸汽参数不变、乏汽压力 $p_2 = 7\text{kPa}$ 的凝汽式汽轮机生产，热能（0.5MPa、160℃的蒸汽）由热效率为85%的锅炉单独供应，其他条件同上，试比较其耗煤量。不计水泵耗功。

解　1）在热电联产的情况下，设每天耗煤量为 $m_1\text{t}$。

$p_1 = 5\text{MPa}$、$t_1 = 450℃$ 时，查得 $h_1 = 3315.2\text{kJ/kg}$。

$p_2 = 0.5\text{MPa}$ 时，查得排汽的焓 $h_2 = 2748\text{kJ/kg}$。

$p_2 = 0.5\text{MPa}$ 对应的饱和水的焓为 $h_2' = 640.35\text{kJ/kg}$。

循环的热效率为

$$\eta_t = \frac{w_{net}}{q_1} = \frac{h_1 - h_2}{h_1 - h_2'} = \frac{3315.2 - 2748}{3315.2 - 640.35} = 21.2\%$$

由于是背压式机组，因此有效吸热量中另外 78.8% 的部分对外供热。

对每天做功列平衡式，有

$$m_1 \times 10^3 \times 23000 \times 85\% \times 21.2\% = 24 \times 3600 \times 30 \times 10^3$$

解得 $\qquad\qquad\qquad\qquad m_1 = 625.39$

2）在热电分产的情况下，设每天发电耗煤量为 $m_2 \text{t}$，设每天供热耗煤量为 $m_3 \text{t}$。在主蒸汽参数不变、乏汽压力 $p_2 = 7\text{kPa}$ 的纯凝汽式情况下，查得乏汽焓 $h_2 = 2117\text{kJ/kg}$，7kPa 对应的饱和水的焓为 $h_2' = 163.31\text{kJ/kg}$，则循环的热效率为

$$\eta_t = \frac{w_{net}}{q_1} = \frac{h_1 - h_2}{h_1 - h_2'} = \frac{3315.2 - 2117}{3315.2 - 163.31} = 38.02\%$$

分别对做功和供热列平衡式，有

$$m_2 \times 10^3 \times 23000 \times 85\% \times 38.02\% = 24 \times 3600 \times 30 \times 10^3$$

$$m_3 \times 10^3 \times 23000 \times 85\% = 625.39 \times 10^3 \times 23000 \times 85\% \times 78.8\%$$

解得 $\qquad\qquad\qquad m_2 = 348.72 \qquad\qquad m_3 = 492.81$

热电联产与热电分产相比，每天少烧煤的吨数为

$$\Delta m = m_2 + m_3 - m_1 = 348.72 + 492.81 - 625.39 = 216.14$$

从例 11-4 可以看出，热电联产方式的确可以节约大量能源。2016 年新修订的《中华人民共和国节约能源法》第三十一条中明确规定："国家鼓励工业企业采用高效、节能的电动机、锅炉、窑炉、风机、泵类等设备，采用热电联产、余热余压利用、洁净煤以及先进的用能监测和控制等技术。"第三十二条规定："电网企业应当按照国务院有关部门制定的节能发电调度管理的规定，安排清洁、高效和符合规定的热电联产、利用余热余压发电的机组以及其他符合资源综合利用规定的发电机组与电网并网运行，上网电价执行国家有关规定。"第七十八条规定："电网企业未按照本法规定安排符合规定的热电联产和利用余热余压发电的机组与电网并网运行，或者未执行国家有关上网电价规定的，由国家电力监管机构责令改正；造成发电企业经济损失的，依法承担赔偿责任。"

11.5　热电冷三联产

热电联产在我国已得到了较快的发展，在北方城市集中供热系统及石化、制药、纺织等很多行业中，热电联产已经得到广泛的应用，其对改善环境、节能降耗及城市的合理布局都起到了很好的推进作用。但是城市供暖是季节性的，热电厂夏季设备的利用率相对较低，其相应的运行效率也很低。

热电冷三联产是指在热电联产基础上，利用做过部分功的供热蒸汽（或热水）作为吸收式制冷机的热源，以制取冷量供生产与生活需要，实现热、电、冷三种产品的联合生产。这种联合生产方式符合能源的梯级利用的原则。热电冷三联产的冷热联产主要由热源、一级

管网、冷暖站、二级管网和用户设备组成，如图 11-17 所示。热电冷三联产机组根据供热及制冷的蒸汽来源主要分为背压式、抽汽凝汽式、抽汽背压式三种类型。

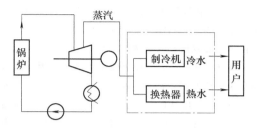

图 11-17　热电冷三联产系统

要谈热电冷三联产的冷热产的好处还要从吸收式制冷机说起，吸收式制冷机的基本原理早在 19 世纪 20 年代就已被英国科学家法拉第提出来了，1850 年世界上出现了第一台以氨水为工质的吸收式制冷机，至 1945 年美国凯利亚公司才制成了第一台以溴化锂水溶液为工质的吸收式制冷机。目前实用的制冷机仍只限于以氨水和以溴化锂水溶液为工质的两种。前者适用于制取 0℃ 左右至 −60℃ 的低温，后者则适用于制取 7℃ 以上的冷媒水供空调或工艺过程冷却之用，两者的工作原理相同。在空调领域内，溴化锂吸收式制冷机性能系数较以氨水为工质的机组高，设备也较紧凑，所以近几十年来得到了飞速发展。

与压缩式制冷机相比，吸收式制冷机有许多优点：首先一个好处就是可以利用低品质热能，80℃ 以上的热源就可利用。因而可利用工业余热或汽轮机的抽汽或背压机的排汽，实现热电冷三联产；其次，离心式压缩制冷机的制冷剂大多为 R11、R12，它们对臭氧层的破坏严重，而溴化锂吸收式制冷机的制冷剂为水，所以有利于环境保护；再次，吸收式制冷机没有其他运行部件，易损件少，运行简便、可靠，长期在低负荷下运行，也不会像离心式压缩制冷机那样发生喘振；最后，吸收式制冷机单台机组的制冷量大，最大可超过 5000kW，这是压缩式制冷机所不及的，因而可降低单位制冷量的投资费用，也便于发展集中供冷。

热电厂冬季热负荷大，夏季热负荷小，如夏季用吸收式溴化锂制冷多用了供热蒸汽，则使热电厂本身多供热多发电，节省了冷源损失，提高了能源利用率，直接节省了燃料。而夏季是电负荷的高峰，如果用电压缩制冷反而加剧了电负荷的峰值，所以用吸收式制冷机少用电（节电）而热电厂又多发电，减轻了电网调峰压力，减少了顶峰机组容量，减少了系统调峰机组的频繁起停等，从而间接节省了燃料。

当然，必须看到，吸收式制冷机的制冷系数远低于压缩式制冷机，在没有工业余热或热电厂抽汽或其他低品质热能可资利用时，不利于燃料的合理使用。集中供冷还有一个供冷半径的问题，如果供冷距离过长，用户过于分散，则冷量损失大，不利于节能。从经济性的角度看，我国各地情况复杂，热电冷三联产方式不可能包打天下，有便宜电力供应的地方及可以利用低谷电力的地方，可以发展冰蓄冷电动空调、蓄热式电热锅炉。

热电冷三联产有其优越性，但是否现实可行，还要从节能、经济、环保等角度认真研究，慎重决策。

思　考　题

11-1　在相同温限之间卡诺循环的热效率最高，为什么蒸汽动力循环不采用卡诺循环？

11-2　实现朗肯循环需要哪几个主要设备？画出朗肯循环的系统图，并在 p-v 图和 T-s 图上表示出来。

11-3　中间再热的主要作用是什么？如何选择再热压力才能使再热循环的热效率比初终参数相同而无再热的机组效率高？

11-4 在计算再热循环时，发现一个现象，即再热后的蒸汽的比焓值比主蒸汽的比焓值还要高，如14MPa、550℃时主蒸汽的比焓为3458.7kJ/kg，而5MPa、550℃的再热蒸汽的比焓为3548kJ/kg。既然如此，为什么还要发展高参数火电机组？

11-5 蒸汽动力循环热效率不高的原因是凝汽器对环境放出大量的热，能否取消凝汽器，而直接将乏汽升压再送回锅炉加热，这样不就可以大幅度地提高循环的热效率了吗？

11-6 回热是什么意思？为什么回热能提高循环的热效率？

11-7 能否在汽轮机中将全部蒸汽逐级抽出来用于回热，这样就可以取消凝汽器，从而提高循环的热效率？

11-8 请通过互联网查找热电冷三联产在国内外的应用情况。

习 题

11-1 朗肯循环中，汽轮机入口参数为 $p_1 = 12MPa$、$t_1 = 540℃$。试计算乏汽压力分别为 0.005MPa、0.01MPa 和 0.1MPa 时的循环热效率，通过比较计算结果，说明什么问题？

11-2 朗肯循环中，汽轮机入口初温 $t_1 = 540℃$，乏汽压力为 0.008MPa，试计算当初压 p_1 分别为 5MPa 和 10MPa 时的循环热效率及乏汽干度。

11-3 某再热循环，其新蒸汽参数为 $p_1 = 12MPa$、$t_1 = 540℃$，再热压力为 5MPa，再热后的温度为 540℃，乏汽压力 $p_2 = 6kPa$，设汽轮机功率为 125MW，循环水在凝汽器中的温升为 10℃，不计水泵耗功。求循环热效率、蒸汽流量和流经凝汽器的循环冷却水流量。

11-4 水蒸气绝热稳定流经一汽轮机，入口 $p_1 = 10MPa$、$t_1 = 510℃$，出口 $p_2 = 10kPa$，$x_2 = 0.9$，如果质量流量为 100kg/s，求汽轮机的相对内效率及输出功率。

11-5 汽轮机理想动力装置，其新蒸汽参数为 $p_1 = 12MPa$、$t_1 = 480℃$，采用一次再热，再热压力 $p_a = 3MPa$，再热后的温度为 480℃，乏汽压力 $p_2 = 4kPa$，蒸汽流量为 500t/h，不计水泵耗功。求循环热效率及机组的功率。

11-6 汽轮机理想动力装置，功率为 125MW，其新蒸汽参数为 $p_1 = 10MPa$、$t_1 = 500℃$，采用一次抽汽回热，抽汽压力 2MPa，乏汽压力 $p_2 = 10kPa$，不计水泵耗功。求循环热效率、主蒸汽流量、理想热耗率。

11-7 按照朗肯循环运行的电厂装有一台功率为 5MW 的背压式汽轮机，其蒸汽初、终参数为 $p_1 = 5MPa$，$t_1 = 450℃$，$p_2 = 0.6MPa$。排汽送到用户，返回时变成 p_2 下的饱和水送回锅炉。若锅炉效率 $\eta_b = 0.85$，燃料低位发热量为 26000kJ/kg，试求锅炉每小时的燃料消耗量及每小时供热量。

11-8 朗肯循环的输出功为 6MW，蒸汽初压 $p_1 = 4MPa$，初温 $t_1 = 400℃$，排汽压力 $p_2 = 6kPa$。若把背压改为 300kPa 或采用单级抽汽供热汽轮机，抽汽率 $\alpha = 0.2$，抽汽压力为 1MPa，抽汽放热凝结成饱和水后返回热力系统，汽轮机进汽量不变，试求两种情况的供热量和输出功率。

11-9 某小型热电厂装有一台背压式机组，已知该背压式机组的进汽参数为 $p_1 = 6MPa$、$t_1 = 510℃$，而背压 $p_2 = 0.8MPa$。如果热用户需要从该热电厂获得的供热量为 $2 \times 10^8 kJ/h$，假定全部凝结水可以从热用户送回热电厂，其返回温度为 50℃。试求：

1）该汽轮机的理想功率。

2）不计水泵功耗时的循环热效率。

3）理想情况下的燃料利用系数。

11-10 某热电厂装有一台功率为 100MW 的调节抽汽式汽轮机。已知其进汽参数为 $p_1 = 10MPa$、$t_1 = 540℃$，凝汽器中的压力 $p_2 = 5kPa$。在 $p_0 = 0.5MPa$ 压力下，从汽轮机中抽出一部分蒸汽，送往某化工厂作为工艺加热之用，假定凝结水全部返回热电厂，其温度为 40℃。若该化工厂需从热电厂获得 $7 \times 10^7 kJ/h$ 的供热量，试求该供热式汽轮机理论上每小时需要的蒸汽量。

11-11 某发电厂汽轮机进汽压力 $p_1 = 4\text{MPa}$，温度 $t_1 = 480℃$，汽轮机相对内效率 $\eta_{ri} = 0.88$，夏天凝汽器中工作温度为 $35℃$，冬季水温下降，使凝汽器中工作温度保持在 $15℃$。忽略给水泵的功耗。试求：

1）汽轮机夏季按朗肯循环工作时的理想汽耗率和实际汽耗率。

2）由于冬夏凝汽器中工作温度不同而导致汽轮机的输出功和热效率的差别。

11-12 某一地热电站，其系统和工质参数如图 11-18 所示。热水经节流阀变成湿蒸汽进入扩容器，并在此分离成干饱和蒸汽和饱和水。干饱和蒸汽进入汽轮机膨胀做功，乏汽排入凝汽器凝结为水。若忽略整个装置的散热损失和管道的压力损失，试确定：

1）节流后扩容器所产生的蒸汽质量流量（kg/s）。

2）已知汽轮机的相对内效率 $\eta_{ri} = 0.75$，求汽轮机发出的功率 P（kW）。

3）设地热电站所付出的代价为热水所能提供的热量，即热水自 $90℃$ 冷却到环境温度 $28℃$ 所放出的热量，求地热电站的热效率。

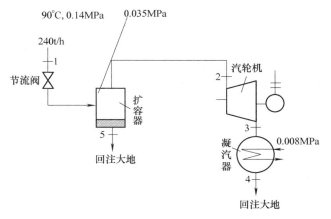

图 11-18 地热电站示意图

11-13 供在沙漠地区抽水用的一台小型太阳能发动机使用水蒸气作为工质。给水在 $50℃$ 的饱和液体状态进入一台小型离心泵，升压至 0.2MPa 后送入锅炉，锅炉在 0.2MPa 下使水汽化，所生成的饱和水蒸气进入该系统的小型汽轮机中，水蒸气离开汽轮机时干度为 0.94，温度为 $50℃$，随后进行冷凝，蒸汽流量为 140kg/h，假定不考虑水泵的耗功，集热器的集热能力为 800W/m^2。试计算该动力站的输出功率、循环效率和太阳能集热器面积。

11-14 某蒸汽动力循环具有处于相同压力下的一级再热和一级回热的装置。汽轮机高压缸进口参数为 $p_1 = 10\text{MPa}$ 和 $t_1 = 550℃$，等熵膨胀到 $p_2 = 2\text{MPa}$ 后被抽出部分蒸汽去混合式加热器中加热给水，余下的去锅炉再热器中加热到 $t_3 = 540℃$，再热蒸汽进入低压缸后等熵膨胀到 $p_4 = 15\text{kPa}$，乏汽在凝汽器中冷却到饱和水。流过凝汽器的循环冷却水由环境温度 $20℃$ 上升到 $32℃$，水的比热容取 4.1868kJ/(kg·K)。汽轮机的总功率为 100MW，不计水泵耗功。试确定：

1）该循环的 $T\text{-}s$ 图。

2）回热抽汽的抽汽率 α。

3）每千克蒸汽在汽轮机中做的功和循环的热效率。

4）水蒸气流量、冷却水流量。

11-15 某蒸汽动力装置的简图如图 11-19 所示。主蒸汽的参数为 $p_1 = 14\text{MPa}$，$t_1 = 540℃$。蒸汽在汽轮机高压缸内等熵膨胀到 $p_2 = 3\text{MPa}$ 时引出，其中一部分引至 Ⅰ 级回热器中加热给水，其余的蒸汽送到锅炉再热器等压加热至 $t_3 = 540℃$，然后送回汽轮机低压缸，等熵膨胀至 $p_4 = 0.5\text{MPa}$，再抽出一部分蒸汽至 Ⅱ 级回热器中加热给水，剩余的蒸汽在汽轮机中继续等熵膨胀至 $p_5 = 0.005\text{MPa}$。设回热器都是混合式的，给水被加热至抽汽压力对应的饱和温度，不考虑水泵耗功。

1）将此蒸汽动力循环画在 $T\text{-}s$ 图上。

2）计算抽汽率 α_1 和 α_2。

3）计算循环的热效率。

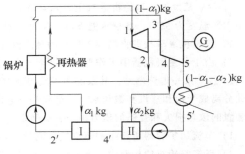

图 11-19 习题 11-15 图

4）与具有相同初、终参数的朗肯循环相比，热效率和乏汽干度提高多少？

11-16 一采用 BWR 特征的朗肯循环蒸汽动力厂，输出的净功率为 500MW，其一个阀门位于反应堆和汽轮机之间。反应堆中水的压力为 6.8MPa，并且在 300℃ 离开时为稍过热蒸汽。阀门使蒸汽压力降低为 2MPa，然后蒸汽进入 $\eta_{ri} = 0.80$ 的汽轮机。冷凝时的压力为 0.006MPa，泵的效率为 0.85。试分析汽轮机和泵的功量、循环效率、工质流量。

11-17 某朗肯循环，主蒸汽流量为 300t/h，汽轮机入口参数为 $p_1 = 10\text{MPa}$、$t_1 = 520℃$。汽轮机排汽压力为 8kPa，干度为 0.88。设乏汽在空冷凝汽器被定压冷却到饱和水状态，凝结放出的热量全部被空气带走。空气入口为环境温度 20℃，出口温度为 37℃。不考虑水泵与风机的耗功，求：

1）画出朗肯循环的 $T\text{-}s$ 图。

2）汽轮机的相对内效率。

3）汽轮机的实际输出功率（kW）。

4）循环效率。

5）空气的流量（kg/s）。

6）每秒钟在空冷凝汽器不可逆传热引起的熵增及做功能力损失。设空气的比定压热容为定值，$c_p = 1.004\text{kJ/(kg·K)}$。

11-18 某理想蒸汽循环采用二次再热，主蒸汽压力 $p_1 = 25\text{MPa}$，主蒸汽温度 $t_1 = 600℃$，第一次再热压力 $p_2 = 8\text{MPa}$，再热后的温度 $t_3 = 580℃$，第二次再热压力 $p_3 = 2\text{MPa}$，再热后的温度 $t_5 = 580℃$，乏汽压力为 10kPa，不计水泵耗功。求：

1）画出此二次再热循环的 $T\text{-}s$ 图。

2）平均吸热温度。

3）循环热效率。

4）在初、终参数相同的条件下，与不再热相比乏汽干度提高多少？

扫描下方二维码，可获取部分习题参考答案。

第12章

气体动力装置循环

气体动力循环主要包括燃气轮机循环、内燃机循环和喷气发动机循环三大类。它们都是以燃气作为工质的。本章重点介绍在火力发电厂中有重要应用的燃气轮机循环以及燃气-蒸汽联合循环，简要介绍内燃机循环。整体煤气化联合循环（IGCC）和分布式能量系统是本学科当前研究的热点，它们都涉及能量的清洁和高效转化问题，在本章也做简要介绍。

12.1　燃气轮机装置理想循环

1. 概述

燃气轮机装置是一种以空气和燃气为工质的热动力设备。1872年，侨居美国的英国工程师布雷顿（G. Brayton）创建了一种把压缩缸和膨胀做功缸分开的往复式煤气机，采用等压加热循环，它与燃气轮机的简单循环是一样的，因此，不少的论著中把燃气轮机循环称为布雷顿循环。其实，早在公元800—900年，我国已有了走马灯。走马灯利用蜡烛燃烧产生的高温气体来推动纸糊的叶轮转动。从原理上讲，这就是现代燃气轮机的雏形，不同的是走马灯中仅利用自然对流来使气体流动，而没有压气机。

现代燃气轮机技术是从1939年德国的Hinkel工厂研制成功第一台航空涡轮喷气发动机和瑞士BBC公司研制成功第一台工业发电用燃气轮机开始的。随着人们对气体动力学等基础科学认识的不断深入，冶金水平、冷却技术、结构设计和工艺水平的不断提高和完善，通过提高燃气初温，增大压气机增压比，充分利用燃气轮机的排气余热，与其他类型动力机械的联合使用等途径，使得燃气轮机的性能在最近几十年中取得了巨大的提升，燃气轮机发电在世界电力结构中的比例不断增加。早在1987年，美国燃气轮机装置的生产总量就已经超过蒸汽轮机的生产总量。

简单的等压燃气轮机装置主要由压气机、燃烧室和燃气透平三大部件构成。图12-1所示为最简单的等压加热开式循环燃气轮机及其工作示意图：压气机连续地吸入空气并使之增压（空气温度也相应提高），送到燃烧室的空气与燃料混合燃烧，形成高温高压的燃气；燃气在燃气透平中膨胀做功，带动压气机和外负荷；从燃气透平中排出的乏气排至环境中放热。通常燃气透平产生的功，2/3左右用来驱动压气机，其余的1/3左右驱动外负荷（如发

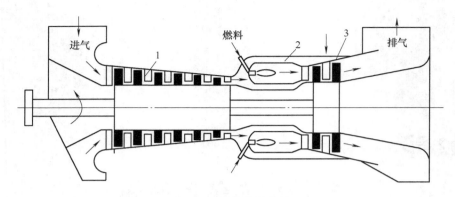

图 12-1　燃气轮机装置

1—压气机　2—燃烧室　3—燃气透平

电机等）。

采用燃气轮机装置发电的主要优点有：

1）起停快捷，调峰性能好，作为电网中的应急备用电源或负荷调峰机组是完全必要的。

2）循环效率高。燃气-蒸汽联合循环发电效率可达 60% 左右。

3）采用油或天然气为燃料，燃烧效率高，污染小。

4）无须煤场、输煤系统、除灰系统，厂区占地面积比燃煤火力发电厂小很多。

5）耗水量少。一般燃气轮机简单循环只需同容量燃煤火力发电厂用水量的 2%~10%，联合循环也只需同容量火力发电厂用水量的 1/3，这对于缺水地区建电厂尤为重要。

6）建厂周期短。燃气轮机在制造厂完成了最大的可能装配后才集装运往现场，施工安装简便。

当然，采用燃气轮机装置发电也有不足之处。首先是我国的能源结构是以煤为主，油和天然气资源相对短缺，直接烧油或天然气发电成本高；其次是目前我国在重型燃气轮机方面的技术水平落后，主要设备需进口，需要做出艰苦的努力，走"引进、吸收、跨越"的发展道路。

2. 燃气轮机等压加热理想循环分析

为了对燃气轮机装置进行热力学分析，首先要对实际循环进行理想化处理：

1）假定工质是比热容为定值的理想气体，燃烧之前或之后成分不变，都当作是空气。

2）工质经历的所有过程都是可逆过程。

3）在压气机和燃气透平中皆为绝热过程。

4）工质在燃烧室中经历的燃烧过程视为等压加热过程。

5）工质向环境放热是等压放热过程，而且放热后，进入压气机入口，构成闭式循环。

经过上述简化后，就可以得到燃气轮机等压加热理想循环，又称为**布雷顿循环**，这个循环的 p-v 图和 T-s 图如图 12-2 所示。图中 1-2 为空气在压气机中的可逆绝热压缩过程（等熵）；2-3 为空气在燃烧室中的可逆等压加热过程；3-4 为燃气在燃气透平中的可逆绝热膨胀过程（等熵）；4-1 为乏气在环境中的可逆等压放热过程。

下面分析燃气轮机等压加热理想循环的热效率。

循环中单位质量工质的吸热量为

$$q_1 = c_p(T_3 - T_2)$$

单位质量工质对外界放出的热量为

$$q_2 = c_p(T_4 - T_1)$$

循环的热效率为

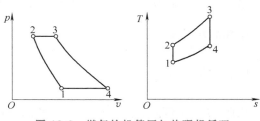

图 12-2 燃气轮机等压加热理想循环

$$\eta_t = 1 - \frac{q_2}{q_1} = 1 - \frac{T_4 - T_1}{T_3 - T_2} \qquad (12-1)$$

因为 1-2 和 3-4 都是可逆绝热过程,故有

$$\frac{T_2}{T_1} = \left(\frac{p_2}{p_1}\right)^{\frac{\kappa-1}{\kappa}}, \qquad \frac{T_3}{T_4} = \left(\frac{p_3}{p_4}\right)^{\frac{\kappa-1}{\kappa}}$$

而

$$\frac{p_2}{p_1} = \frac{p_3}{p_4} = \pi$$

上式中 $\pi = p_2/p_1$ 称为燃气轮机的**循环增压比**。

$$T_2 = T_1 \pi^{\frac{\kappa-1}{\kappa}}, \qquad T_3 = T_4 \pi^{\frac{\kappa-1}{\kappa}}$$

将上述结果代入式(12-1),整理可得

$$\eta_t = 1 - \frac{1}{\pi^{\frac{\kappa-1}{\kappa}}} \qquad (12-2)$$

可见,布雷顿循环的热效率取决于循环增压比 π,随着 π 增大,热效率提高。但 π 值不能太高,如果 π 值太高,一方面使压气机消耗的功增加,另一方面进入燃烧室的空气的温度 T_2 也太高,在允许进入燃气透平的温度 T_3 一定的情况下,工质在燃烧室吸收的热量减少,最后会影响机组输出的净功。

例 12-1 燃气轮机装置等压加热理想循环

某燃气轮机装置等压加热理想循环,已知压气机入口状态为 0.1MPa、290K,空气的体积流量为 1000m³/min,压气机增压比 $\pi = 12$,燃气轮机入口温度 $T_3 = 1500$K,假设工质是空气,且比定压热容为定值,$c_p = 1.004$kJ/(kg · K),$\kappa = 1.4$。试求燃气轮机产生的功率、压气机消耗的功率、输出的净功率及循环的热效率。

解 该循环的 T-s 图如图 12-2 所示。

压气机每秒压缩空气的质量为

$$\dot{m}_a = \frac{p\dot{V}}{R_g T} = \frac{10^5 \times 10^3}{287 \times 290 \times 60} \text{kg/s} = 20.02 \text{kg/s}$$

压气机出口温度为 $\quad T_2 = T_1 \pi^{\frac{\kappa-1}{\kappa}} = 290\text{K} \times 12^{\frac{1.4-1}{1.4}} = 589.84\text{K}$

燃气轮机出口温度为 $\quad T_4 = T_3 \left(\frac{1}{\pi}\right)^{\frac{\kappa-1}{\kappa}} = 1500\text{K} \times \left(\frac{1}{12}\right)^{\frac{1.4-1}{1.4}} = 737.49\text{K}$

燃气轮机产生的功率为 $\quad P_T = \dot{m}_a(h_3 - h_4) = 20.02 \times 1.004 \times (1500 - 737.49) \text{ kW} = 1.53 \times 10^4 \text{kW}$

压气机消耗的功率为 $\quad P_C = \dot{m}_a(h_2 - h_1) = 20.02 \times 1.004 \times (589.84 - 290) \text{ kW} = 6.03 \times 10^3 \text{kW}$

输出的净功率为 $\quad P_{\text{net}}=P_{\text{T}}-P_{\text{C}}=(1.53\times10^4-6.03\times10^3)\ \text{kW}=9.27\times10^3\text{kW}$

循环的热效率为 $\quad \eta_{\text{t}}=1-\dfrac{q_2}{q_1}=1-\dfrac{T_4-T_1}{T_3-T_2}=1-\dfrac{737.49-290}{1500-589.84}=50.8\%$

或者 $\quad \eta_{\text{t}}=1-\dfrac{1}{\pi^{\frac{\kappa-1}{\kappa}}}=1-\dfrac{1}{12^{\frac{0.4}{1.4}}}=50.8\%$

从例 12-1 中可以看出，即使在不考虑摩擦损失的理想燃气轮机装置循环中，压气机的耗功也是很大的，这一点和朗肯循环中水泵耗功少形成鲜明对比。

12.2 燃气轮机装置实际循环

12.2.1 实际循环

燃气轮机实际循环的各个过程都存在着不可逆因素。这里主要考虑压缩过程和膨胀过程中存在的不可逆性。如图 12-3 所示，虚线 1-2′ 表示压气机中的不可逆绝热压缩过程，虚线 3-4′ 表示燃气透平中的不可逆绝热膨胀过程。这两个过程的共同特点都是朝熵增加方向偏移。

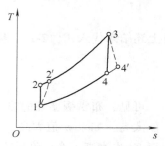

图 12-3　燃气轮机装置实际循环的 $T\text{-}s$ 图

第 4 章已定义了压气机的绝热效率，即

$$\eta_{\text{C},s}=\frac{w_{\text{C},s}}{w_{\text{C}}'}=\frac{h_2-h_1}{h_{2'}-h_1}$$

所以，对于单位质量工质，压气机的实际耗功为

$$w_{\text{C}}'=h_{2'}-h_1=\frac{1}{\eta_{\text{C},s}}(h_2-h_1) \tag{12-3}$$

燃气轮机的不可逆性用相对内效率来表示，其定义和蒸汽轮机的相对内效率是一样的，即

$$\eta_{\text{ri}}=\frac{\text{实际膨胀做的功}}{\text{定熵膨胀做的功}}=\frac{w_{\text{T}}'}{w_{\text{T}}}=\frac{h_3-h_{4'}}{h_3-h_4} \tag{12-4}$$

所以燃气轮机的实际做功为

$$w_{\text{T}}'=h_3-h_4'=\eta_{\text{ri}}(h_3-h_4)$$

实际循环的循环净功为

$$w_{\text{net}}'=w_{\text{T}}'-w_{\text{C}}'$$

实际循环中气体的吸热量为

$$q_1=h_3-h_{2'}$$

因而实际循环的热效率为

$$\eta_{\text{t}}=\frac{w_{\text{net}}'}{q_1}=\frac{w_{\text{T}}'-w_{\text{C}}'}{h_3-h_{2'}} \tag{12-5}$$

关于燃气轮机等压加热实际循环热效率的公式就推导到这里，不求详细结果，有兴趣的读者可以参考有关文献。这里只介绍相关结论：压气机中的压缩过程和燃气透平中的膨胀过

程不可逆损失越小，即 $\eta_{C,s}$、η_{ri} 越大，则实际循环热效率越高；循环增温比 τ（$\tau = T_3/T_1$）越大，实际循环热效率也越高；当增温比 τ 及 $\eta_{C,s}$、η_{ri} 一定时，随着增压比 π 的增大，实际循环的热效率先增大，到某一最高效率后又开始下降。

12.2.2　带回热的燃气轮机装置循环

1. 回热流程

提高平均吸热温度，降低平均放热温度，都能够提高循环热效率。简单燃气轮机循环的排气温度很高，一般高达 500℃，既浪费能量，又对环境造成热污染，采用回热可以克服这些不利因素。

所谓回热就是利用燃气透平的高温排气来加热压气机出口的空气。采用回热，可以提高进入燃烧室的空气温度，同时也降低了乏气的排气温度，是提高循环热效率的有效方法，其流程如图 12-4 所示。空气经压气机压缩后，不是直接送到燃烧室，而是在回热器中等压吸热后再送入燃烧室。燃气透平的排气不是直接排向环境，而是在回热器中等压放热，加热压缩空气，然后再排向环境。很明显，当增压比过大，以至于压气机出口温度高于燃气透平排气温度时，是无法采用回热的。

2. 极限回热

极限回热是一种没有传热端差的理想情况。如图 12-5 所示，压缩空气在回热器中被加热到等于燃气轮机的排气温度，即 $T_5 = T_4$；燃气轮机的排气也被冷却到压气机的出口温度，即 $T_6 = T_2$。

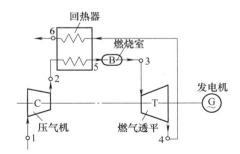

图 12-4　带回热的燃气轮机装置

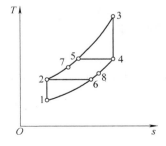

图 12-5　燃气轮机装置极限回热时的 T-s 图

对于单位质量工质极限回热时，循环吸热量为

$$q_1 = c_p(T_3 - T_5) = c_p(T_3 - T_4)$$

循环放热量为

$$q_2 = c_p(T_6 - T_1) = c_p(T_2 - T_1)$$

循环热效率为

$$\eta_t = 1 - \frac{q_2}{q_1} = 1 - \frac{T_2 - T_1}{T_3 - T_4}$$

3. 回热度

当然，极限回热是一种理想的极限状况，实际上是不可能达到的。在回热器中用燃气轮机的排气加热压缩空气，不可能将空气加热到 $T_5 = T_4$，只可能加热到 T_7，燃气轮机的排气在回热器中只可能放热至 T_8，而不可能放热至 $T_6 = T_2$（图 12-5）。这里引入一个**回热度**的概

念，它表示在回热器中实际传递的热量与极限情况下传递的热量之比。回热度用 σ 表示，即

$$\sigma = \frac{h_7 - h_2}{h_5 - h_2} = \frac{h_7 - h_2}{h_4 - h_2} = \frac{T_7 - T_2}{T_4 - T_2} \tag{12-6}$$

回热度的大小取决于回热器的换热面积和具体的结构情况以及运行中的积灰情况等。

例 12-2　燃气轮机装置实际循环

一带回热的燃气轮机等压加热实际循环，压气机的入口温度为 290K，压力为 95kPa，流量为 60kg/s，循环的最高温度为 1500K，最高压力为 950kPa，压缩空气经回热器加热后的温度为 805K，压气机的绝热效率 $\eta_{C,s} = 0.85$，燃气透平相对内效率 $\eta_{ri} = 0.87$，空气的比定压热容 $c_p = 1.004\text{kJ/(kg·K)}$，空气的等熵指数 $\kappa = 1.4$。求：

1）回热器的回热度 σ。

2）循环的热效率。

3）净输出功率。

解　该循环的 $T\text{-}s$ 图如图 12-6 所示。

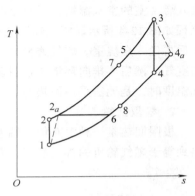

图 12-6　例 12-2 图

$$T_2 = T_1 \left(\frac{p_2}{p_1}\right)^{\frac{\kappa-1}{\kappa}} = 290 \times \left(\frac{950}{95}\right)^{\frac{1.4-1}{1.4}} \text{K} = 559.9\text{K}$$

$$T_4 = T_3 \left(\frac{p_4}{p_3}\right)^{\frac{\kappa-1}{\kappa}} = 1500 \times \left(\frac{95}{950}\right)^{\frac{1.4-1}{1.4}} \text{K} = 776.9\text{K}$$

根据压气机绝热效率的定义，有

$$\eta_{C,s} = \frac{T_2 - T_1}{T_{2_a} - T_1} = \frac{559.9\text{K} - 290\text{K}}{T_{2_a} - 290\text{K}} = 0.85$$

解之得　　　　　　　　　　　　$T_{2_a} = 607.5\text{K}$

根据燃气透平相对内效率的定义，有

$$\eta_{ri} = \frac{T_3 - T_{4_a}}{T_3 - T_4} = \frac{1500\text{K} - T_{4_a}}{1500\text{K} - 776.9\text{K}} = 0.87$$

解之得　　　　　　　　　　　　$T_{4_a} = 870.9\text{K}$

1）回热度为

$$\sigma = \frac{T_7 - T_{2_a}}{T_5 - T_{2_a}} = \frac{T_7 - T_{2_a}}{T_{4_a} - T_{2_a}} = \frac{805 - 607.5}{870.9 - 607.5} = 0.75$$

同时，回热器对外界的散热可以忽略，因此有如下热平衡方程，即

$$c_p(T_7 - T_{2_a}) = c_p(T_{4_a} - T_8)$$

解之得　　　　　　　　　　　　$T_8 = 673.4\text{K}$

2）循环热效率为

$$\eta_t = 1 - \frac{q_2}{q_1} = 1 - \frac{c_p(T_8 - T_1)}{c_p(T_3 - T_7)} = 1 - \frac{673.4 - 290}{1500 - 805} = 44.8\%$$

3）净输出功率为

$$P = 60 \times 1.004 \times (1500 - 805) \times 44.8\% \text{kW} = 18756.3\text{kW}$$

12.2.3 提高燃气轮机装置循环热效率的其他途径

1. 在回热的基础上分级压缩中间冷却

在第4章的有关压气机内容中，介绍过分级压缩中间冷却的好处。燃气轮机也可以在回热的基础上采用分级压缩中间冷却，如图12-7所示。中间冷却后，高压压气机出口温度降低，这样会使乏气排向环境的温度降低，即降低了循环的平均放热温度，而与单纯回热循环相比，平均吸热温度不变，故可以提高循环热效率。当然，如果不采用回热，而只采用分级压缩中间冷却的措施，其结果将适得其反。请读者自己分析原因。

2. 在回热的基础上分级膨胀中间再热

如图12-8所示，燃气在燃气透平中分级膨胀。中间再加热，低压燃气透平排出的乏气在回热器中放热后，排向大气。这样做的结果是平均吸热温度提高了，而平均放热温度不变，同样可提高循环热效率。

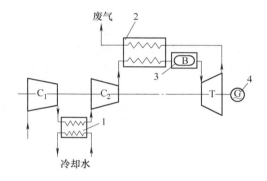

图 12-7　燃气轮机装置在回热的
基础上分级压缩中间冷却
1—中间冷却器　2—回热器　3—燃烧室　4—发电机

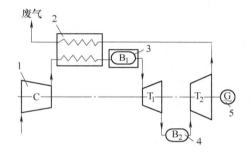

图 12-8　燃气轮机装置在回热的
基础上分级膨胀中间再热
1—压气机　2—回热器　3—高压
燃烧室　4—低压燃烧室　5—发电机

12.3　燃气-蒸汽联合循环

目前，燃气轮机装置循环中燃气轮机的进气温度虽高达1000～1400℃，但排气温度在400～650℃范围内，故其循环热效率较低。燃气-蒸汽联合循环就是以燃气轮机装置作为顶循环，蒸汽动力装置作为底循环，分别有燃气、水蒸气两种工质做功的联合循环。如图12-9所示，燃气轮机的排气送入余热锅炉加热水，使之变为水蒸气，驱动底循环，余热锅炉内一般不用另加燃料。当然也有在余热锅炉内加燃料补燃的情况。

在理想情况下，燃气轮机装置的等压放热量Q_{41}可以完全被余热锅炉加以利用，产生水蒸气，实际上，由于存在传热端差，仅有过程4-5排放的热量得到利用，过程5-1仍为向大气放热。故联合循环的热效率为

$$\eta_t = 1 - \frac{Q_2}{Q_1} = 1 - \frac{Q_{bc} + Q_{51}}{Q_{23}} \tag{12-7}$$

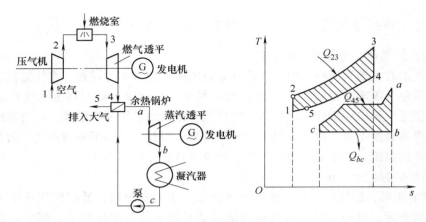

图 12-9　燃气-蒸汽联合循环

例 12-3　燃气-蒸汽联合循环

一理想燃气-蒸汽联合循环装置，总输出功率为 100MW，顶循环为理想布雷顿循环，空气进入压气机的压力 $p_1 = 0.1\text{MPa}$，温度 $T_1 = 290\text{K}$，压气机的增压比 $\pi = 10$，燃气轮机进口温度 $T_3 = 1500\text{K}$，燃气轮机废气离开余热锅炉的温度 $T_5 = 380\text{K}$。底循环为理想朗肯循环，余热锅炉出口蒸汽温度 $t_a = 400\text{℃}$，压力 $p_a = 5\text{MPa}$，凝汽器中压力 $p_b = p_c = 0.01\text{MPa}$，为了便于计算，燃气轮机循环工质看作空气，$c_p = 1.004\text{kJ/(kg·K)}$，$\kappa = 1.4$，不考虑余热锅炉的散热损失，水泵耗功也不计。求：

1）空气的质量流量和水蒸气的质量流量。

2）顶循环和底循环的功率。

3）联合循环的总效率。

解　本题燃气-蒸汽联合循环的 T-s 图如图 12-9 所示。

1）设空气的流量为 m_a（kg/s），水蒸气的流量为 m_v（kg/s）。

$t_a = 400\text{℃}$，$p_a = 5\text{MPa}$ 时，查水蒸气表得 $h_a = 3194.9\text{kJ/kg}$。

乏汽的焓 $h_b = 2103\text{kJ/kg}$，凝结水的焓 $h_c = 191.76\text{kJ/kg}$。

$$T_2 = T_1 \pi^{\frac{\kappa-1}{\kappa}} = 290 \times 10^{\frac{1.4-1}{1.4}}\text{K} = 559.9\text{K}$$

$$T_4 = T_3 \left(\frac{1}{\pi}\right)^{\frac{\kappa-1}{\kappa}} = 1500 \times \left(\frac{1}{10}\right)^{\frac{1.4-1}{1.4}}\text{K} = 776.9\text{K}$$

顶循环燃气轮机装置中单位质量工质做的循环净功为

$$w_{\text{net1}} = c_p[(T_3-T_4)-(T_2-T_1)] = 1.004 \times (1500-776.9-559.9+290)\text{kJ/kg} = 455.0\text{kJ/kg}$$

蒸汽轮机中单位质量工质做的循环净功为

$$w_{\text{net2}} = h_a - h_b = (3194.9-2103)\text{kJ/kg} = 1091.9\text{kJ/kg}$$

对于总功率有如下方程

$$455\text{kJ/kg}m_a + 1091.9\text{kJ/kg}m_v = 100 \times 10^3\text{kW}$$

对于余热锅炉有如下热平衡方程

$$m_a c_p (T_4-T_5) = m_v (h_a-h_c)$$

联立求解以上两方程，得

$$m_a = 166.7\text{kg/s} \quad m_v = 22.12\text{kg/s}$$

2）顶循环的功率为

$$P_1 = m_a w_{net1} = 166.7 \times 455kW = 75848.5kW \approx 76MW$$

底循环的功率为

$$P_2 = m_v w_{net2} = 22.12 \times 1091.9kW = 24152.8kW \approx 24MW$$

3）总的付出为

$$Q_1 = m_a c_p (T_3 - T_2) = 166.7 \times 1.004 \times (1500-559.9)kW = 157341.5kW$$

因此，联合循环的总效率为

$$\eta_t = \frac{100 \times 10^3}{157341.5} = 63.56\%$$

可见，燃气-蒸汽联合循环装置的效率是很可观的，燃气轮机和蒸汽轮机都输出功，其中燃气轮机装置发电占大部分。

由于燃气轮机装置和蒸汽动力装置在技术上都很成熟，因此实现燃气-蒸汽联合循环并无困难。目前，实际联合循环的净发电效率可达50%以上。

12.4 整体煤气化联合循环（IGCC）

20世纪70年代初期由中东战争引发的石油危机以及不断恶化的环境污染问题，给世界带来了巨大影响和冲击。西方主要工业国家从经济发展和国家安全的战略角度考虑，推行能源多样化的政策，并鼓励发电行业燃料多样化。根据对世界能源结构的分析，化石燃料中煤的储量大，价格低廉，供应稳定，但直接燃煤严重污染环境是一个不容忽视的问题。因此，各国政府在考虑利用储量丰富的煤炭资源时，特别重视洁净煤技术的研究与开发工作。经过几十年的努力，各种形式的洁净煤发电技术得到了很大发展，如整体煤气化联合循环（IGCC）、增压流化床燃煤联合循环（PFBCC）、常压流化床燃煤联合循环（AFBCC）、外燃式燃煤联合循环（EFCC）等。但从大型化和商业化发展来看，近期各国开发研究的重点主要放在IGCC上，投入人力物力最多，已建和在建的示范项目也占多数。越来越多的实践证明：IGCC是有发展前景的洁净煤发电技术。

整体煤气化联合循环（Integrated Gasification Combined Cycle，IGCC）发电技术是将煤气化技术和高效的联合循环相结合的先进动力系统。它由两大部分组成，即煤的气化与净化部分和燃气-蒸汽联合循环发电部分。第一部分的主要设备有气化炉、空分装置、煤气净化设备（包括硫的回收装置），第二部分的主要设备有燃气轮机发电系统、余热锅炉、蒸汽轮机发电系统。典型的IGCC发电系统如图12-10所示，IGCC的工艺过程如下：煤经气化成为中低热值煤气，经过净化，除去煤气中的硫化物、氮化物、粉尘等污染物，变为清洁的气体燃料，然后送入燃气轮机的燃烧室燃烧，加热气体工质以驱动燃气轮机做功，燃气轮机排气进入余热锅炉加热给水，产生过热蒸汽驱动蒸汽轮机做功。

由于它采用了燃气-蒸汽联合循环，大大地提高了能源的综合利用率，实现了能量的梯级利用，提高了整个发电系统的效率，更重要的是它较好地解决了常规燃煤电站固有的污染环境问题。因此，世界各国纷纷建立了IGCC示范电站。IGCC之所以受到重视，是因为它有以下几个优点：

1）高效率。IGCC的高效率主要来自联合循环，燃气轮机技术的不断发展又使它具有

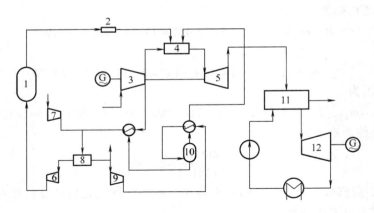

图 12-10 典型的 IGCC 发电系统

1—气化炉 2—净化系统 3—压气机 4—燃烧室 5—透平 6—氧气压缩机 7—空气压缩机
8—空分装置 9—氮气压缩机 10—氮气饱和器 11—余热锅炉 12—蒸汽轮机

了提高效率的最大潜力。现在，燃用天然气或油的联合循环发电系统净效率已达到 60%。随着燃气初温的进一步提高，IGCC 的净效率能达到 50% 或更高。

2）煤洁净转化与非直接燃煤技术使它有极好的环保性能。先将煤转化为煤气，净化后燃烧，克服了由于煤的直接燃烧造成的环境污染问题，同时也解决了内燃式的燃气轮机难以直接燃烧固体燃料的问题，其 NO_x 和 SO_2 的排放远低于环境污染排放标准，脱硫率≥98%，除氮率可达 90%。废物处理量少，副产品还可销售利用，能更好地适应 21 世纪火电发展的需要。

3）耗水量少。耗水量比常规汽轮机电站少 30%～50%，这使它更有利于在水资源紧缺的地区发挥优势，也适于矿区建设坑口电站。

4）易大型化，单机功率可达到 300～600MW 或更高。

5）能够利用多种先进技术使之不断完善。IGCC 是一个由多种技术集成的系统，煤的气化、净化技术、燃气轮机技术以及汽轮机技术等的发展都为它的发展提供了强有力的支撑。

6）能充分综合利用煤炭资源，适用煤种广，能和煤化工结合成多联产系统，能同时生产电、热、燃料气和化工产品。

世界上第一座 IGCC 装置是 1972 年在德国 Lünen 市的 Kellerman 电厂，容量为 170MW，采用五台 Lurgi 固定床气化炉，配西门子公司 V93 型 74MW 功率燃气轮机等组成增压锅炉型联合循环。1972 年投入试验运行时曾遇到一系列问题，经过调试改进，大多得到解决，但由于气化岛的实际空气耗量比设计值大很多，导致装置出力和效率都低于设计值，加之粗煤气中含有焦油和酚等有害物质极难处理，该电站完成原定全部试验内容后于 20 世纪 70 年代末停运。尽管如此，但它作为 IGCC 的先驱开创了洁净煤发电技术的新时代。

第一座 IGCC 电站未能长期运行的主要原因是气化炉问题。因而，如何经济有效地将煤转化为煤气并从中去除有害物质成为 IGCC 示范电站成败的一个关键。而世界上真正试运行成功的第一座 IGCC 电站是建于美国加州 Daggett 的 Cool Water 电站，它采用水煤浆供料、容量为 1000t/d 的 Texaco 喷流床气化炉，利用 99.5% 的氧气为气化剂，独立空分装置（N_2 不回注），常温湿法除尘脱硫技术。通过 27100h 的运行考核，表现性能良好，运行可靠，尤其是排放污染很小，被誉为"世界上最清洁的燃煤电站"。美国同时建的另一座 IGCC 示范电站是建于路易斯安那州 Plaqutmin 的 Dow 化工厂内的 LGTI 电站，它采用水煤浆供料、容量为 2200t/d 的 Destec 气流床，配西屋公司生产的 110MW 功率 WH-510D 燃气轮机，电站折合总功率为 161MW，净效率为 34.2%（HHV），从 1984 年 4 月投运，直到 1994 年 3 月停运累计运行 33637h，是目前世界上运行时间最长的 IGCC 机组。它曾对不同煤种进行试验，显示了 Destec 气化炉对不同烟煤都有好的适应性。

21 世纪火电站发展方向是较高的能源利用率、较好的经济性以及良好的环保性能，即达到能源（Energy）、环境（Environment）、经济性（Economy）三者结合（3E）。IGCC 能很好地满足这些需求，因此，它必将成为 21 世纪火电动力发展的方向之一。

12.5　活塞式内燃机循环简介

内燃机一般是活塞式（或称往复式）的，其共同特点是工质的膨胀和压缩以及燃料的燃烧过程都是在同一个带活塞的气缸中进行的。内燃机结构紧凑，重量轻，体积小，管理方便，是一种轻便、有较高热效率的热机，被广泛应用于各种汽车、拖拉机、船舶、舰艇、铁路机车、地质钻探机械、土建施工机械等。

按照使用的燃料不同，内燃机可分为汽油机、柴油机、煤油机等；按照点火的方式不同，内燃机又可分为点燃式和压燃式两大类；按照完成一个工作循环活塞所经历的冲程数不同，内燃机又可分为四冲程和二冲程两大类。从热力学加热过程特点来看，又可分为等容加热循环、等压加热循环和混合加热循环。

本节将以四冲程内燃机为例，简要介绍其工作原理和循环过程。

1. 等容加热循环

等容加热理想循环是汽油机实际工作循环的理想化，它是德国工程师奥托（Otto）于 1876 年提出的，因此又称为**奥托循环**。

在活塞式内燃机的气缸中，气体工质的压力和体积的变化情况可以用一种叫"示功器"的仪器记录下来。四冲程汽油机实际循环的示功图如图 12-11 所示。

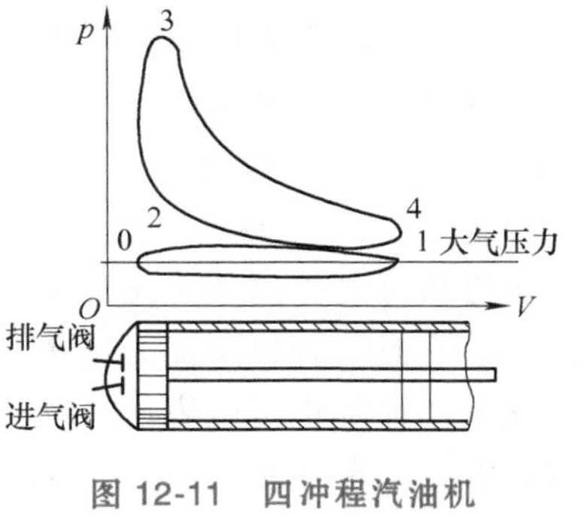

吸气行程 0-1：进气阀开启，活塞自左向右移动，将燃料和空气的混合物经进气阀吸入气缸中，达到下止点 1 后，进气阀关闭。

图 12-11　四冲程汽油机
实际循环的示功图

压缩行程 1-2：活塞自右向左移动，气缸中的气体被压缩升温，接近上止点时，点火装置将可燃气体点燃，气缸内气体温度急剧升高，接近于等容下的升温升压过程。

工作行程 3-4：活塞达到上止点 3 后，工质膨胀，推动活塞右行至下止点 4。

排气行程 4-0：排气阀打开，同时，活塞自右向左移动，将废气排出气缸外。

为了便于理论分析，必须对上述实际循环加以合理的抽象，认为进、排气都是在大气压力下进行的；膨胀和压缩过程都是可逆绝热的；将燃料燃烧加热工质的过程看成是工质从高温热源可逆等容吸热过程；将排气过程看成是工质可逆等容地向低温热源放热的过程。

经过上述简化，奥托循环可以表示在 $p\text{-}v$ 图和 $T\text{-}s$ 图上，如图 12-12 所示。其中，1-2 为可逆绝热压缩过程；2-3 为可逆等容加热过程；3-4 为可逆绝热膨胀过程；4-1 为可逆等容放热过程。

对于单位质量工质循环吸热量为

$$q_1 = c_V(T_3 - T_2)$$

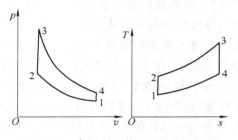

图 12-12　奥托循环的 $p\text{-}v$ 图和 $T\text{-}s$ 图

循环放热量为

$$q_2 = c_V(T_4 - T_1)$$

循环热效率为

$$\eta_t = 1 - \frac{q_2}{q_1} = 1 - \frac{T_4 - T_1}{T_3 - T_2} \tag{12-8}$$

因为 1-2、3-4 为可逆绝热过程，故有

$$\frac{T_2}{T_1} = \left(\frac{v_1}{v_2}\right)^{\kappa-1}, \quad \frac{T_3}{T_4} = \left(\frac{v_4}{v_3}\right)^{\kappa-1}$$

因 $v_3 = v_2$，$v_4 = v_1$，且定义 $\varepsilon = v_1/v_2$，则有

$$T_3 = T_4 \varepsilon^{\kappa-1}, \quad T_2 = T_1 \varepsilon^{\kappa-1}$$

故有

$$T_3 - T_2 = (T_4 - T_1)\varepsilon^{\kappa-1}$$

将上式代入式(12-8)，得到

$$\eta_t = 1 - \frac{1}{\varepsilon^{\kappa-1}} \tag{12-9}$$

式中，$\varepsilon = v_1/v_2$ 称为**压缩比**，表示工质在燃烧前被压缩的程度。由式（12-9）可知，ε 越高，奥托循环的热效率也越高。但是 ε 值并不能任意提高，因为压缩比过大，压缩终态温度 T_2 过高，容易产生爆燃，对活塞和气缸造成损害。对于一般汽油机，$\varepsilon = 5 \sim 10$。

2. 等压加热循环

内燃机理想等压加热循环又称为狄塞尔（Diesel）循环。早期的低速柴油机采用的是这种循环，它是一种以柴油为燃料，空气和燃料分别压缩的压燃式内燃机。

狄塞尔循环也可以表示在 $p\text{-}v$ 图和 $T\text{-}s$ 图上，如图 12-13 所示。其中 1-2 为可逆绝热压缩过程；2-3 为等压加热过程；3-4 为可逆绝热膨胀过程；4-1 为等容放热过程。

由于这种柴油机必须附带压气机，设备庞大笨重，故已被淘汰。

3. 混合加热循环

内燃机理想混合加热循环又称为萨巴德（Sabathe）循环。现行的柴油机都是在这种循环基础上设计制造的。所谓混合加热是指既有等压加热又有等容加热。图 12-14 所示

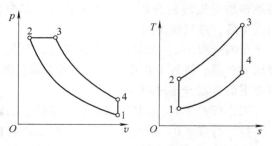

图 12-13　内燃机等压加热理想循环的 $p\text{-}v$ 图和 $T\text{-}s$ 图

为内燃机混合加热理想循环的 p-v 图和 T-s 图。其中 1-2 是可逆绝热压缩过程，在活塞到达上止点稍前，柴油被喷入气缸，并被压缩升温的空气预热。活塞到达上止点 2 时，柴油已经被预热到着火点并开始燃烧，气缸内温度、压力迅速升高，形成一个等容加热过程 2-2′。随着燃料的不断喷入和燃烧的延续，活塞离开上止点下行，于是又出现一个等压加热过程 2′-3。随后喷油停止，燃烧停止，活塞继续膨胀做功至下止点 4，3-4 为可逆绝热膨胀过程，最后是等容放热过程 4-1。

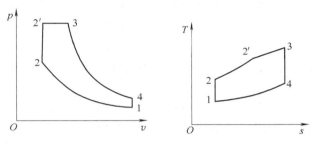

图 12-14　内燃机混合加热理想循环的 p-v 图和 T-s 图

4. 三种活塞式内燃机循环的比较

（1）在压缩比和吸热量相同条件下的比较　在上述条件下，三种活塞式内燃机理想循环的 T-s 图如图 12-15 所示，其中，1-2-4′-5′-1 表示等容加热循环，1-2-4″-5″-1 表示等压加热循环，1-2-3-4-5-1 表示混合加热循环。三个循环的压缩过程均为 1-2，三个循环的吸热量相同，均为过程线下面的面积，放热量不同，其中等压加热循环的放热量最多，等容加热循环的放热量最少，混合加热循环的放热量居中，故等容加热循环的效率最高。但是不能由此得出等容加热循环优于其他循环的结论，在工程上等压加热循环的压缩比远高于等容加热循环，所以等压加热循环内燃机的效率是高于等容加热循环内燃机的。

（2）在循环的最高温度和最高压力相同条件下的比较　在上述条件下，三种活塞式内燃机理想循环的 T-s 图如图 12-16 所示，其中，1-2′-4-5-1 表示等容加热循环，1-2″-4-5-1 表示等压加热循环，1-2-3-4-5-1 表示混合加热循环。它们循环的最高点同为点 4，从图中可以

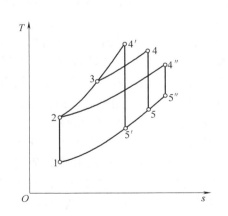

图 12-15　压缩比和吸热量相同条件下三种内燃机理想循环在 T-s 图上的比较

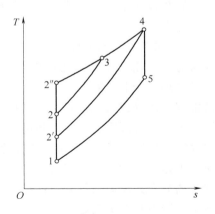

图 12-16　最高温度和最高压力相同条件下三种内燃机理想循环在 T-s 图上的比较

看出，三个循环的放热量相同，吸热量不同，其中等压加热循环的吸热量最多，等容加热循环的吸热量最少，混合加热循环居中，因此等压加热循环内燃机的热效率最高。

12.6 分布式能源系统概述

进入 21 世纪，人类面临实现经济和社会可持续发展的重大挑战，能源是国民经济和社会发展的重要物质基础。合理调整能源结构、进一步提高能源利用效率、改善能源产业的安全性以及解决环境污染问题已成为当今世界能源产业亟待解决的四大问题。分布式能源系统（Distributed Energy System）作为一种高效、环保、经济、可靠性高的灵活能源系统是解决以上问题的重要途径之一，已经成为 21 世纪电力工业发展的一个重要方向，目前越来越受到各国的广泛关注。

随着竞争机制的引入和可持续发展战略的实施，分布式能源系统已在西方国家得到大力的推广和发展。欧洲国家自 1973 年能源危机之后就积极推动分布式能源系统的发展。目前，在分布式能源系统关键设备技术的研究开发和应用上都取得了重要的进展。美国从 1978 年开始提倡发展分布式能源系统，截至 2016 年已建成 6000 座分布式能源站，根据伍德麦肯齐（Wood-Mackenzie）最新报告，到 2025 年，美国累计分布式能源资源容量将达到 387GW。从 2020 年到 2026 年，美国的分布式能源装机累计投资将超过 1104 亿美元。太阳能、电动汽车基础设施、电池存储和电网互动式热水器的销售增长将推动消费在 2025 年达到一个新的高峰。日本分布式能源项目以热电联产和太阳能光伏发电为主，据日本经济贸易产业省（METI）预计，到 2030 年，日本热电联产装机容量将可能达到 1630 万 kW，并计划在 2030 年前使分布式能源系统发电量占总电力供应的 20%。我国最早示范的分布式能源系统主要分布在广东、北京、上海等大中型城市，有广州大学城、上海浦东机场、北京燃气集团调度中心大楼、上海黄浦中心医院等。

12.6.1 分布式能源系统的本质特征

区别于传统的集中式大型电力系统，分布式能源系统是指位于或临近负荷中心，不以大规模、远距离输送电力为主要目的的发电系统、热电联产、热电冷联供、多联产及多功能动力系统，它具有如下特征：

1）分布式能源系统本身是总能系统，它按照能源品位高低对能源进行梯级利用，从总体上安排好功、热（冷）与物料热力学能等各种能源之间的匹配关系与转换使用，在系统高度上总体地综合利用好各种能源，以取得更好的总效果，而不仅是着眼于单一生产设备或工艺的能源利用率或其他性能指标的提高。因而它具有较高的能源利用率。目前，作为分布式能源系统主要发展方向之一的热电冷联供系统的能量利用率可达到 80%~90%。

2）高度集成性，不同高技术设备的有机集成体，具有提高效率的最大潜力。分布式能源系统远不是最初的靠近负荷中心、效率低、环保性能也不优越的小型发电或其他用能系统。现代的分布式能源系统是更高技术、更高水平设备的高度集成体。它可以集成当代最先进的技术，因而具有提高综合性能的最大潜力。随着各单元技术的发展，如微型燃气轮机、燃料电池、内燃机的效率的不断提高，以及制冷技术的发展，分布式能源系统的综合能源利用率将不断提高。分布式能源系统的发展也依赖各关键技术和设备的发展，每一项技术的突破都会有利于整个系统的性能改进。

3）基于循环经济理念，符合可持续发展的先进能源系统。分布式能源系统的用户通常是一个企业、一座办公楼、一座公寓等，并同时满足用户多种用能需求，它是一个基于能源综合梯级利用原理，以能源资源高效利用与综合循环为核心和以系统集成为主要手段，来实现与发展某地区用户能源的低消耗、低排放及高效率。因而它是具有循环经济特征，符合可持续发展战略的先进能源系统，也是实施循环经济的重要途径之一。

4）输出能量产品多元，能够满足用户的多种用能需求。输出能量产品多元也是现代分布式能源系统的又一典型特征，当前，分布式能源系统发展的主要发展方向之一即热电冷联供系统，该系统不仅满足用户电力供应需求，还可以利用余热满足用户制冷、供热的需求。若将分布式能源系统产生的热用于水处理（如海水淡化），还可以获得清洁水。各个供能环节可以进行有机的集成整合，因而能够提高能源利用率，节约能源。

12.6.2 用于分布式能源系统集成的原动机

1. 燃油（或气）内燃机

燃油或气的内燃机功率范围很宽，容量从几千瓦到几兆瓦，具有相当高的能源转换效率，大型机可达40%以上，小型机可达25%，是目前分布式能源系统广泛使用的原动机。当其尾气余热和缸套水余热被充分利用时，热电联产的能源利用率可达80%以上。其可以燃烧油、气等多种燃料，成本低，实用性好。通过采用排气催化技术以及燃烧过程的控制技术，它的污染物排放得到大幅度的降低，能够满足环保要求。

以热电联产形式出现的内燃机发电装置在欧美地区被广泛使用。内燃机用于分布式能源系统具有起动快速，适于尖峰供电等特点，而且它的变工况性能好，特别适用于负荷变化频繁的用户，当用于热电联产时，随内燃机负荷的变化，可以灵活调节功热比。

2. 工业中小型燃气轮机

中小型燃气轮机是指功率等级在几百千瓦到几百兆瓦之间的燃气轮机，它用在分布式能源系统中由于余热集中且极易利用最适合组成联合循环发电系统和热电冷联产系统，通常采用余热锅炉回收燃气轮机排出热量。它的起动速度快，很适于调峰。通过使用干式低 NO_x 燃烧技术、水或蒸汽注入技术以及排气处理技术使污染物排放控制在非常低的水平。在分布式能源系统原动机中，燃气轮机的维护成本低，低的维护成本和高质量的余热利用特点使燃气轮机成为工业和商业领域热电联产系统的优先选择设备。

3. 微型燃气轮机

微型燃气轮机是指功率等级为几千瓦至几百千瓦，以天然气、甲烷、汽油、柴油为燃料的超小型燃气轮机，由离心压缩机、燃烧室、向心透平和发电机组成，它的发电效率可达30%。大多数微型燃气轮机的转速在 50000~120000r/min 范围内。微型燃气轮机可以燃用多种形式的燃料，它的污染物排放水平可以同大型燃气轮机相媲美。

先进的微型燃气轮机是提供清洁、可靠、高质量、多用途的小型分布式供电的最佳方式，使电站更靠近用户，对终端用户来说，与其他小型发电装置相比，微型燃气轮机是一种更好的环保型发电装置。目前微型燃气轮机的成本较高，因而用在分布式能源系统中更应合理匹配，以提高其能源综合利用率。美国、英国、日本等国都在积极发展微型燃气轮机装置。

4. 燃料电池

燃料电池是以电化学反应方式将燃料的化学能转换为电能的电化学装置，具有更高的发电效率，燃料电池的理论热效率可以达到85%~93%，但事实上，由于包括浓差极化以及电化学等因素导致的各种能量损失，实际的效率要远远低于理论循环效率。根据电解质的类型可以将燃料电池分为不同种类，主要分为碱性燃料电池（AFC）、磷酸盐型燃料电池（PAFC）、质子交换膜燃料电池（PEMFC）、熔融碳酸盐型燃料电池（MCFC）和固体氧化物型燃料电池（SOFC）等几大类。它们的运行温度不同，其中MCFC和SOFC可以运行在较高的温度下并且较适合与燃气轮机系统整合。目前，各种燃料电池本身的热效率范围在40%~60%。性能较好的SOFC可达到53%~58%，当它的余热被充分利用并组成燃料电池联合循环发电系统时，效率可达到70%以上。

燃料电池具有适合于分布式供电、节省输电投资、模块结构、便于模块化组合、易于扩建等优点，也最适宜与微型燃气轮机结合形成高效的分布式能源系统，目前较大的问题就是进一步降低其成本。

5. 风力发电

风力发电是通过风轮将风的动能转化为电能，它能提供清洁的电力，没有任何污染，是利用可再生能源的重要途径之一。风力发电系统可以通过模块化设计，形成一个大的风力发电厂。截至2019年底，我国风电累计装机2.1亿kW，其中陆上风电累计装机2.04亿kW，海上风电累计装机593万kW，风电装机占全部发电装机的10.4%。甘肃酒泉风电基地是我国第一个千万级风电基地项目。该项目场址位于甘肃省酒泉市玉门镇西南戈壁滩上，地势平坦开阔，工程地质条件良好，交通运输和用水用电条件具备，适宜建设大型风电场。项目所处场地风能资源良好，风电场70m高年平均风速为7.89m/s，年平均风功率密度为427.5W/m^2。

风力发电用在分布式能源系统中可以通过与常规化石能源系统的有机整合形成多源互补分布式能源系统，从而可以大大提高可再生能源的利用率。

6. 太阳能光伏发电系统

太阳能光伏发电系统是通过半导体电池直接将太阳能转化为电能的发电系统。半导体电池常使用薄膜或晶体硅材料，太阳光线越强，太阳能电池生产的电能越多。太阳能电池几乎能安装在任何有阳光的地方，太阳能电池是模块化结构设计，发电容量随连接模块的多少而定，模块越多发电容量越大。太阳能光伏发电系统同样可提供清洁无污染的电力。2019年，我国分布式光伏发电累计装机容量达到6435万kW，同比增长23.75%。截至2020年底，分布式光伏发电累计装机容量达到7000万kW。我国在"十四五"期间将坚持清洁低碳战略方向不动摇，加快化石能源清洁高效利用，大力推动非化石能源发展，持续扩大清洁能源消费占比，推动能源绿色低碳转型。分布式光伏发电作为绿色环保的发电方式，符合国家能源改革以质量效益为主的发展方向，具有非常广阔的发展前景。

12.6.3 以燃气轮机为核心的典型分布式能源系统示例

燃气轮机作为分布式能源系统的主要集成设备，由于它效率高、环保性能好以及余热极容易利用等优点，中、小型甚至微型燃气轮机在分布式能源系统中起着非常重要的作用。

图12-17显示了以中小型燃气轮机为核心的热电冷三联产分布式能源系统设计方案，该

系统通常以天然气为燃料，燃气轮机首先发电满足用户电力需求，燃气轮机的高温排气进入余热锅炉产生蒸汽，一部分蒸汽用来供暖，另一部分蒸汽用来驱动溴化锂制冷机供冷，从而满足了用户冷、热、电的需求。当燃气轮机的排气不足以满足用户制冷、供热需求时，该系统还设计了备用锅炉，通过补燃方式来增大系统的供热、供冷的能力。

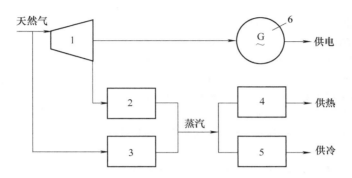

图 12-17　以中小型燃气轮机为核心的热电冷三联产分布式能源系统示意图
1—燃气轮机　2—余热锅炉　3—备用锅炉　4—热交换器
5—溴化锂制冷机　6—发电机

图 12-18 显示了以微型燃气轮机为核心的冷、热、电系统设计方案示意图，燃气轮机主要承担供应电力任务，燃气轮机的高温排气首先进入回热器预热进入燃烧室的空气，然后进入余热回收器回收中低温热量，余热回收器的冷侧主要有两股循环物流，物流 1 为饱和蒸汽，被送往溴化锂吸收式制冷子系统作为制冷热源，经泵补偿压力损失后，回水为饱和水；物流 2 为供热热水，被送往城市热网作为生活用热的热源。

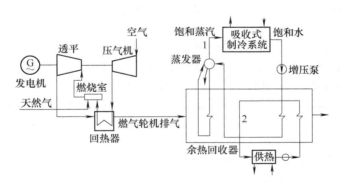

图 12-18　以微型燃气轮机为核心的冷、热、电系统设计方案示意图

当然，以燃气轮机为核心还可与燃料电池系统、压缩式制冷系统、热泵系统等集成整合组成其他形式的分布式能源系统，也可与可再生能源利用相结合组成多源互补型分布式能源系统等，这里不再一一列举。

分布式能源系统由于具有高效、环保、经济等特点已成为未来电力发展的一个重要方向，发展分布式能源系统对于保障我国电力供应的稳定性和安全性、增加电网的质量和可靠性、调整和改善能源结构、推动可再生能源发展以及实现能源供应的多元化发展起到十分重要的作用。

思 考 题

12-1 对于压气机而言，等温压缩优于等熵压缩，那么，在燃气轮机装置循环中，是否也应采用等温压缩？画 T-s 图分析。

12-2 燃气轮机用于动力循环有何优点？

12-3 活塞式内燃机循环的 p-v 图如图 12-19 所示。如果膨胀过程不在状态 5 结束而是继续膨胀到状态 6，压力降到环境压力再排气，从图中可以看出循环吸热量没有变而循环净功增加了，热效率将提高。实际上能否采用 1-2-3-4-5-6-1 这个循环呢？为什么？

12-4 试简述动力装置循环的共同特点。

12-5 请通过互联网查找斯特林（Stirling）发动机的原理及应用情况。

12-6 程氏循环又称为注蒸汽燃气轮机循环，是由美籍华人 D. Y. Cheng 于 1976 年提出并申请了专利的新循环，请通过互联网了解程氏循环的原理，并分析此种循环的优缺点。

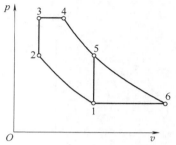

图 12-19 活塞式内燃机循环的 p-v 图

习 题

12-1 某燃气轮机装置理想循环，已知工质的质量流量为 15kg/s，增压比 $\pi = 10$，燃气透平入口温度 $T_3 = 1200$K，压气机入口状态为 0.1MPa、20℃，假设工质是空气，且比定压热容为定值，$c_p = 1.004$ kJ/(kg·K)，$\kappa = 1.4$。试求循环的热效率、输出的净功率及燃气轮机排气温度。

12-2 某燃气轮机等压加热理想循环采用极限回热。已知压气机入口状态为 0.1MPa、25℃，增压比 $\pi = 6$，燃气透平入口温度 $t_3 = 1000$℃，假设工质是空气，且比定压热容为定值，$c_p = 1.004$kJ/(kg·K)，$\kappa = 1.4$。求：

1）循环热效率，与不采用极限回热相比，热效率提高多少？

2）如果 t_1、t_3、p_1 维持不变，增压比 π 增大到何值时，将不能采用回热？

12-3 燃气轮机装置等压加热理想循环的工作条件为：最高压力 $p_H = 0.5$MPa，最高温度 $t_H = 900$℃，最低压力 $p_L = 0.1$MPa，最低温度 $t_L = 20$℃。分别求无回热和极限回热时循环的热效率及循环净功。设工质为空气，比热容为定值。

12-4 某燃气轮机装置理想循环，增压比 $\pi = 8$，压气机入口状态为 0.1MPa、17℃，燃气轮机入口温度 $T_3 = 1250$K。假设工质是空气，且比定压热容为定值，$c_p = 1.004$kJ/（kg·K），$\kappa = 1.4$。求：

1）平均吸热温度和平均放热温度。

2）循环热效率。

12-5 某理想燃气-蒸汽联合循环，假设燃气在余热锅炉中可放热至压气机入口温度（即不再向环境放热），且放出的热量全部被蒸汽循环吸收。高温燃气循环的热效率为 28%，低温蒸汽循环的热效率为 36%。试求联合循环的热效率。

12-6 有人建议利用来自海洋的甲烷气体来发电，将甲烷作为燃气-蒸汽联合循环的燃料。此装置建在海面平台上，可以将废热排入海洋中，设计条件如下：

压气机入口空气条件	0.1MPa，20℃
压气机增压比	$\pi = 10$
燃气透平入口温度	1200℃

蒸汽轮机入口参数	6MPa，320℃
蒸汽冷凝温度	15℃
压气机效率	0.87
燃气轮机相对内效率	0.9
蒸汽轮机相对内效率	0.92
余热锅炉中废气排出温度	100℃
机组功率	100MW

试计算联合循环的热效率、空气和水蒸气的质量流量（t/h）。如果在 0.1MPa、20℃下燃料的低位发热量为 38000kJ/m³，试计算为了满足输出功率，需要 1.0MPa、50℃下燃料的体积流量（m³/h）是多少？

12-7 活塞式内燃机等容加热理想循环的工作环境为 100kPa 和 20℃，若每千克进气加热 2500kJ，当压缩比为 6 时，求循环的最高温度和理论循环热效率。

12-8 以空气为工质的理想循环，空气的初参数为 $p_1 = 3.45MPa$，$t_1 = 230℃$，等温膨胀到 $p_2 = 2MPa$，再绝热膨胀到 $p_3 = 0.14MPa$，经等压冷却后，再绝热压缩回初态。求循环净功和循环热效率，并将此循环表示在 p-v 图和 T-s 图上。设空气的比定压热容为定值，$c_p = 1.004kJ/(kg \cdot K)$，$\kappa = 1.4$。

12-9 有一个两级绝热压缩中间冷却和两级绝热膨胀中间再热的燃气轮机装置理想循环。压气机每级增压比为 2.5，参数为 25℃、100kPa，流量为 24.4m³/s 的空气进入第一级压气机，中间冷却至 25℃进入第二级压气机，后被加热到 1000℃，进入第一级燃气透平，中间再热压力与中间冷却压力相同，中间再热后的温度为 1000℃，然后进入第二级燃气透平。试在 T-s 图上画出该循环，计算压气机的耗功量和燃气轮机的做功量以及采用理想回热与不采用回热时的循环热效率。

12-10 某燃气轮机装置实际循环，压气机入口参数 $p_1 = 0.1MPa$、$t_1 = 20℃$，压气机的增压比 $\pi = 12$，空气经压气机后熵增加 0.12kJ/(kg·K)，燃气透平的入口温度 $t_3 = 1200℃$，相对内效率为 0.9，燃气轮机产生的功率为 200MW，燃气可按空气处理。求：

1）在 T-s 图上画出循环示意图。

2）压气机实际出口温度。

3）压气机的绝热效率。

4）机组的净输出功率（MW）。

5）循环的热效率。

12-11 试证明：对于活塞式内燃机等容加热理想循环和燃气轮机等压加热理想循环，如果燃烧前的压缩状态相同，则它们的热效率相等。

扫描下方二维码，可获取部分习题参考答案。

第 13 章

化学热力学基础

13.1 概　　述

本书前面 12 章里所讨论的都是不涉及化学反应的热力学，而在这一章则专门讨论化学热力学。在能源、环保等工程领域，化学问题日益增多，如燃料在燃烧室中的燃烧反应、燃料电池、生物质能利用、煤化工多联产等，都涉及化学反应的能量转化问题，这使得化学热力学显得更加重要。作为 21 世纪的能源工作者懂一点化学热力学知识是很有必要的。限于篇幅，本章只能讲述化学热力学的一些基本原理。

热力学的基本定律是自然界的普遍规律，自然也适用于有化学反应的系统。化学热力学研究的重点不在于化学反应的机理和化学反应的速度等，而在于研究有化学反应时能量转化的规律。

前面讲的热力系统都是只有体积变化功的简单可压缩系统，工质的状态取决于两个独立的状态参数，如温度和压力。当状态发生变化时，可以是两个独立参数都变化，也可以是这两个独立参数中一个不变而另一个变化，但不可能两个独立参数都保持不变。有化学反应发生时，因为组分是变化的，所以需要更多的独立参数（如各组元的质量分数 w_i 或摩尔分数 x_i）才能描述热力系统的状态。因此，这种体系中的状态变化过程可以有两个独立的状态参数保持不变。其中，化学反应过程中体系的温度和体积都不变的过程称为等温-等容过程；化学反应过程中体系的温度和压力都不变的过程称为等温-等压过程。许多实际化学变化过程都接近这两种理想化的过程。

简单可压缩系统与外界交换的功只有体积变化功 W，化学反应系统则可能包含其他形式的功，如燃料电池输出的电功。化学反应过程的体积变化功很难、也很少加以利用，所以非体积变化功是化学反应系统与外界交换功量的主要形式。化学热力学将除体积变化功以外的非体积变化功称为有用功，用 W_u 表示。因此，系统总功为

$$W_{tot} = W + W_u \tag{13-1}$$

在包含化学变化的过程中，由于原有分子的破坏和新分子的形成，系统分子与原子总共具有的化学能发生变化，因此，热力学能除包含内动能和内势能外，还包含化学能。化学能决定于物质的分子结构情况，而与物质所处的物理状态无关。

向周围介质或其他物体放出热量的化学反应称为**放热反应**，如碳的燃烧反应。从周围介质或其他热源吸取热量的化学反应称为**吸热反应**，如大家熟悉的由碳和氢气合成乙炔的反应。

化学热力学也是应用热力学的宏观研究方法，主要是将热力学的一些基本定律应用到化学变化上，研究化学反应中能量的转化规律、化学反应的方向、计算燃料的燃烧、计算化学平衡等问题。化学热力学并不研究少数几个分子的化学变化问题，也不研究化学反应的机理，那属于化学动力学的研究范围。

13.2　热力学第一定律在化学反应中的应用

化学反应有的为了得到电能，如电池的放电；有的则只是为了得到热量，如燃料的燃烧；有的则只是为了获得反应的某些生成物，化学工业上所进行的反应绝大多数都是以最后一项为目的。不管目的为何，都满足热力学第一定律。

1. 热力学第一定律解析式

对于整个反应体系，有如下能量平衡方程，即

$$Q = U_2 - U_1 + W_{tot} \tag{13-2}$$

或

$$Q = U_2 - U_1 + W + W_u \tag{13-3}$$

式中，Q 为化学反应过程中系统和外界交换的热量，对于吸热反应，Q 取正值，对于放热反应，Q 取负值；U_2 为生成物的热力学能；U_1 为反应物的热力学能；W_{tot} 为反应系统所做的各种功的总和，包括体积变化功 W 和有用功 W_u，系统对外做功时，W_{tot} 为正，反之为负。

对于微元反应过程，有

$$\delta Q = dU + \delta W_u + pdV \tag{13-4}$$

对于等温-等容反应，因为体积 V 不变，所以体积变化功 $W = 0$，于是有

$$Q_V = U_2 - U_1 + W_{u,V} \tag{13-5}$$

式中，$W_{u,V}$ 表示等温-等容反应时所能得到的有用功。

对于等温-等压反应，有

$$Q_p = U_2 - U_1 + W_{u,p} + p(V_2 - V_1) \tag{13-6}$$

或

$$Q_p = H_2 - H_1 + W_{u,p} \tag{13-7}$$

式中，H_1、H_2 为系统在反应前后总的焓值。

2. 反应热效应

在通常的化学反应过程中，物系除膨胀功外不做出有用功，这时反应的不可逆性最大，放出热量的绝对值也最大，这时的反应热称为该过程的**反应热效应**。对于燃料的燃烧反应来说，1mol 燃料完全燃烧时的反应热效应称为燃料的**燃烧焓**。附录 A.13 中给出了一些物质在 $1.01325 \times 10^5 Pa$、25℃时的燃烧焓，燃烧反应是放热反应，所以，燃烧焓为负值。负的燃烧焓称为燃料的**热值**或**发热量**，热值本身符号为正值。

热值有高位热值和低位热值之分。燃烧产物为气态时得到低位热值，用符号 LHV 表示。燃烧产物为液态时得到高位热值，用符号 HHV 表示。两者的差值等于该反应产物由气态凝结成液态时所放出的汽化热。在计算火力发电厂机组热效率时，我国规定以燃料的低位热值为准。这是由于为了防止锅炉尾部烟道低温腐蚀，锅炉排烟温度往往达 130℃以上，燃烧产物中的 H_2O 为蒸汽状态。

等温-等容燃烧的热效应称为**等容热效应**，用 Q_V 表示，有

$$Q_V = U_2 - U_1 \tag{13-8}$$

等温-等压燃烧的热效应称为**等压热效应**，用 Q_p 表示，有

$$Q_p = H_2 - H_1 \tag{13-9}$$

等容热效应和等压热效应之间存在一定的关系。由焓的定义式 $H = U + pV$，结合式（13-9）可得

$$Q_p = U_2 - U_1 + p \ (V_2 - V_1)$$

和式（13-8）对比，有

$$Q_V = Q_p - p(V_2 - V_1) \tag{13-10}$$

如果物系内反应物和生成物都是可以看成理想气体的气态物质，且设反应前后物系的物质的量变化 $\Delta n = n_2 - n_1$，此时式（13-10）可变为

$$Q_V = Q_p - RT\Delta n \tag{13-11}$$

由于等温-等压过程更为常见，因此以后的讨论以 Q_p 为主。等压热效应与发生反应的温度和压力条件有关。化学热力学规定了化学标准状态：$t^0 = 25℃$，$p^0 = 1atm$（101.325kPa）。标准状态下的等压热效应称为标准等压热效应，用 Q_p^0 表示。

3. 标准生成焓

在分析化学反应过程的能量关系时，反应物和生成物焓的计算非常重要。

将在一定条件下由单质生成一种纯化合物的反应称为**生成反应**。由于化合物都是由确定的单质化合而成的，因此，化学热力学规定稳定单质在标准状态下的焓值为零。物质的**标准摩尔生成焓**是指由单质生成 1mol 化合物时的焓变，用 H_f^0 表示。在等温-等压条件下，H_f^0 即是生成反应的热效应 Q_p。化合物在标准状态下的焓值等于其标准生成热或标准生成焓。附录 A.14 给出了一些化合物的标准摩尔生成焓。对于指定的化合物，它是一个确定的常数，可以单独地加以应用。

以标准生成焓为基础，可以计算物质在任意温度和压力下的焓值，即

$$H_m(T, p) = H_m(T^0, p^0) + [H_m(T, p) - H_m(T^0, p^0)]$$
$$= H_f^0 + \Delta H_m$$

式中，H_m 为物质在任意状态下的摩尔焓；H_f^0 为物质的标准摩尔生成焓；ΔH_m 为物质由标准状态 (T^0, p^0) 变化到任意状态 (T, p) 焓值的变化。

标准生成焓的一个重要用途就是计算化学反应热效应，对于不做有用功的等压过程反应热效应，可由下式求取，即

$$Q_p = H_{Pr} - H_{Re}$$
$$= \sum (n_j, H_{m,j})_{Pr} - \sum (n_i H_{m,i})_{Re}$$
$$= \sum (n_j H_{f,j}^0 + n_j \Delta H_{m,j})_{Pr} - \sum (n_i H_{f,i}^0 + n_i \Delta H_{m,i})_{Re}$$
$$= [\sum (n_j H_{f,j}^0)_{Pr} - \sum (n_i H_{f,i}^0)_{Re}] + [\sum (n_j \Delta H_{m,j})_{Pr} - \sum (n_i \Delta H_{m,i})_{Re}]$$
$$= Q_p^0 + \sum (n_j \Delta H_{m,j})_{Pr} - \sum (n_i \Delta H_{m,i})_{Re} \tag{13-12}$$

根据上式可以计算任何反应物温度、任意生成物温度、任意压力下等压过程的反应热，式中，下标 Pr 表示生成物，下标 Re 表示反应物。

最简单的过程是在标准状态下进行，此时可得标准等压热效应 Q_p^0，即

$$Q_p^0 = \sum (n_j H_{f,\,j}^0)_{Pr} - \sum (n_i H_{f,\,i}^0)_{Re} \tag{13-13}$$

式中，$H_{f,i}^0$ 表示第 i 种物质的标准摩尔生成焓。

例 13-1 试计算 C_8H_{18} （l） $+12.5O_2 \rightarrow 8CO_2 + 9H_2O$ （g） 在标准状态的反应焓。式中括号内的符号 l 和 g 分别表示液态和气态。

解 查附录 A.14 得

$$H_{f,CO_2}^0 = -393520 \text{J/mol}, \qquad H_{f,H_2O(g)}^0 = -241820 \text{J/mol}$$

$$H_{f,C_8H_{18}(l)}^0 = -249910 \text{J/mol}, \quad H_{f,O_2}^0 = 0 \text{J/mol}$$

依据式（13-13）可求得反应焓为

$$\begin{aligned}
\Delta H^0 &= \sum (n_j H_{f,\,j}^0)_{Pr} - \sum (n_i H_{f,\,i}^0)_{Re} \\
&= (8H_{f,\,CO_2}^0 + 9H_{f,\,H_2O(g)}^0) - (H_{f,\,C_8H_{18}(l)}^0 + 12.5H_{f,\,O_2}^0) \\
&= [(-393520 \times 8 - 241820 \times 9) - (-249910 + 0 \times 12.5)] \text{J/mol} \\
&= -5074630 \text{J/mol}
\end{aligned}$$

反应焓为负数，表示对外放热。

4. 盖斯定律

1840 年，盖斯在总结了大量实验结果的基础上，提出一条规律："化学反应不管是一步完成还是分几步完成，其反应焓变或反应的热力学能变相同"。这一规律称为盖斯定律。也就是说，反应焓变与反应的热力学能变只与反应的初态和末态有关，而与反应所经历的过程无关。可以看出，这是状态函数变化的必然结论。盖斯定律的发现奠定了整个热化学的基础，它的重要意义在于能使热化学方程式像普通代数方程式那样进行运算，从而可以根据已经准确测定的热力学数据计算难于测量的甚至不能测量的反应热。例如，以下反应

$$C(s) + \frac{1}{2}O_2(g) = CO(g) + Q_1$$

中的热效应 Q_1 不易测定，但

$$C(s) + O_2(g) = CO_2(g) + Q_2$$

及

$$CO(g) + \frac{1}{2}O_2(g) = CO_2(g) + Q_3$$

两个反应的热效应却很容易由实验测定。

这三个反应之间的关系如图 13-1 所示。

根据盖斯定律，即

$$Q_2 = Q_1 + Q_3$$

其中，$Q_2 = -393791 \text{J/mol}$，$Q_3 = -283190 \text{J/mol}$。从而可确定固体碳不完全燃烧的热效应

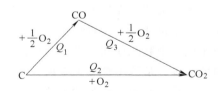

图 13-1 盖斯定律的应用

$$Q_1 = Q_2 - Q_3 = (-393791 + 283190) \text{J/mol} = -110601 \text{J/mol}$$

5. 绝热理论燃烧温度

在反应过程中，若反应放出的热量能及时传出，则反应物和生成物温度可以相同，整个反应为等温过程。在某些情况下，化学反应或燃烧反应是在接近绝热条件下进行的，即假定燃料在燃烧时所放出的热量并未外传，散热损失可以略去不计，并假定燃烧是理想、完全

的，则燃烧所产生的热量全部用来加热燃烧产物本身，用以提高其温度，这时燃烧产物最后所达到的温度称为**绝热理论燃烧温度**。在燃气轮机装置及火箭推进器燃烧装置的计算中，常需预先算出燃烧产物所能达到的最高温度，也就是绝热理论燃烧温度。

根据燃烧反应进行的条件，绝热理论燃烧温度有两种：一是等压绝热理论燃烧温度，一是等容绝热理论燃烧温度。

对于等压绝热燃烧过程，反应物的焓全部转变成生成物的焓。根据焓和温度的关系，可按照生成物的焓值，确定等压绝热理论燃烧温度。

13.3　热力学第二定律在化学反应中的应用

上一节所讨论的只限于热力学第一定律在化学反应中的应用，即确定化学反应过程中的能量平衡关系。至于化学反应进行的方向和限度等问题，则需要用热力学第二定律来解决。

但是直接用热力学第二定律的熵判据来判定化学反应的方向并不方便，因为此时不仅要考虑反应物系的熵变，还要考虑与反应物系共同构成孤立系统的外界环境的熵变。这里首先讨论两个判据。

1. 亥姆霍兹判据

热力学第一定律和第二定律的表达式为

$$\delta Q = dU + \delta W_{tot}$$

$$dS \geq \frac{\delta Q}{T}$$

两式合并可得

$$\delta W_{tot} \leq -(dU - TdS) \tag{13-14}$$

恒温时

$$\delta W_{tot} \leq -d(U - TS)$$

根据式（6-12），亥姆霍兹函数 $F = U - TS$，将此定义式代入上式，可得

$$\delta W_{tot} \leq -dF \tag{13-15}$$

或

$$W_{tot} \leq -\Delta F \tag{13-16}$$

上式表明，在等温可逆过程中，系统所做的功在数值上等于亥姆霍兹函数的减少；而对于等温不可逆过程，系统所做的功小于亥姆霍兹函数的减少。由此可见，在等温条件下，对应于同一个状态变化，系统在可逆过程中做的功为最大，最大功的数值等于系统亥姆霍兹函数的减少。从这个意义上来说，亥姆霍兹函数可看作系统在等温条件下做功能力的量度。所以亥姆霍兹函数又称为功函数。

如果过程不仅是等温的，而且是等容的，不做体积变化功，也不做非体积变化功，即系统做的总功为0，则式（13-16）变为

$$(dF)_{T,V} \leq 0 \tag{13-17}$$

上式表明，在等温、等容且不做非体积变化功的条件下，系统一切可能发生的变化都只能 $dF = 0$ 或 $dF < 0$。但可逆过程是理想过程，因此在上述条件下，只有 $dF < 0$ 的过程才是实际可能发生的过程。又因为所讨论的过程是等容的，且不做非体积变化功，所以过程就是自

发过程。由此可见，在等温、等容条件下，系统的状态总是自发地趋向亥姆霍兹函数减少的方向，直到亥姆霍兹函数减少到某个极小值时，状态不再自发改变，达到平衡状态。这就是亥姆霍兹函数判据。

在上面的讨论中，并非等温、等容条件下 $dF>0$ 的变化不能发生，只是说不可能自动发生。当系统对环境做出非体积变化功，且其值不小于该系统亥姆霍兹函数减少的值时，$dF>0$ 的变化才有可能发生，所以这种变化是非自发的。

2. 吉布斯判据

若过程是在等温、等压条件下进行的，则系统的总功为

$$\delta W_{tot}=pdV+\delta W_u$$

代入式（13-14）得

$$pdV+\delta W_u \leqslant -(dU-TdS)$$

$$\delta W_u \leqslant -(pdV+dU-TdS)$$

在等温、等压条件下

$$\delta W_u \leqslant -(dpV+dU-dTS)$$

即

$$\delta W_u \leqslant -d(H-TS)$$

根据式（6-14），吉布斯函数 $G=H-TS$，将此定义式代入上式，可得

$$\delta W_u \leqslant -dG \tag{13-18}$$

或

$$W_u \leqslant -\Delta G \tag{13-19}$$

式（13-19）表明，系统在等温、等压可逆过程中做的有用功（非体积变化功）等于系统吉布斯函数的减少。系统在等温、等压不可逆过程中做的有用功恒小于系统吉布斯函数的减少。因此，在等温、等压条件下，对于相同的状态变化，系统在可逆过程中所做的有用功为最大，最大功的数值等于系统吉布斯函数的减少。

若系统不做有用功，即 $\delta W_u=0$，则由式（13-18）得

$$(dG)_{T,p} \leqslant 0 \tag{13-20}$$

或

$$\Delta G \leqslant 0 \tag{13-21}$$

式（13-21）表明，在等温、等压且不做有用功的条件下，系统一切可能自动发生的变化都只能是 $\Delta G=0$（可逆过程）或 $\Delta G<0$（不可逆过程）。可逆过程是理想的，只有不可逆过程才可能实际发生。由此可见，在上述条件下，闭口系统内一切可能发生的实际过程都会导致系统吉布斯函数降低，直到系统吉布斯函数减少到极小值时，系统的状态将不再改变，意味着系统达到了平衡状态。换言之，在等温、等压且不做有用功的条件下，闭口系统吉布斯函数减少的过程（$dG<0$）是自发过程，吉布斯函数减少到某个极小值，系统达到平衡状态。反之，$dG>0$ 的过程是不可能自动发生的，这就是吉布斯判据或称为**最小吉布斯函数原理**。

熵、亥姆霍兹函数、吉布斯函数在不同条件下作为判据的对比情况见表13-1。

表 13-1 判别自发过程的热力学判据

判 据	熵 判 据	亥姆霍兹判据	吉布斯判据
系统	孤立系统	闭口系统	闭口系统
系统适用条件	任何过程	等温、等容，$W_u=0$	等温、等压，$W_u=0$
自发方向	$dS_{iso}>0$	$(dF)_{T,V}<0$	$(dG)_{T,p}<0$
平衡状态	$dS_{iso}=0$	$(dF)_{T,V}=0$	$(dG)_{T,p}=0$

综上所述，根据热力学第二定律，可以采用化学反应系统的亥姆霍兹函数（亥姆霍兹自由能）和吉布斯函数（吉布斯自由能）的变化，作为判定等温、等容反应和等温、等压反应进行方向的判据，并可按亥姆霍兹自由能或吉布斯自由能的变化为零来确定该两种反应达到化学平衡时化学反应系统内各种物质组成的关系。

13.4　化 学 平 衡

在化学平衡理论建立以前，曾认为每个反应可以一直进行到起初发生反应的物质全部消失为止。后来发现，这个看法是与事实不符的。在化学反应过程中，反应物之间发生化学反应而形成生成物的同时，生成物之间也在发生化学反应而重新形成反应物。这样，化学反应可以说有正反两方向的反应同时进行。化学反应的关系式可以表示成

$$aA+bB \rightleftharpoons dD+eE \tag{13-22}$$

式中，a、b、d 和 e 为各反应物和生成物的物质的量。

由于正向反应和逆向反应是同时发生的，因此只有当正向反应较强时，反应才能按正向发展。反之，当逆向反应较强时，反应过程就按逆向发展。如果正向反应和逆向反应的速度相等，则反应过程就不再发展，反应系统就处于一种动态的平衡，这就是化学平衡的状态。

1. 化学反应速度

浓度有多种定义，研究化学反应速度时常用到的浓度是物质的量浓度（简称浓度），即单位体积内各种物质的物质的量，以 c 表示

$$c = \frac{n}{V} \tag{13-23}$$

式中，n 表示物系中这一物质的物质的量；V 表示这一物质的体积，如果反应物与生成物都是气态物质，则 V 就是物系总的体积。

化学反应的速度可用单位时间内反应物质浓度的变化来度量，即

$$w = \frac{dc}{d\tau} \tag{13-24}$$

式中，w 表示化学反应的瞬时速度；c 表示某一反应物质的浓度；τ 表示时间。

2. 质量作用定律

化学反应速度的质量作用定律：当反应进行的温度一定时，化学反应的速度与发生反应的所有反应物的浓度的乘积成正比。

对于式（13-22）所表示的化学反应，设反应开始时物质 A、B、D 和 E 的浓度分别为 c_A'、c_B'、c_D' 和 c_E'，且设正向反应和逆向反应的速度分别以 w_1、w_2 表示，则根据质量作用定律，有：

正向反应速度　　　　　　　$w_1 = k_1 c_A'^a c_B'^b$

逆向反应速度　　　　　　　$w_2 = k_2 c_D'^d c_E'^e$

式中，k_1、k_2 分别表示正向反应和逆向反应的速度常数，对于理想气体物系的化学反应，k_1 和 k_2 只随反应物系的温度和压力而定。因而在一定温度和压力下，反应速度 w_1 和 w_2 只随物系的浓度而定。

设反应开始时 c_A'、c_B' 很大，而 c_D'、c_E' 很小，并设这时正向反应的速度远比逆向反应的

大，所以总的结果是反应自左向右进行。随着反应的进行，c_A' 和 c_B' 逐渐减小，而 c_D' 和 c_E' 逐渐增大，所以 w_1 逐渐减小而 w_2 则逐渐增大。到最后，正向和逆向反应的速度相等，即达到了化学平衡，此时各种物质的浓度不再随时间而变化。事实上化学平衡是动态平衡，这时正、逆向的反应并未停止，只不过双方速度相等。

3. 平衡常数

设达到化学平衡时各种物质的浓度以 c_A、c_B、c_D 和 c_E 表示，达到化学平衡时正、逆向反应的反应速度相等，即

$$k_1 c_A^a c_B^b = k_2 c_D^d c_E^e$$

定义 $K_c = k_1/k_2$ 为**平衡常数**，则

$$K_c = \frac{k_1}{k_2} = \frac{c_D^d c_E^e}{c_A^a c_B^b} \tag{13-25}$$

如果 $k_1 \gg k_2$，即 K_c 很大的话，则自左向右的反应可以进行得接近完全，达到平衡时只留下很少量的 A 和 B；反之，当 $k_1 \ll k_2$，即当 K_c 很小时，则自右向左的反应可以进行得接近完全。

除了可以用物系的物质的量浓度计算平衡常数外，还可以用其他参数计算平衡常数。如果参与反应的物质均为气体，且可以按理想气体处理，那么平衡常数也可以用分压力来表示。用分压力表示的平衡常数记为 K_p，有

$$K_p = \frac{p_D^d p_E^e}{p_A^a p_B^b} \tag{13-26}$$

一些反应的平衡常数 K_p 的对数（lg）值见附录 A.15。

由于气体的物质的量浓度与气体的分压力成正比，根据物质的量浓度的定义式（13-23）及理想气体的状态方程 $p_i V = n_i RT$，可得

$$c_i = \frac{n_i}{V} = \frac{p_i}{RT} \tag{13-27}$$

式中，n_i 为某一气体的物质的量；p_i 为某一气体的分压力；V 为混合气体的体积。

将式（13-27）代入式（13-26），可得

$$K_c = \frac{p_D^d p_E^e}{p_A^a p_B^b}(RT)^{\Delta n} = K_p(RT)^{\Delta n} \tag{13-28}$$

式中，$\Delta n = (a+b) - (d+e)$，即反应前后物系总物质的量的变化。

由此可见，K_p 与 K_c 之间存在一定的关系，一般情况下，平衡常数 K_p 与 K_c 不等。而且，K_p 与 K_c 的值还与方程式的写法有关。

平衡常数表达式（13-25）和式（13-28）只适用于体系内进行化学反应的各物质都是气体的情况。如果反应物和生成物中含有液态或固态物质，可以不考虑。例如，对于以下反应式

$$C(s) + O_2(g) \Longleftrightarrow CO_2(g)$$

平衡常数为

$$K_p = \frac{p_{CO_2}}{p_{O_2}}$$

K_p 或 K_c 的数值可根据所给出的反应条件（温度和压力）从化学手册中查得。

例 13-2 已知发生炉水煤气的反应式为

$$CO+H_2O \rightleftharpoons CO_2+H_2$$

当 $T=1000K$ 及 $p=1atm$ 时，平衡常数 $K_p=1.39$。设反应开始时混合气体中有 10mol 的 CO 和 10mol 的 H_2O，没有 CO_2 和 H_2。试求当达到平衡时各组成气体的物质的量及各组成气体的分压力。

解 假设达到化学平衡时生成 x mol 的 CO_2，由化学方程式可知，反应中一定有 x mol H_2 生成，剩下未参加反应的 CO 和 H_2O 都为 $(10-x)$ mol。

由化学反应式还可以看出，反应前后物质的量没有变化，即 $\Delta n=0$，则由式（13-28）可得 $K_c=K_p=1.39$，同时物系的总体积也没有变化，所以在达到化学平衡时，各物质的物质的量浓度为

$$c_{CO_2}=\frac{x \text{ mol}}{V}, \quad c_{H_2}=\frac{x \text{ mol}}{V}, \quad c_{CO}=\frac{(10-x)\text{ mol}}{V}, \quad c_{H_2O}=\frac{(10-x)\text{ mol}}{V}$$

把这些物质的物质的量浓度代入平衡常数计算式（13-25）中，经整理可得

$$1.39=\frac{x^2}{(10-x)^2}$$

解得，$x=5.41$。

因此，达到平衡时，生成 5.41mol 的 CO_2 和 5.41mol 的 H_2，剩下未参加反应的 CO 和 H_2O 都为 4.59mol，整个物系的物质的量仍然是 20mol。

各组成气体的分压力为

$$p_{CO}=p_{H_2O}=\frac{4.59}{20}\times 1atm=0.2295atm$$

$$p_{CO_2}=p_{H_2}=\frac{5.41}{20}\times 1atm=0.2705atm$$

4. 平衡移动的原理

前面已经指出，平衡是暂时的、相对的，是在一定条件下的动态平衡。当外部条件发生变化时，平衡被破坏，结果使平衡发生移动而达到一个新的平衡。

勒·夏特列于1888年总结出平衡移动的定性定律："对于处于平衡状态的系统，当外界条件（温度、压力及浓度等）发生变化时，则平衡发生移动，其移动方向总是削弱或者反抗外界条件改变的影响。"

以如下反应为例，有

$$2CO+O_2 \rightleftharpoons 2CO_2$$

这个反应的正方向是一个物质的量减小的放热反应。提高反应系统的压力，平衡向物质的量减少的正方向移动，削弱压力增加带来的影响；降低反应系统的温度，平衡向放出热量的正方向移动，削弱温度降低带来的影响；增加 CO（或 O_2）的浓度，平衡也会向正方向移动，削弱 CO（或 O_2）增加带来的影响。反之，若降低压力，或提高温度，或增加 CO_2 的浓度，则都会使平衡向逆向移动。

5. 催化作用不影响化学平衡

催化化学是国民经济中有重要意义的一门综合学科。催化剂在现代化学工业中占有很重

要的地位。硫酸、硝酸和氨的生产都需要在催化剂存在下进行。各种有机原料的合成、石油的裂化、合成橡胶、合成纤维、合成塑料、有机染料、医药、农药等都离不开催化剂。

催化剂是一种物质，将少量的这种物质加到反应系统中，就能显著影响反应速度，而它本身在反应前后的化学性质并不发生变化。

催化剂的影响很大，它可以使正反应和逆反应的速度改变几百万倍以上，从而缩短达到平衡的时间，使许多化学反应得以按工业规模进行。任何反应在一等温度下都有一定的平衡常数，催化剂不能改变平衡常数。这是因为催化作用既能加快正反应速度，又能加快逆反应速度。

另外，催化剂不会改变化学反应的热效应，催化剂加入不能实现热力学上不可能进行的反应。

13.5　热力学第三定律

热力学研究和热力计算中，很多地方要用到各种物质在各种状态下的熵值。对于单纯物质，或不存在化学反应的混合物系，物质的成分不发生变化，这时可以任意计算熵的起点或基准点。例如，在水蒸气那一章中，我们规定以水的三相点中液相水为起点，从而得到了水和水蒸气在各种状态下的相对熵值。但是对于化学反应物系，如在等温、等压反应的前后，反应系统的最大有用功为

$$W_{u,max} = -\Delta G = (H_1 - TS_1) - (H_2 - TS_2) \tag{13-29}$$

式中，S_1、S_2 分别为反应前、后物系中各种物质熵的总和。这时，各种物质的熵不宜用不同基准点计算的相对值，而应是熵的绝对值。

1906 年，德国化学家能斯特根据低温下化学反应的实验结果，得出一个结论：在可逆等温过程中，当温度趋于绝对零度时，凝聚系的熵趋于不变。这个结论称为能斯特定律，写成数学表达式为

$$\lim_{T \to 0} (\Delta S)_T = 0 \tag{13-30}$$

能斯特定律说明，在接近绝对零度时，如果凝聚系进行了可逆等温化学反应，虽然反应前后物质成分发生了变化，但总熵变趋于零，对此唯一的解释就是不同凝聚物在绝对零度时的熵值相同。

在能斯特定律的基础上，普朗克提出了绝对熵的概念。因为在绝对零度附近的熵是常数，与其他参数的变化无关，故普朗克提出：在绝对零度时，处于平衡态的所有物质的熵均为零。这样，不同物质就有了相同的熵的基准点，据此可确定熵的绝对值，即

$$s = \int_0^T \frac{\delta q}{T} \tag{13-31}$$

在物质分子与原子中，和热能有关的各种运动形式不可能完全停止，因此温度不能达到绝对零度，这样又提出绝对零度不可能达到的理论。表述为：不可能用有限的方法使物系的温度达到绝对零度。这是热力学第三定律的又一种表述方式。

物系在接近绝对零度下进行等温过程时，物系的熵不变。物系的熵不变的过程本为孤立系统的可逆绝热过程。所以，在接近绝对零度时，绝热过程也具有了等温的特性，这时就不可能再依靠绝热过程来进一步降低物系的温度以达到绝对零度。可见，热力学第三定律的两

种表述方法是等效的。

热力学第三定律是热力学的一个独立的客观规律，绝非其他定律，如热力学第二定律的推论。人们有时产生一种错觉，以为有了热力学第二定律同样能得出绝对零度不可达到的结论。因为，对于工作于两个温度为 T_1 和 T_2 的恒温热源之间的可逆卡诺循环，如从 T_1 吸收热量 Q_1，向 T_2 排出热量 Q_2，则按卡诺循环热效率的计算公式为

$$\eta_C = 1 - \frac{Q_2}{Q_1} = 1 - \frac{T_2}{T_1}$$

如果 $T_2 = 0$，则必有 $Q_2 = 0$，因而出现了单热源热机。这种推论是不正确的。因为热力学第二定律是建立在 $T>0$ 的各种生产、生活事实基础上的。在 $T \to 0K$ 的极限情况下，热力学第二定律的各种结论是否仍然正确，那就不能毫无根据地做出判断了。因此，只能说热力学第二定律与热力学第三定律没有矛盾，而不能说后一定律是前一定律的推论。

思 考 题

13-1　如果两个独立参数保持不变，则过程是否不能进行？

13-2　为什么煤的热值有高低之分，而碳的热值却可不分高低？

13-3　化学反应实际上都有正向反应与逆向反应在同时进行，这样的反应是否就是可逆反应？为什么？

13-4　不参与化学反应的物质（如一些惰性气体）存在时是否会影响平衡常数？

13-5　有了熵判据，为什么还要引入亥姆霍兹判据和吉布斯判据？吉布斯函数增大的反应是否一定不能进行？

13-6　如何理解化学平衡是动态平衡？

13-7　正反应的催化剂必然也是逆反应的催化剂吗？

13-8　温度对化学平衡有何影响？燃料燃烧是否完全与温度的关系是怎样的？

习 题

13-1　1mol 氧气在 50℃下从 0.1MPa 可逆等温压缩至 0.6MPa，求 W、ΔF、ΔG。

13-2　已知下列反应的反应焓：

$$CO + \frac{1}{2}O_2 === CO_2 \text{ 的反应摩尔焓为 } \Delta H_{m1} = -283190 J/mol$$

$$H_2 + \frac{1}{2}O_2 === H_2O \text{（g）的反应摩尔焓为 } \Delta H_{m2} = -241997 J/mol$$

试确定化学反应 H_2O（g）$+CO === H_2 + CO_2$ 的反应摩尔焓。

13-3　已知下列反应在 600℃时的反应焓：

$$3Fe_2O_3 + CO === 2Fe_3O_4 + CO_2 \text{ 的反应摩尔焓为 } \Delta H_{m1} = -6.3 J/mol$$

$$Fe_3O_4 + CO === 3FeO + CO_2 \text{ 的反应摩尔焓为 } \Delta H_{m2} = 22.6 J/mol$$

$$FeO + CO === Fe + CO_2 \text{ 的反应摩尔焓为 } \Delta H_{m3} = -13.9 J/mol$$

求在相同温度下，下述反应的反应摩尔焓为多少？

$$Fe_2O_3 + 3CO === 2Fe + 3CO_2$$

13-4　试求化学反应

$$CO_2 \text{（g）} + H_2 \text{（g）} \rightleftharpoons CO \text{（g）} + H_2O \text{（g）}$$

在 900℃ 下的平衡常数 K_c 和 K_p。已测得在平衡时混合物中各物质的量为 $n_{CO_2} = 1.4 \text{kmol}$，$n_{H_2} = 0.8 \text{kmol}$，$n_{CO} = 1.2 \text{kmol}$，$n_{H_2O} = 1.2 \text{kmol}$。

13-5 由 CO_2、CO 和 O_2 在 2400K、1atm 下组成的平衡混合物，其体积分数分别为 86.53%、8.98% 和 4.49%。试求在此温度下

$$CO_2 \text{（g）} \Longrightarrow CO \text{（g）} + \frac{1}{2}O_2 \text{（g）}$$

反应的平衡常数 K_p。

13-6 已知反应 $2SO_3 \text{（g）} \Longrightarrow 2SO_2 + O_2 \text{（g）}$ 在 1000K 时的平衡常数 $K_p = 2.94 \times 10^{10} \text{Pa}$，分别求下列反应的平衡常数 K_p。

$$2SO_2(g) + O_2(g) \Longrightarrow 2SO_3(g)$$

$$SO_3(g) \Longrightarrow SO_2(g) + \frac{1}{2}O_2(g)$$

扫描下方二维码，可获取部分习题参考答案。

附 录

附 录 A

附录 A.1　常用气体的平均比定压热容 $c_p\big|_0^t$

[单位：kJ/(kg·K)]

温度/℃	空气	O_2	N_2	CO_2	CO	H_2	H_2O	SO_2
0	1.004	0.915	1.039	0.815	1.040	14.195	1.859	0.607
100	1.006	0.923	1.040	0.866	1.042	14.353	1.873	0.636
200	1.012	0.935	1.043	0.910	1.046	14.421	1.894	0.662
300	1.019	0.950	1.049	0.949	1.054	14.446	1.919	0.687
400	1.028	0.965	1.057	0.983	1.063	14.477	1.948	0.708
500	1.039	0.979	1.066	1.013	1.075	14.509	1.978	0.724
600	1.050	0.993	1.076	1.040	1.086	14.542	2.009	0.737
700	1.061	1.005	1.087	1.064	1.098	14.587	2.042	0.754
800	1.071	1.016	1.097	1.085	1.109	14.641	2.075	0.762
900	1.081	1.026	1.108	1.104	1.120	14.706	2.110	0.775
1000	1.091	1.035	1.118	1.122	1.130	14.776	2.144	0.783
1100	1.100	1.043	1.127	1.138	1.140	14.853	2.177	0.791
1200	1.108	1.051	1.136	1.153	1.149	14.934	2.211	0.795
1300	1.117	1.058	1.145	1.166	1.158	15.023	2.243	—
1400	1.124	1.065	1.153	1.178	1.166	15.113	2.274	—
1500	1.131	1.071	1.160	1.189	1.173	15.202	2.305	—
1600	1.138	1.077	1.167	1.200	1.180	15.294	2.335	—
1700	1.144	1.083	1.174	1.209	1.187	15.383	3.363	—
1800	1.150	1.089	1.180	1.218	1.192	15.472	2.391	—
1900	1.156	1.094	1.186	1.226	1.198	15.561	2.417	—
2000	1.161	1.099	1.191	1.233	1.203	15.649	2.442	—
2100	1.166	1.104	1.197	1.241	1.208	15.736	2.466	—
2200	1.171	1.109	1.201	1.247	1.213	15.819	2.489	—
2300	1.176	1.114	1.206	1.253	1.218	15.902	2.512	—
2400	1.180	1.118	1.210	1.259	1.222	15.983	2.533	—
2500	1.184	1.123	1.214	1.264	1.226	16.064	2.554	—

附录 A.2　常用气体的平均比定容热容 $c_V\big|_0^t$

[单位: kJ/(kg·K)]

温度/℃	空气	O_2	N_2	CO_2	CO	H_2O	SO_2
0	0.716	0.655	0.742	0.626	0.743	1.398	0.477
100	0.719	0.663	0.744	0.677	0.745	1.411	0.507
200	0.724	0.675	0.747	0.721	0.749	1.432	0.532
300	0.732	0.690	0.752	0.760	0.757	1.457	0.557
400	0.741	0.705	0.760	0.794	0.767	1.486	0.578
500	0.752	0.719	0.769	0.824	0.777	1.516	0.595
600	0.762	0.733	0.779	0.851	0.789	1.547	0.607
700	0.773	0.745	0.790	0.875	0.801	1.581	0.621
800	0.784	0.756	0.801	0.896	0.812	1.614	0.632
900	0.794	0.766	0.811	0.916	0.823	1.618	0.645
1000	0.804	0.775	0.821	0.933	0.834	1.682	0.653
1100	0.813	0.783	0.830	0.950	0.843	1.716	0.662
1200	0.821	0.791	0.839	0.964	0.857	1.749	0.666
1300	0.829	0.798	0.848	0.977	0.861	1.781	—
1400	0.837	0.805	0.856	0.989	0.869	1.813	—
1500	0.844	0.811	0.863	1.001	0.876	1.843	—
1600	0.851	0.817	0.870	1.011	0.883	1.873	—
1700	0.857	0.823	0.877	1.020	0.889	1.902	—
1800	0.863	0.829	0.883	1.029	0.896	1.929	—
1900	0.869	0.834	0.889	1.037	0.901	1.955	—
2000	0.874	0.839	0.894	1.045	0.906	1.980	—
2100	0.879	0.844	0.900	1.052	0.911	2.005	—
2200	0.884	0.849	0.905	1.058	0.916	2.028	—
2300	0.889	0.854	0.909	1.064	0.921	2.050	—
2400	0.893	0.858	0.914	1.070	0.925	2.072	—
2500	0.897	0.863	0.918	1.075	0.929	2.093	—

附录 A.3　气体的平均比热容 [kJ/(kg·K)]（直线关系式）

$$c = a + \frac{b}{2}t$$

空气	$c_{V,m} = 0.7088 + 0.000093t$
	$c_{p,m} = 0.9956 + 0.000093t$
H_2	$c_{V,m} = 10.12 + 0.0005945t$
	$c_{p,m} = 14.33 + 0.0005945t$
N_2	$c_{V,m} = 0.7304 + 0.00008955t$
	$c_{p,m} = 1.032 + 0.00008955t$
O_2	$c_{V,m} = 0.6594 + 0.0001065t$
	$c_{p,m} = 0.919 + 0.0001065t$
CO	$c_{V,m} = 0.7331 + 0.00009681t$
	$c_{p,m} = 1.035 + 0.00009681t$
H_2O	$c_{V,m} = 1.373 + 0.0003111t$
	$c_{p,m} = 1.833 + 0.0003111t$
CO_2	$c_{V,m} = 0.6837 + 0.0002406t$
	$c_{p,m} = 0.8725 + 0.0002406t$

附录 A. 4　空气的热力性质表

T/K	$t/℃$	$h/(kJ/kg)$	$u/(kJ/kg)$	$s^0/[kJ/(kg·K)]$
200	−73.15	199.97	142.56	1.29559
250	−23.15	250.05	178.28	1.51917
290	16.85	290.16	206.91	1.56802
300	26.85	300.19	214.07	1.70203
310	36.85	310.24	221.25	1.73498
320	46.85	320.29	228.43	1.76690
330	56.85	330.34	235.61	1.79783
340	66.85	340.42	242.82	1.82790
350	76.85	350.49	250.02	1.85708
360	86.85	360.67	257.24	1.88543
370	96.85	370.67	264.46	1.91313
380	106.85	380.77	271.69	1.94001
390	116.85	390.88	278.93	1.96633
400	126.85	400.98	286.16	1.99194
410	136.85	411.12	293.43	2.01699
420	146.85	421.26	300.69	2.04142
430	156.85	432.43	307.99	2.06533
440	166.85	441.61	315.30	2.08870
450	176.85	451.80	322.62	2.11161
460	186.85	462.02	329.97	2.13407
470	196.85	472.24	337.32	2.14604
480	206.85	482.49	344.70	2.17760
490	216.85	492.74	352.08	2.19876
500	226.85	503.02	359.49	2.21952
510	236.85	513.32	366.92	2.23993
520	246.85	523.63	374.36	2.25997
530	256.85	533.98	381.84	2.27967
540	266.85	544.35	389.34	2.29906
550	276.85	554.74	396.86	2.31809
560	286.85	565.17	404.42	2.33685
570	296.85	575.59	411.97	2.35531
580	306.85	586.04	419.55	2.37318
590	316.85	596.52	427.15	2.30140
600	326.85	607.02	434.78	2.40902
610	336.85	617.53	442.42	2.42644
620	346.85	628.07	450.09	2.44356

（续）

T/K	$t/\text{℃}$	$h/(\text{kJ/kg})$	$u/(\text{kJ/kg})$	$s^0/[\text{kJ}/(\text{kg}\cdot\text{K})]$
630	356.85	638.63	457.78	2.46048
640	366.85	649.22	465.50	2.47716
650	376.85	659.84	473.25	2.49364
660	386.85	670.47	481.01	2.50985
670	396.85	681.14	488.81	2.52580
680	406.85	691.82	496.62	2.54175
690	416.85	702.52	504.45	2.55731
700	426.85	713.27	512.33	2.57277
710	436.85	724.04	520.23	2.58810
720	446.85	734.82	528.14	2.60319
730	456.85	746.62	536.07	2.61803
740	466.85	756.44	544.02	2.63280
750	476.85	767.29	551.99	2.64737
760	486.85	778.18	560.01	2.66176
780	506.85	800.03	576.12	2.69013
800	526.85	821.95	592.30	2.71787
820	546.85	843.98	603.59	2.74504
840	566.85	866.08	624.95	2.77170
860	586.85	888.27	641.46	2.79783
880	606.85	910.56	657.95	2.82344
900	626.85	932.93	674.58	2.84856
920	646.85	955.38	691.28	2.87821
940	666.85	977.92	708.08	2.89748
960	686.85	1000.56	725.02	2.92128
980	706.85	1023.25	741.98	2.944638
1000	726.85	1046.04	758.94	2.96770
1020	746.85	1068.69	771.60	2.99034
1040	766.85	1091.85	793.36	3.01260
1060	786.85	1114.86	810.62	3.03449
1080	806.85	1137.89	827.88	3.05608
1100	826.85	1161.07	845.33	3.07732
1120	846.85	1184.28	862.79	3.09325
1140	866.85	1207.57	880.35	3.11883
1160	886.85	1230.92	897.91	3.13916
1180	906.85	1254.34	915.57	3.15916
1200	926.85	1277.79	933.33	3.17838

（续）

T/K	t/℃	h/(kJ/kg)	u/(kJ/kg)	s⁰/[kJ/(kg·K)]
1220	946.85	1301.31	951.09	3.19834
1240	966.85	1324.93	968.95	3.21751
1260	986.85	1348.55	986.90	3.23638
1280	1006.85	1372.24	1004.76	3.25510
1300	1026.85	1395.97	1022.82	3.27345
1320	1046.85	1419.76	1040.88	3.29160
1340	1066.85	1443.60	1058.94	3.30959
1360	1086.85	1467.49	1077.10	3.32724
1380	1106.85	1491.44	1095.26	3.34474
1400	1126.85	1515.42	1113.52	3.36200
1440	1166.85	1563.51	1150.13	3.39586
1460	1186.85	1587.63	1168.49	3.41247
1480	1206.85	1611.79	1186.95	3.42892
1500	1226.85	1635.97	1205.41	3.44516
1520	1246.85	1660.23	1223.87	3.46120
1540	1266.85	1684.51	1242.43	3.47712
1560	1286.85	1708.82	1260.99	3.49276
1580	1306.85	1733.17	1279.65	3.50829
1600	1326.85	1757.57	1298.30	3.52364
1620	1346.85	1782.00	1316.96	3.53879
1640	1366.85	1806.46	1335.72	3.55381
1660	1386.85	1830.96	1354.48	3.56867
1680	1406.85	1855.50	1373.24	3.58335
1700	1426.85	1880.1	1392.7	3.5979
1750	1476.85	1941.6	1439.8	3.6336
1800	1526.85	2003.3	1487.2	3.6684
1850	1576.85	2065.3	1534.9	3.7023
1900	1626.85	2127.4	1582.6	3.7354
1950	1676.85	2189.7	1630.6	3.7677
2000	1726.85	2252.1	1678.7	3.7994
2050	1776.85	2314.6	1726.8	3.8393
2100	1826.85	2377.4	1775.3	3.8605
2150	1876.85	2440.3	1823.8	3.8901
2200	1926.85	2503.2	1872.4	3.9191

附录 A.5　一些物质的摩尔质量和临界点参数

物质	化学式	$M/(\text{kg/kmol})$	T_{cr}/K	p_{cr}/MPa	$Z_{cr}=\dfrac{p_{cr}v_{cr}}{R_g T_{cr}}$
乙炔	C_2H_2	26.04	309	6.28	0.274
空气	—	28.97	133	3.77	0.284
氨气	NH_3	17.03	406	11.28	0.242
氩气	Ar	39.94	151	4.86	0.290
苯	C_6H_6	78.11	563	4.93	0.274
丁烷	C_4H_{10}	58.12	425	3.80	0.274
碳	C	12.01	—	—	—
二氧化碳	CO_2	44.01	304	7.39	0.276
一氧化碳	CO	28.01	133	3.50	0.294
铜	Cu	63.54	—	—	—
乙烷	C_2H_6	30.07	305	4.88	0.285
酒精	C_2H_5OH	46.07	516	6.38	0.249
乙烯	C_2H_4	28.05	283	5.12	0.270
氦气	He	4.003	5.2	0.23	0.300
氢气	H_2	2.016	33.2	1.30	0.304
甲烷	CH_4	16.04	191	4.64	0.290
甲醇	CH_3OH	32.04	513	7.95	0.220
氮气	N_2	28.01	126	3.39	0.291
辛烷	C_8H_{18}	114.22	569	2.49	0.258
氧气	O_2	32.00	154	5.05	0.290
丙烷	C_3H_8	44.09	370	4.27	0.276
丙烯	C_3H_6	42.08	365	4.62	0.276
R12	CCl_2F_2	120.92	385	4.12	0.278
R22	$CHClF_2$	86.48	369	4.98	0.267
R134a	CF_3CH_2F	102.03	374	4.07	0.260
二氧化硫	SO_2	64.06	431	7.87	0.268
水	H_2O	18.02	647.3	22.09	0.233

附录 A.6 范德瓦尔方程和 R-K 方程的常数

物质	范德瓦尔方程		R-K 方程	
	a	b	a	b
	$MPa\left(\dfrac{m^3}{kmol}\right)^2$	$\dfrac{m^3}{kmol}$	$MPa\left(\dfrac{m^3}{kmol}\right)^2 K^{0.5}$	$\dfrac{m^3}{kmol}$
空气	0.1368	0.0367	1.5989	0.02541
丁烷(C_4H_{10})	1.386	0.1162	28.955	0.08060
二氧化碳(CO_2)	0.3647	0.0428	6.443	0.02963
一氧化碳(CO)	0.1474	0.0395	1.722	0.02737
甲烷(CH_4)	0.2293	0.0428	3.211	0.02965
氮气(N_2)	0.1366	0.0386	1.553	0.02677
氧气(O_2)	0.1369	0.0317	1.722	0.02197
丙烷(C_3H_8)	0.9349	0.0901	18.223	0.06242
制冷剂 R12	1.049	0.0971	20.859	0.06731
二氧化硫(SO_2)	9.6883	0.0569	14.480	0.03945
水(H_2O)	0.5531	0.0305	14.259	0.02111

附录 A.7 饱和水与干饱和蒸汽的热力性质表（按温度排列）

t	p	v'	v''	h'	h''	r	s'	s''
℃	MPa	m^3/kg		kJ/kg			kJ/(kg·K)	
0	0.0006112	0.00100022	206.154	−0.05	2500.51	2500.6	−0.0002	9.1544
0.01	0.0006117	0.00100021	206.012	0.00	2500.53	2500.5	0	9.1541
1	0.0006571	0.00100018	192.464	4.18	2502.35	2498.2	0.0153	9.1278
2	0.0007059	0.00100013	179.787	8.39	2504.19	2495.8	0.0306	9.1014
3	0.0007580	0.00100009	168.041	12.61	2506.03	2493.4	0.0459	9.0752
4	0.0008135	0.00100008	157.151	16.82	2507.87	2491.1	0.0611	9.0493
5	0.0008725	0.00100008	147.048	21.02	2509.71	2488.7	0.0763	9.0236
6	0.0009352	0.00100010	137.670	25.22	2511.55	2486.3	0.0913	8.9982
7	0.0010019	0.00100014	128.961	29.42	2513.39	2484.0	0.1063	8.9730
8	0.0010728	0.00100019	120.868	33.62	2515.23	2481.6	0.1213	8.9480
9	0.0011480	0.00100026	113.342	37.81	2517.06	2479.3	0.1362	8.9233
10	0.0012279	0.00100034	106.341	42.00	2518.90	2476.9	0.1510	8.8988
12	0.0014025	0.00100054	93.756	50.38	2522.57	2472.2	0.1805	8.8504
14	0.0015985	0.00100080	82.828	58.76	2526.24	2467.5	0.2098	8.8029
16	0.0018183	0.00100110	73.320	67.13	2529.90	2462.8	0.2388	8.7562
18	0.0020640	0.00100145	65.029	75.50	2533.55	2458.1	0.2677	8.7103
20	0.0023385	0.00100185	57.786	83.86	2537.20	2453.3	0.2963	8.6652
22	0.0026444	0.00100229	51.445	92.23	2540.84	2448.6	0.3247	8.6210
24	0.0029846	0.00100276	45.884	100.59	2544.47	2443.9	0.3530	8.5774

（续）

t	p	v'	v''	h'	h''	r	s'	s''
℃	MPa	m³/kg		kJ/kg			kJ/(kg·K)	
26	0.0033625	0.00100328	40.997	108.95	2548.10	2439.2	0.3810	8.5347
28	0.0037815	0.00100383	36.694	117.32	2551.73	2434.4	0.4089	8.4927
30	0.0042451	0.00100442	32.899	125.68	2555.35	2429.7	0.4366	8.4514
32	0.0047574	0.00100504	29.545	134.04	2558.96	2424.9	0.4641	8.4108
34	0.0053226	0.00100570	26.577	142.41	2562.57	2420.2	0.4914	8.3708
36	0.0059450	0.00100640	23.945	150.77	2566.18	2415.4	0.5185	8.3316
38	0.0066295	0.00100713	21.608	159.14	2569.77	2410.6	0.5455	8.2930
40	0.0073811	0.00100789	19.529	167.50	2573.36	2405.9	0.5723	8.2551
45	0.0095897	0.00100993	15.2636	188.42	2582.30	2393.9	0.6386	8.1630
50	0.0123446	0.00101216	12.0365	209.33	2591.19	2381.9	0.7038	8.0745
55	0.015752	0.00101455	9.5723	230.24	2600.02	2369.8	0.7680	7.9896
60	0.019933	0.00101713	7.6740	251.15	2608.79	2357.6	0.8312	7.9080
65	0.025024	0.00101986	6.1992	272.08	2617.48	2345.4	0.8935	7.8295
70	0.031178	0.00102276	5.0443	293.01	2626.10	2333.1	0.9550	7.7540
75	0.038565	0.00102582	4.1330	313.96	2634.63	2320.7	1.0156	7.6812
80	0.047376	0.00102903	3.4086	334.93	2643.06	2308.1	1.0753	7.6112
85	0.057818	0.00103240	2.8288	355.92	2651.40	2295.5	1.1343	7.5436
90	0.70121	0.00103593	2.3616	376.94	2659.63	2282.7	1.1926	7.4783
95	0.084533	0.00103961	1.9827	397.98	2667.73	2269.7	1.2501	7.4154
100	0.101325	0.00104344	1.6736	419.06	2675.71	2256.6	1.3069	7.3545
110	0.143243	0.00105156	1.2106	461.33	2691.26	2229.9	1.4186	7.2386
120	0.198483	0.00106031	0.89219	503.76	2706.18	2202.4	1.5277	7.1297
130	0.270018	0.00106968	0.66873	546.38	2720.39	2174.0	1.6346	7.0272
140	0.361190	0.00107972	0.50900	589.21	2733.81	2144.6	1.7393	6.9302
150	0.47571	0.00109046	0.39286	632.28	2746.35	2114.1	1.8420	6.8381
160	0.61766	0.00110193	0.30709	675.62	2757.92	2082.3	1.9429	6.7502
170	0.79147	0.00111420	0.24283	719.25	2768.42	2049.2	2.0420	6.6661
180	1.00193	0.00112732	0.19403	763.22	2777.74	2014.5	2.1396	6.5852
190	1.25417	0.00114136	0.15650	807.56	2785.80	1978.2	2.2358	6.5071
200	1.55366	0.00115641	0.12732	852.34	2792.47	1940.1	2.3307	6.4312
210	1.90617	0.00117258	0.10438	897.62	2797.65	1900.0	2.4245	6.3571
220	3.31783	0.00119000	0.086157	943.46	2801.20	1857.7	2.5175	6.2846
230	2.79505	0.00120882	0.071553	989.95	2803.00	1813.0	2.6096	6.2130
240	3.34459	0.00122922	0.059743	1037.2	2802.88	1765.7	2.7013	6.1422
250	3.97351	0.00125145	0.050112	1085.3	2800.66	1715.4	2.7926	6.0716

（续）

t	p	v'	v"	h'	h"	r	s'	s"
℃	MPa	m³/kg		kJ/kg			kJ/(kg·K)	
260	4.68923	0.00127579	0.042195	1134.3	2796.14	1661.8	2.8837	6.0007
270	5.49956	0.00130262	0.035637	1184.5	2789.05	1604.5	2.9751	5.9292
280	6.41273	0.00133242	0.030165	1236.0	2779.08	1543.1	3.0668	5.8564
290	7.43746	0.00136582	0.025565	1289.1	2765.81	1476.7	3.1594	5.7817
300	8.58308	0.00140369	0.021669	1344.0	2748.71	1404.7	3.2533	5.7042
310	9.8597	0.00144728	0.018343	1401.2	2727.01	1325.9	3.3490	5.6226
320	11.278	0.00149844	0.015479	1461.2	2699.72	1238.5	3.4475	5.5356
330	12.851	0.00156008	0.012987	1524.9	2665.30	1140.4	3.5500	5.4408
340	14.593	0.00163728	0.010790	1593.7	2621.32	1027.6	3.6586	5.3345
350	16.521	0.00174008	0.008812	1670.3	2563.39	893.0	3.7773	5.2104
360	18.657	0.00189423	0.006958	1761.1	2481.68	720.6	3.9155	5.0536
370	21.033	0.00221480	0.004982	1891.7	2338.79	447.1	4.1125	4.8076
373.99	22.064	0.003106	0.003106	2085.9	2085.90	0	4.4092	4.4092

附录 A.8　饱和水与干饱和蒸汽的热力性质表（按压力排列）

p	t	v'	v"	h'	h"	r	s'	s"
MPa	℃	m³/kg		kJ/kg			kJ/(kg·K)	
0.001	6.949	0.0010001	129.185	29.21	2513.29	2484.1	0.1056	8.9735
0.002	17.540	0.0010014	67.008	73.58	2532.71	2459.1	0.2611	8.7220
0.003	24.114	0.0010028	45.666	101.07	2544.68	2443.6	0.3546	8.5758
0.004	28.953	0.0010041	34.796	121.30	2553.45	2432.2	0.4221	8.4725
0.005	32.879	0.0010053	28.191	137.72	2560.55	2422.8	0.4761	8.3930
0.006	36.166	0.0010065	23.738	151.47	2566.48	2415.0	0.5208	8.3283
0.007	38.997	0.0010075	20.528	163.31	2571.56	2408.3	0.5589	8.2737
0.008	41.508	0.0010085	18.102	173.81	2576.06	2402.2	0.5924	8.2266
0.009	43.790	0.0010094	16.204	183.36	2580.15	2396.8	0.6226	8.1854
0.010	45.799	0.0010103	14.673	191.76	2583.72	2392.0	0.6490	8.1481
0.020	60.065	0.0010172	7.6497	251.43	2608.90	2357.5	0.8320	7.9068
0.030	69.104	0.0010222	5.2296	289.26	2624.56	2335.3	0.9440	7.7671
0.040	75.872	0.0010264	3.9939	317.61	2636.10	2318.5	1.0260	7.6688
0.050	81.339	0.0010299	3.2409	340.55	2645.31	2304.8	1.0912	7.5928
0.060	85.950	0.00100331	2.7324	359.91	2652.97	2293.1	1.1454	7.5310
0.070	89.956	0.0010359	2.3654	376.75	2659.55	2282.8	1.1921	7.4789
0.080	93.511	0.0010385	2.0876	391.71	2665.33	2273.6	1.2330	7.4339
0.090	96.712	0.0010409	1.8698	405.20	2670.48	2265.3	1.2696	7.3943
0.100	99.634	0.0010432	1.6943	417.52	2675.14	2257.6	1.3028	7.3589

（续）

p	t	v'	v''	h'	h''	r	s'	s''
MPa	℃	m³/kg		kJ/kg			kJ/(kg·K)	
0. 200	120. 240	0. 0010605	0. 88585	504. 78	2706. 53	2201. 7	1. 5303	7. 1272
0. 300	133. 556	0. 0010732	0. 60587	561. 58	2725. 26	2163. 7	1. 6721	6. 9921
0. 400	143. 642	0. 0010835	0. 46246	604. 87	2738. 49	2133. 6	1. 7769	6. 8961
0. 500	151. 867	0. 0010925	0. 37486	640. 35	2748. 59	2108. 2	1. 8610	6. 8214
0. 600	158. 863	0. 0011006	0. 31563	670. 67	2756. 66	2086. 0	1. 9315	6. 7600
0. 700	164. 983	0. 0011079	0. 27281	697. 32	2763. 29	2066. 0	1. 9925	6. 7079
0. 800	170. 444	0. 0011148	0. 24037	721. 20	2768. 86	2047. 7	2. 0464	6. 6625
0. 900	175. 389	0. 0011212	0. 21491	742. 90	2773. 59	2030. 7	2. 0948	6. 6222
1. 000	179. 916	0. 0011272	0. 19438	762. 84	2777. 67	2014. 8	2. 1388	6. 5859
1. 500	198. 327	0. 0011538	0. 13172	844. 82	2791. 46	1946. 6	2. 3149	6. 4437
2. 000	212. 417	0. 0011767	0. 099588	908. 64	2798. 66	1890. 0	2. 4471	6. 3395
2. 500	223. 990	0. 0011973	0. 079949	961. 93	2802. 14	1840. 2	2. 5543	6. 2559
3. 000	233. 893	0. 0012166	0. 066662	1008. 2	2803. 19	1794. 9	2. 6454	6. 1854
3. 500	242. 597	0. 0012348	0. 057054	1049. 6	2802. 51	1752. 9	2. 7250	6. 1238
4. 000	250. 394	0. 0012524	0. 049771	1087. 2	2800. 53	1713. 4	2. 7962	6. 0688
4. 500	257. 477	0. 0012694	0. 044052	1121. 8	2797. 51	1675. 7	2. 8607	6. 0187
5. 000	263. 980	0. 0012862	0. 039439	1154. 2	2793. 64	1639. 5	2. 9201	5. 9724
6. 000	275. 625	0. 0013190	0. 032440	1213. 3	2783. 82	1570. 5	3. 0266	5. 8885
7. 000	285. 869	0. 0013515	0. 027371	1266. 9	2771. 72	1504. 8	3. 1210	5. 8129
8. 000	295. 048	0. 0013843	0. 023520	1316. 5	2757. 70	1441. 2	3. 2066	5. 7430
9. 000	303. 385	0. 0014177	0. 020485	1363. 1	2741. 92	1378. 9	3. 2854	5. 6771
10. 000	311. 037	0. 0014522	0. 018026	1407. 2	2724. 46	1317. 2	3. 3591	5. 6139
11. 000	318. 118	0. 0014881	0. 015987	1449. 6	2705. 34	1255. 7	3. 4287	5. 5525
12. 000	324. 715	0. 0015260	0. 014263	1490. 7	2684. 50	1193. 8	3. 4952	5. 4920
13. 000	330. 894	0. 0015662	0. 012780	1530. 8	2661. 80	1131. 0	3. 5594	5. 4318
14. 000	336. 707	0. 0016097	0. 011486	1570. 4	2637. 07	1066. 7	3. 6220	5. 3711
15. 000	342. 196	0. 0016571	0. 010340	1609. 8	2610. 01	1000. 2	3. 6836	5. 3091
16. 000	347. 396	0. 0017099	0. 009311	1649. 4	2580. 21	930. 8	3. 7451	5. 2450
17. 000	352. 334	0. 0017701	0. 008373	1690. 0	2547. 01	857. 1	3. 8073	5. 1776
18. 000	357. 034	0. 0018402	0. 007503	1732. 0	2509. 45	777. 4	3. 8715	5. 1051
19. 000	361. 514	0. 0019258	0. 006679	1776. 9	2465. 87	688. 9	3. 9395	5. 0250
20. 000	365. 789	0. 0020379	0. 005870	1827. 2	2413. 05	585. 9	4. 0153	4. 9322
21. 000	369. 868	0. 0022073	0. 005012	1889. 2	2341. 67	452. 4	4. 1088	4. 8124
22. 000	373. 752	0. 0027040	0. 003684	2013. 0	2084. 02	71. 0	4. 2969	4. 4066
22. 064	373. 990	0. 0031060	0. 003106	2085. 9	2085. 90	0	4. 4092	4. 4092

附录 A.9 未饱和水与过热蒸汽的热力性质表

t	0.001MPa			0.004MPa		
	v	h	s	v	h	s
℃	m³/kg	kJ/kg	kJ/(kg·K)	m³/kg	kJ/kg	kJ/(kg·K)
0	0.0010002	−0.05	−0.0002	0.0010002	−0.05	−0.0002
10	130.598	2519.0	8.9938	0.0010003	42.01	0.1510
20	135.226	2537.7	9.0588	0.0010018	83.87	0.2963
30	139.851	2556.4	9.1216	34.918	2555.4	8.4790
40	144.475	2575.2	9.1823	36.080	2574.3	8.5403
50	149.096	2593.9	9.2412	37.241	2593.2	8.5996
60	153.717	2612.7	9.2984	38.400	2612.0	8.6571
70	158.337	2631.4	9.3540	39.558	2630.9	8.7129
80	162.956	2650.3	9.4080	40.716	2649.8	8.7672
90	167.574	2669.1	9.4607	41.873	2668.7	8.8200
100	172.192	2688.0	9.5120	43.029	2687.7	8.8714
120	181.426	2725.9	9.6109	45.341	2725.6	8.9706
140	190.660	2764.0	9.7054	47.652	2763.8	9.0652
160	199.893	2802.3	9.7959	49.962	2802.1	9.1557
180	209.126	2840.7	9.8827	52.272	2840.6	9.2426
200	218.358	2879.4	9.9662	54.581	2879.3	9.3262
220	227.590	2918.3	10.0468	56.890	2918.2	9.4068
240	236.821	2957.5	10.1246	59.199	2957.3	9.4846
260	246.053	2996.8	10.1998	61.507	2996.7	9.5599
280	255.284	3036.4	10.2727	63.816	3036.3	9.6328
300	264.515	3076.2	10.3434	66.124	3076.2	9.7035
320	273.746	3116.3	10.4122	68.432	3116.2	9.7723
340	282.977	3156.6	10.4790	70.740	3156.5	9.8391
360	292.208	3197.1	10.5440	73.048	3197.1	9.9041
380	301.439	3237.9	10.6074	75.356	3237.8	9.9675
400	310.669	3278.9	10.6692	77.664	3278.8	10.0294
420	319.900	3320.1	10.7296	79.972	3320.1	10.0898
440	329.131	3361.6	10.7886	82.280	3361.5	10.1487
460	338.362	3403.3	10.8463	84.588	3403.3	10.2064
480	347.592	3445.3	10.9028	86.896	3445.2	10.2629
500	356.823	3487.5	10.9581	89.204	3487.5	10.3183
520	366.054	3530.0	11.0125	91.512	3530.0	10.3726
540	375.284	3572.9	11.0658	93.819	3572.8	10.4259
560	384.515	3616.0	11.1182	96.127	3616.0	10.4784
580	393.746	3659.6	11.1698	98.435	3659.5	10.5300
600	402.976	3703.4	11.2206	100.743	3703.4	10.5808

（续）

t	0.006MPa			0.010MPa		
	v	h	s	v	h	s
℃	m³/kg	kJ/kg	kJ/(kg · K)	m³/kg	kJ/kg	kJ/(kg · K)
0	0.0010002	−0.05	−0.0002	0.0010002	−0.04	−0.0002
10	0.0010003	42.01	0.1510	0.0010003	42.01	0.1510
20	0.0010018	83.87	0.2963	0.0010018	83.87	0.2963
30	0.0010044	125.68	0.4366	0.0010044	125.68	0.4366
40	24.036	2573.8	8.3517	0.0010079	167.51	0.5723
50	24.812	2592.7	8.4113	14.869	2591.8	8.1732
60	25.587	2611.6	8.4690	15.336	2610.8	8.2313
70	26.360	2630.6	8.5250	15.802	2629.9	8.2876
80	27.133	2649.5	8.5794	16.268	2648.9	8.3422
90	27.906	2668.4	8.6323	16.732	2667.9	8.3954
100	28.678	2687.4	8.6838	17.196	2686.9	8.4471
120	30.220	2725.4	8.7831	18.124	2725.1	8.5466
140	31.762	2763.6	8.8778	19.050	2763.3	8.6414
160	33.303	2801.9	8.9684	19.976	2801.7	8.7322
180	34.843	2840.5	9.0553	20.901	2840.2	8.8192
200	36.384	2879.2	9.1389	21.826	2879.0	8.9029
220	37.923	2918.1	9.2195	22.750	2918.0	8.9835
240	39.463	2957.3	9.2974	23.674	2957.1	9.0614
260	41.002	2996.7	9.3727	24.598	2996.5	9.1367
280	42.541	3036.3	9.4456	25.522	3036.2	9.2097
300	44.080	3076.1	9.5164	26.446	3076.0	9.2805
320	45.619	3116.2	9.5851	27.369	3116.1	9.3492
340	47.158	3156.5	9.6519	28.293	3156.4	9.4161
360	48.697	3197.0	9.7170	29.216	3197.0	9.4811
380	50.236	3237.8	9.7804	30.140	3237.7	9.5445
400	51.775	3278.8	9.8422	31.063	3278.7	9.6064
420	53.314	3320.0	9.9026	31.987	3320.0	9.6668
440	54.852	3361.5	9.9616	32.910	3361.5	9.7258
460	56.391	3403.2	10.0193	33.833	3403.2	9.7835
480	57.930	3445.2	10.0758	34.757	3445.2	9.8400
500	59.468	3487.5	10.1311	35.680	3487.4	9.8953
520	61.007	3530.0	10.1854	36.603	3530.0	9.9496
540	62.545	3572.8	10.2388	37.526	3572.8	10.003
560	64.084	3616.0	10.2912	38.450	3616.0	10.055
580	65.623	3659.5	10.3428	39.373	3659.5	10.107
600	67.161	3703.4	10.3937	40.296	3703.4	10.158

（续）

t	0.060MPa			0.10MPa		
	v	h	s	v	h	s
℃	m³/kg	kJ/kg	kJ/(kg·K)	m³/kg	kJ/kg	kJ/(kg·K)
0	0.0010002	0.01	−0.0002	0.0010002	0.05	−0.0002
10	0.0010003	42.06	0.1510	0.0010003	42.10	0.1510
20	0.0010018	83.92	0.2963	0.0010018	83.96	0.2963
30	0.0010044	125.73	0.4365	0.0010044	125.77	0.4365
40	0.0010079	167.55	0.5723	0.0010078	167.59	0.5723
50	0.0010121	209.37	0.7037	0.0010121	209.40	0.7037
60	0.0010171	251.19	0.8312	0.0010171	251.22	0.8312
70	0.0010227	293.03	0.9549	0.0010227	293.07	0.9549
80	0.0010290	334.94	1.0753	0.0010290	334.97	1.0753
90	2.7648	2661.1	7.5534	0.0010359	376.96	1.1925
100	2.8446	2680.9	7.6073	1.6961	2675.9	7.3609
120	3.0030	2720.3	7.7101	1.7931	2716.3	7.4665
140	3.1602	2759.4	7.8072	1.8889	2756.2	7.5654
160	3.3167	2798.4	7.8995	1.9838	2795.8	7.6590
180	3.4726	2837.5	7.9877	2.0783	2835.3	7.7482
200	3.6281	2876.7	8.0722	2.1723	2874.8	7.8334
220	3.7833	2915.9	8.1535	2.2659	2914.3	7.9152
240	3.9383	2955.4	8.2319	2.3594	2953.9	7.9940
260	4.0931	2995.0	8.3076	2.4527	2993.7	8.0701
280	4.2477	3034.8	8.3809	2.5458	3033.6	8.1436
300	4.4023	3074.8	8.4519	2.6388	3073.8	8.2148
320	4.5567	3115.0	8.5209	2.7317	3114.1	8.2840
340	4.7111	3155.4	8.5879	2.8245	3154.6	8.3511
360	4.8654	3196.0	8.6531	2.9173	3195.3	8.4165
380	5.0197	3236.9	8.7166	3.0100	3236.2	8.4801
400	5.1739	3278.0	8.7786	3.1027	3277.3	8.5422
420	5.3280	3319.3	8.8391	3.1953	3318.7	8.6027
440	5.4822	3360.8	8.8981	3.2879	3360.3	8.6618
460	5.6363	3402.6	8.9559	3.3805	3402.1	8.7197
480	5.7903	3444.6	9.0125	3.4730	3444.1	8.7763
500	5.9444	3486.9	9.0679	3.5656	3486.5	8.8317
520	6.0984	3529.5	9.1222	3.6581	3529.1	8.8861
540	6.2524	3572.3	9.1756	3.7505	3572.0	8.9395
560	6.4064	3615.5	9.2281	3.8430	3615.2	8.9920
580	6.5604	3659.1	9.2798	3.9355	3658.7	9.0437
600	6.7144	3703.0	9.3306	4.0279	3702.7	9.0946

（续）

t	0.5MPa			1.0MPa		
	v	h	s	v	h	s
℃	m³/kg	kJ/kg	kJ/(kg·K)	m³/kg	kJ/kg	kJ/(kg·K)
0	0.0010000	0.46	−0.0001	0.0009997	0.97	−0.0001
10	0.0010001	42.49	0.1510	0.0009999	42.98	0.1509
20	0.0010016	84.33	0.2962	0.0010014	84.80	0.2961
30	0.0010042	126.13	0.4364	0.0010040	126.59	0.4363
40	0.0010077	167.94	0.5721	0.0010074	168.38	0.5719
50	0.0010119	209.75	0.7035	0.0010117	210.18	0.7033
60	0.0010169	251.56	0.8310	0.0010167	251.98	0.8307
70	0.0010225	293.39	0.9547	0.0010223	293.80	0.9544
80	0.0010288	335.29	1.0750	0.0010286	335.69	1.0747
90	0.0010357	377.27	1.1923	0.0010355	377.66	1.1919
100	0.0010432	419.36	1.3066	0.0010430	419.74	1.3062
120	0.0010601	503.97	1.5275	0.0010599	504.32	1.5270
140	0.0010796	589.30	1.7392	0.0010793	589.62	1.7386
160	0.38358	2767.2	6.8647	0.0011017	675.84	1.9424
180	0.40450	2811.7	6.9651	0.19443	2777.9	6.5864
200	0.42487	2854.9	7.0585	0.20590	2827.3	6.6931
220	0.44485	2897.3	7.1462	0.21686	2874.2	6.7903
240	0.46455	2939.2	7.2295	0.22745	2919.6	6.8804
260	0.48404	2980.8	7.3091	0.23779	2963.8	6.9650
280	0.50336	3022.2	7.3853	0.24793	3007.3	7.0451
300	0.52255	3063.6	7.4588	0.25793	3050.4	7.1216
320	0.54164	3104.9	7.5297	0.26781	3093.2	7.1950
340	0.56064	3146.3	7.5983	0.27760	3135.7	7.2656
360	0.57958	3187.8	7.6649	0.28732	3178.2	7.3337
380	0.59846	3229.4	7.7295	0.29698	3220.7	7.3997
400	0.61729	3271.1	7.7924	0.30658	3263.1	7.4638
420	0.63608	3312.9	7.8537	0.31615	3305.6	7.5260
440	0.65483	3354.9	7.9135	0.32568	3348.2	7.5866
460	0.67356	3397.2	7.9719	0.33518	3390.9	7.6456
480	0.69226	3439.6	8.0289	0.34465	3433.8	7.7033
500	0.71094	3482.2	8.0848	0.35410	3476.8	7.7597
520	0.72959	3525.1	8.1396	0.36353	3520.1	7.8140
540	0.74824	3568.2	8.1933	0.37294	3563.5	7.8691
560	0.76686	3611.7	8.2461	0.38234	3607.3	7.9222
580	0.78547	3655.5	8.2980	0.39172	3651.3	7.9744
600	0.80408	3699.6	8.3491	0.40109	3695.7	8.0259

（续）

t	5.0MPa			10.0MPa		
	v	h	s	v	h	s
℃	m³/kg	kJ/kg	kJ/(kg·K)	m³/kg	kJ/kg	kJ/(kg·K)
0	0.0009977	5.04	0.0002	0.0009952	10.09	0.0004
10	0.0009979	46.87	0.1506	0.0009956	51.70	0.1500
20	0.0009996	88.55	0.2952	0.0009973	93.22	0.2942
30	0.0010022	130.23	0.4350	0.0010000	134.76	0.4335
40	0.0010057	171.92	0.5704	0.0010035	176.34	0.5684
50	0.0010099	213.63	0.7015	0.0010078	217.93	0.6992
60	0.0010149	255.34	0.8286	0.0010127	259.53	0.8259
70	0.0010205	297.07	0.9520	0.0010182	301.16	0.9491
80	0.0010267	338.87	1.0721	0.0010244	342.85	1.0688
90	0.0010335	380.75	1.1890	0.0010311	384.63	1.1855
100	0.0010410	422.75	1.3031	0.0010385	426.51	1.2993
120	0.0010576	507.14	1.5234	0.0010549	510.68	1.5190
140	0.0010768	592.23	1.7345	0.0010738	595.50	1.7294
160	0.0010988	678.19	1.9377	0.0010953	681.16	1.9319
180	0.0011240	765.25	2.1342	0.0011199	767.84	2.1275
200	0.0011529	853.75	2.3253	0.0011481	855.88	2.3176
220	0.0011867	944.21	2.5125	0.0011807	945.71	2.5036
240	0.0012266	1037.3	2.6976	0.0012190	1038.0	2.6870
260	0.0012751	1134.3	2.8829	0.0012650	1133.6	2.8698
280	0.042228	2855.8	6.0864	0.0013222	1234.2	3.0549
300	0.045301	2923.3	6.2064	0.0013975	1342.3	3.2469
320	0.048088	2984.0	6.3106	0.019248	2780.5	5.7092
340	0.050685	3040.4	6.4040	0.021463	2880.0	5.8743
360	0.053149	3093.7	6.4897	0.023299	2960.9	6.0041
380	0.055514	3145.0	6.5694	0.024920	3031.5	6.1140
400	0.057804	3194.9	6.6446	0.026402	3095.8	6.2109
420	0.060033	3243.6	6.7159	0.027787	3155.8	6.2988
440	0.062216	3291.5	6.7840	0.029100	3212.9	6.3799
460	0.064358	3338.8	6.8494	0.030357	3267.7	6.4557
480	0.066469	3385.6	6.9125	0.031571	3320.9	6.5273
500	0.068552	3432.2	6.9735	0.032750	3372.8	6.5954
520	0.070612	3478.6	7.0328	0.033900	3423.8	6.6605
540	0.072651	3524.9	7.0904	0.035027	3474.1	6.7232
560	0.074674	3571.1	7.1466	0.036133	3523.9	6.7837
580	0.076681	3617.4	7.2015	0.037222	3573.3	6.8423
600	0.078675	3663.9	7.2553	0.038297	3622.5	6.8992

（续）

t	15MPa			17MPa		
	v	h	s	v	h	s
℃	m³/kg	kJ/kg	kJ/(kg·K)	m³/kg	kJ/kg	kJ/(kg·K)
0	0.0009928	15.10	0.0006	0.0009918	17.10	0.0006
10	0.0009933	56.51	0.1494	0.0009924	58.42	0.1492
20	0.0009951	97.87	0.2930	0.0009942	99.73	0.2926
30	0.0009978	139.28	0.4319	0.0009970	141.08	0.4313
40	0.0010014	180.74	0.5665	0.0010005	182.50	0.5657
50	0.0010056	222.22	0.6969	0.0010048	223.93	0.6959
60	0.0010105	263.72	0.8233	0.0010096	265.39	0.8223
70	0.0010160	305.25	0.9462	0.0010151	306.88	0.9450
80	0.0010221	346.84	1.0656	0.0010212	348.43	1.0644
90	0.0010288	388.51	1.1820	0.0010279	390.06	1.1806
100	0.0010360	430.29	1.2955	0.0010351	431.80	1.2940
120	0.0010522	514.23	1.5146	0.0010512	515.65	1.5129
140	0.0010708	598.80	1.7244	0.0010696	600.13	1.7225
160	0.0010919	684.16	1.9262	0.0010906	685.37	1.9239
180	0.0011159	770.49	2.1210	0.0011144	771.57	2.1185
200	0.0011434	858.08	2.3102	0.0011416	858.98	2.3072
220	0.0011750	947.33	2.4949	0.0011728	948.01	2.4915
240	0.0012118	1038.8	2.6767	0.0012091	1039.2	2.6728
260	0.0012556	1133.3	2.8574	0.0012520	1133.3	2.8527
280	0.0013092	1232.1	3.0393	0.0013043	1231.5	3.0334
300	0.0013777	1337.3	3.2260	0.0013705	1335.6	3.2183
320	0.0014725	1453.0	3.4243	0.0014605	1449.3	3.4131
340	0.0016307	1591.5	3.6539	0.0016024	1582.0	3.6331
360	0.012571	2768.1	5.5628	0.0095938	2649.3	5.3402
380	0.014275	2883.6	5.7424	0.0115900	2807.8	5.5870
400	0.015652	2974.6	5.8798	0.0130250	2917.2	5.7520
420	0.016851	3052.9	5.9944	0.0142174	3006.1	5.8823
440	0.017937	3123.3	6.0946	0.0152693	3083.7	5.9927
460	0.018944	3188.5	6.1849	0.0162285	3154.1	6.0901
480	0.019893	3250.1	6.2677	0.0171215	3219.7	6.1783
500	0.020797	3309.0	6.3449	0.0179651	3281.7	6.2596
520	0.021665	3365.8	6.4175	0.0187701	3341.2	6.3356
540	0.022504	3421.1	6.4863	0.0195441	3398.7	6.4072
560	0.023317	3475.2	6.5520	0.0202927	3454.7	6.4752
580	0.024109	3528.3	6.6150	0.0210198	3509.4	6.5402
600	0.024882	3580.7	6.6757	0.0217285	3563.3	6.6025

（续）

t	20MPa			25MPa		
	v	h	s	v	h	s
℃	m³/kg	kJ/kg	kJ/(kg·K)	m³/kg	kJ/kg	kJ/(kg·K)
0	0.0009904	20.08	0.0006	0.0009880	25.01	0.0006
10	0.0009911	61.29	0.1488	0.0009888	66.04	0.1481
20	0.0009929	102.50	0.2919	0.0009908	107.11	0.2907
30	0.0009957	143.78	0.4303	0.0009936	148.27	0.4287
40	0.0009992	185.13	0.5645	0.0009972	189.51	0.5626
50	0.0010035	226.50	0.6946	0.0010014	230.78	0.6923
60	0.0010084	267.90	0.8207	0.0010063	272.08	0.8182
70	0.0010138	309.33	0.9433	0.0010117	313.41	0.9404
80	0.0010199	350.82	1.0624	0.0010177	354.80	1.0593
90	0.0010265	392.39	1.1785	0.0010242	396.27	1.1751
100	0.0010336	434.06	1.2917	0.0010313	437.85	1.2880
120	0.0010496	517.79	1.5103	0.0010470	521.36	1.5061
140	0.0010679	602.12	1.7195	0.0010650	605.46	1.7147
160	0.0010886	687.20	1.9206	0.0010854	690.27	1.9152
180	0.0011121	773.19	2.1147	0.0011084	775.94	2.1085
200	0.0011389	860.36	2.3029	0.0011345	862.71	2.2959
220	0.0011695	949.07	2.4865	0.0011643	950.91	2.4785
240	0.0012051	1039.8	2.6670	0.0011986	1041.0	2.6575
260	0.0012469	1133.4	2.8457	0.0012387	1133.6	2.8346
280	0.0012974	1230.7	3.0249	0.0012866	1229.6	3.0113
300	0.0013605	1333.4	3.2072	0.0013453	1330.3	3.1901
320	0.0014442	1444.4	3.3977	0.0014208	1437.9	3.3745
340	0.0015685	1570.6	3.6068	0.0015256	1556.6	3.5713
360	0.0018248	1739.6	3.8777	0.0016965	1698.0	3.7981
380	0.0082557	2658.5	5.3130	0.0022221	1936.3	4.1677
400	0.0099458	2816.8	5.5520	0.0060014	2578.0	5.1386
420	0.0111896	2928.3	5.7154	0.0075799	2770.3	5.4205
440	0.0122296	3019.6	5.8453	0.0086923	2897.6	5.6017
460	0.0131490	3099.4	5.9557	0.0096048	2998.9	5.7418
480	0.0139876	3171.9	6.0532	0.0104019	3085.9	5.8590
500	0.0147681	3239.3	6.1415	0.0111229	3164.1	5.9614
520	0.0155046	3303.0	6.2229	0.0117897	3236.1	6.0534
540	0.0162067	3364.0	6.2989	0.0124156	3303.8	6.1377
560	0.0168811	3422.9	6.3705	0.0130095	3368.2	6.2160
580	0.0175328	3480.3	6.4385	0.0135778	3430.2	6.2895
600	0.0181655	3536.3	6.5035	0.0141249	3490.2	6.3591

附录

附录 A.10　氨（NH₃）饱和液与饱和蒸气的热力性质表

t	p	v'	v"	h'	h"	s'	s"
℃	kPa	m³/kg		kJ/kg		kJ/(kg·K)	
-60	21.99	0.0014010	3.68508	-69.5330	1373.19	-0.10909	6.6592
-55	30.29	0.0014126	3.47422	-47.5062	1382.01	-0.00717	6.5454
-50	41.03	0.0014245	2.61651	-25.4342	1390.64	0.09264	6.4382
-45	54.74	0.0014367	1.99891	-3.3020	1399.07	0.19049	6.3369
-40	72.01	0.0014493	1.54736	18.9024	1407.26	0.28651	6.2410
-35	93.49	0.0014623	1.21249	41.1883	1415.20	0.38082	6.1501
-30	119.90	0.0014757	0.960867	63.5629	1422.86	0.47351	6.0636
-28	132.02	0.0014811	0.87810	72.5387	1425.84	0.51015	6.0302
-26	145.11	0.0014867	0.803761	81.5300	1428.76	0.54655	5.9974
-24	159.22	0.0014923	0.736868	90.5370	1431.64	0.58272	5.9652
-22	174.41	0.0014980	0.67657	99.5600	1434.46	0.61865	5.9336
-20	190.74	0.0015037	0.622122	108.599	1432.23	0.65436	5.9025
-18	208.26	0.0015096	0.572875	117.656	1439.94	0.68984	5.8720
-16	227.04	0.0015155	0.528257	126.729	1442.60	0.72511	5.8420
-14	247.14	0.0015215	0.487769	135.820	1445.20	0.76016	5.8125
-12	268.63	0.0015276	0.450971	144.929	1447.74	0.79501	5.7835
-10	291.57	0.0015338	0.417477	154.056	1450.22	0.82965	5.7550
-9	303.60	0.0015369	0.401860	158.628	1451.44	0.84690	5.7409
-8	316.02	0.0015400	0.386944	163.204	1452.64	0.86410	5.7269
-7	328.84	0.0015432	0.372692	167.785	1453.83	0.88125	5.7131
-6	342.07	0.0015464	0.359071	172.371	1455.00	0.89835	5.6993
-5	355.71	0.0015496	0.346046	176.962	1456.15	0.91541	5.6856
-4	369.77	0.0015528	0.333589	181.559	1457.29	0.93242	5.6721
-3	384.26	0.0015561	0.321670	186.161	1458.42	0.94938	5.6586
-2	399.20	0.0015594	0.310263	190.768	1459.53	0.96630	5.6453
-1	414.58	0.0015627	0.299340	195.381	1460.62	0.98317	5.6320
0	430.43	0.0015660	0.288880	200.000	1461.70	1.00000	5.6189
1	446.74	0.0015694	0.278858	204.625	1462.76	1.01679	5.6058
2	463.53	0.0015727	0.269253	209.256	1463.80	1.03354	5.5929
3	480.81	0.0015762	0.260046	213.892	1464.83	1.05024	5.5800
4	498.59	0.0015796	0.251216	218.535	1465.84	1.06691	5.5672
5	516.87	0.0015831	0.242745	223.185	1466.84	1.08353	5.5545
6	535.67	0.0015866	0.234618	227.841	1467.82	1.10012	5.5419
7	555.00	0.0015901	0.226817	232.503	1468.78	1.11667	5.5294
8	574.87	0.0015936	0.219326	237.172	1469.72	1.13317	5.5170
9	595.28	0.0015972	0.212132	241.848	1470.64	1.14964	5.5046
10	616.25	0.0016008	0.205221	246.531	1471.57	1.16607	5.4924
11	637.78	0.0016045	0.198580	251.221	1472.46	1.18246	5.4802
12	659.89	0.0016081	0.192196	255.918	1473.34	1.19882	5.4681
13	682.59	0.0016118	0.186058	260.622	1474.20	1.21515	5.4561
14	705.88	0.0016156	0.180154	265.334	1475.05	1.23144	5.4441

（续）

t	p	v'	v"	h'	h"	s'	s"
℃	kPa	m³/kg		kJ/kg		kJ/(kg·K)	
15	729.79	0.0016193	0.174475	270.053	1475.88	1.24769	5.4322
16	754.31	0.0016231	0.169009	274.779	1476.69	1.26391	5.4204
17	779.46	0.0016269	0.163748	279.513	1477.48	1.28010	5.4087
18	805.25	0.0016308	0.158683	284.255	1478.25	1.29626	5.3971
19	831.69	0.0016347	0.153804	289.005	1479.01	1.31238	5.3855
20	858.79	0.0016386	0.149106	293.762	1479.75	1.32847	5.3740
21	880.57	0.0016426	0.144578	298.527	1480.48	1.34452	5.3626
22	915.03	0.0016466	0.140214	303.300	1481.18	1.36055	5.3512
23	944.18	0.0016507	0.136006	308.081	1481.87	1.37654	5.3399
24	974.03	0.0016547	0.131950	312.870	1482.53	1.39250	5.3286
25	1004.6	0.0016588	0.128037	317.667	1483.18	1.40843	5.3175
26	1035.9	0.0016630	0.124261	322.471	1483.81	1.42433	5.3063
27	1068.0	0.0016672	0.120619	327.284	1484.42	1.44020	5.2953
28	1100.7	0.0016714	0.117103	332.104	1485.01	1.45604	5.2843
29	1134.3	0.0016757	0.113708	336.933	1485.59	1.47185	5.2733
30	1168.6	0.0016800	0.110430	341.769	1486.14	1.48762	5.2624
31	1203.7	0.0016844	0.107263	346.614	1486.67	1.50337	5.2516
32	1239.6	0.0016888	0.104205	351.466	1487.18	1.51908	5.2408
33	1276.3	0.0016932	0.101248	356.326	1487.66	1.53477	5.2300
34	1313.9	0.0016977	0.0983913	361.195	1488.13	1.55042	5.2193
35	1352.2	0.0017023	0.0936290	366.072	1488.57	1.56605	5.2086
36	1391.5	0.0017069	0.0929579	370.957	1488.99	1.58165	5.1980
37	1431.5	0.0017115	0.0903743	375.851	1489.39	1.59722	5.1874
38	1472.4	0.0017162	0.0878748	380.754	1489.76	1.61276	5.1768
39	1514.3	0.0017209	0.0854561	385.666	1490.10	1.62828	5.1663
40	1557.0	0.0017257	0.0831150	390.587	1490.42	1.64377	5.1558

附录 A.11　氟利昂 134a 饱和液与饱和蒸气的热力性质表（按温度排列）

t	p	v'	v"	h'	h"	s'	s"
℃	kPa	m³/kg		kJ/kg		kJ/(kg·K)	
-85	2.56	0.00064884	5.899997	94.12	345.37	0.5348	1.8702
-80	3.87	0.00065501	4.045366	99.89	348.31	0.5668	1.8535
-75	5.72	0.00066106	2.816477	105.68	351.48	0.5974	1.8379
-70	8.27	0.00066719	2.004070	111.46	354.57	0.6272	1.8239
-65	11.72	0.00067327	1.442296	117.38	357.68	0.6562	1.8107
-60	16.29	0.00067947	1.055363	123.37	360.81	0.6847	1.7987
-55	22.24	0.00068583	0.785161	129.42	363.95	0.7127	1.7878
-50	29.90	0.00069238	0.593412	135.54	367.10	0.7405	1.7782
-45	39.58	0.00069916	0.454926	141.72	370.25	0.7678	1.7695
-40	51.69	0.00070619	0.353529	147.96	373.40	0.7949	1.7618
-35	66.63	0.00071348	0.278087	154.26	376.54	0.8216	1.7549
-30	84.85	0.00072105	0.221302	160.62	379.69	0.8479	1.7488
-25	106.86	0.00072892	0.177937	167.04	382.79	0.8740	1.7434

（续）

t	p	v'	v"	h'	h"	s'	s"
℃	kPa	m³/kg		kJ/kg		kJ/(kg·K)	
−20	133.18	0.00073712	0.144450	173.52	385.89	0.8997	1.7387
−15	164.36	0.00074572	0.118481	180.04	388.97	0.9253	1.7346
−10	201.00	0.00075463	0.097832	186.63	392.01	0.9504	1.7309
−5	243.71	0.00076388	0.081304	193.29	395.01	0.9753	1.7276
0	293.14	0.00077365	0.068164	200.00	397.98	1.0000	1.7248
5	349.96	0.00078384	0.057470	206.78	400.90	1.0244	1.7223
10	414.88	0.00079453	0.048721	213.63	403.76	1.0486	1.7201
15	488.60	0.00080577	0.041532	220.55	406.57	1.0727	1.7182
20	571.88	0.00081762	0.035576	227.55	409.30	1.0965	1.7165
25	665.49	0.00083017	0.030603	234.63	411.96	1.1202	1.7149
30	770.21	0.00084347	0.026424	241.80	414.52	1.1437	1.7135
35	886.87	0.00085768	0.022899	249.07	416.99	1.1672	1.7121
40	1016.32	0.00087284	0.019893	256.44	419.34	1.1906	1.7108
45	1159.45	0.00088919	0.017320	263.94	421.55	1.2139	1.7093
50	1317.19	0.00090694	0.015112	271.57	423.62	1.2373	1.7078
55	1490.52	0.00092634	0.013203	279.36	425.51	1.2607	1.7061
60	1680.47	0.00094775	0.011538	287.33	427.18	1.2842	1.7041
65	1888.17	0.00097175	0.010080	295.51	428.61	1.3080	1.7016
70	2114.81	0.00099902	0.008788	303.94	429.70	1.3321	1.6986
75	2361.75	0.00103073	0.007638	312.71	430.38	1.3568	1.6948
80	2630.48	0.00106869	0.006601	321.92	430.53	1.3822	1.6898
85	2922.80	0.00111621	0.005647	331.74	429.86	1.4089	1.6829
90	3240.89	0.00118024	0.004751	342.54	427.99	1.4379	1.6732
95	3587.80	0.00127926	0.003851	355.23	423.70	1.4714	1.6574
100	3969.25	0.00153410	0.002779	375.04	412.19	1.5234	1.6230

附录 A.12　氟利昂 134a 饱和液与饱和蒸气的热力性质表（按压力排列）

p	t	v'	v"	h'	h"	s'	s"
kPa	℃	m³/kg		kJ/kg		kJ/(kg·K)	
10	−67.32	0.00067044	1.676284	114.63	356.24	0.6428	1.8166
20	−56.74	0.00068353	0.868908	127.30	362.86	0.7030	1.7915
30	−49.94	0.00069247	0.591338	135.62	367.14	0.7408	1.7780
40	−44.81	0.00069942	0.450539	141.95	370.37	0.7688	1.7692
50	−40.64	0.00070527	0.364782	147.16	373.00	0.7914	1.7627
60	−37.08	0.00071041	0.306836	151.64	375.24	0.8105	1.7577
80	−31.25	0.00071913	0.234033	159.04	378.90	0.8414	1.7503
100	−26.45	0.00072667	0.189737	165.15	381.89	0.8665	1.7451
120	−22.37	0.00073319	0.159324	170.43	384.43	0.8875	1.7409
140	−18.82	0.00073920	0.137972	175.04	386.63	0.9059	1.7378
160	−15.64	0.00074461	0.121490	179.20	388.58	0.9220	1.7351
180	−12.79	0.00074955	0.108637	182.95	390.31	0.9364	1.7328
200	−10.14	0.00075438	0.098326	186.45	391.93	0.9497	1.7310

（续）

p	t	v'	v''	h'	h''	s'	s''
kPa	℃	m³/kg		kJ/kg		kJ/(kg·K)	
250	-4.35	0.00076517	0.079485	194.16	395.41	0.9786	1.7273
300	0.63	0.00077492	0.066694	200.85	398.36	1.0031	1.7245
350	5.00	0.00078383	0.057477	206.77	400.90	1.0244	1.7223
400	8.93	0.00079220	0.050444	212.16	403.16	1.0435	1.7206
450	12.44	0.00079992	0.045016	217.00	405.14	1.0604	1.7191
500	15.72	0.00080744	0.040612	221.55	406.96	1.0761	1.7180
550	18.75	0.00081461	0.036955	225.79	408.62	1.0906	1.7169
600	21.55	0.00082129	0.033870	229.74	410.11	1.1038	1.7158
650	24.21	0.00082813	0.031327	233.50	411.54	1.1164	1.7152
700	26.72	0.00083465	0.029081	237.09	412.85	1.1283	1.7144
800	31.32	0.00084714	0.025428	243.09	415.18	1.1500	1.7131
900	35.50	0.00085911	0.022569	249.80	417.22	1.1695	1.7120
1000	39.39	0.00087091	0.020228	255.53	419.05	1.1877	1.7109
1200	46.31	0.00089371	0.016708	265.93	422.11	1.2201	1.7089
1400	52.48	0.00091633	0.014130	275.42	424.58	1.2489	1.7069
1600	57.94	0.00093864	0.012198	284.01	426.52	1.2745	1.7049
1800	62.92	0.00096140	0.010664	292.07	428.04	1.2981	1.7027
2000	67.56	0.00098526	0.009398	299.80	429.21	1.3203	1.7002
2200	71.74	0.00100948	0.008375	306.95	429.99	1.3406	1.6974
2400	75.72	0.00103576	0.007482	314.01	430.45	1.3604	1.6941
2600	79.42	0.00106391	0.006714	320.83	430.54	1.3792	1.6904
2800	82.93	0.00109510	0.006036	327.59	430.28	1.3977	1.6861
3000	86.25	0.00113032	0.005421	334.34	429.55	1.4159	1.6809
3200	89.39	0.00117107	0.004860	341.14	428.32	1.4342	1.6746
3400	92.33	0.00121992	0.004340	348.12	426.45	1.4527	1.6670

附录 A. 13　物质在 0.101325MPa、25℃下的燃烧摩尔焓

物质	分子式	相对分子质量	H_2O 在燃烧产物中为液体	H_2O 在燃烧产物中为气体
			J/mol	J/mol
氢气	$H_2(g)$	2.016	-286028	-241997
碳（石墨）	$C(s)$	12.011	-393791	-393791
一氧化碳	$CO(g)$	28.011	-283190	-283190
甲烷	$CH_4(g)$	16.043	-890927	-802842
乙炔	$C_2H_2(g)$	26.038	-1300489	-1256435
乙烯	$C_2H_4(g)$	28.054	-1412137	-1324052
乙烷	$C_2H_6(g)$	30.070	-1560932	-1428815
丙烷	$C_3H_8(g)$	44.097	-2221539	-2045349
苯	$C_6H_6(g)$	78.114	-3303850	-3171733
辛烷	$C_8H_{18}(g)$	114.23	-5515876	-5119526
辛烷	$C_8H_{18}(l)$	114.23	-5474473	-5078123

附录 A.14 物质在 0.101325MPa、25℃下的摩尔生成焓、摩尔吉布斯自由能及摩尔熵

物质	分子式	相对分子质量	$H_f^0/(J/mol)$	$G_f^0/(J/mol)$	$S_0/[J/(mol \cdot K)]$
一氧化碳	$CO(g)$	28.01	-110530	-137150	197.54
二氧化碳	$CO_2(g)$	44.010	-393520	-394380	213.69
水	$H_2O(g)$	18.02	-241820	-228590	188.72
水	$H_2O(l)$	18.02	-285830	-237180	69.95
甲烷	$CH_4(g)$	16.04	-74850	-50790	186.16
乙炔	$C_2H_2(g)$	26.04	+226730	+209170	200.85
乙烯	$C_2H_4(g)$	28.05	+52280	+68120	219.83
乙烷	$C_2H_6(g)$	30.07	-84680	-32890	229.49
丙烷	$C_3H_8(g)$	44.09	-103850	-23490	269.91
苯	$C_6H_6(g)$	78.11	+82930	+129660	269.20
辛烷	$C_8H_{18}(g)$	114.22	-208450	+17320	463.67
辛烷	$C_8H_{18}(l)$	114.22	-249910	+6610	360.79
氢气	$H_2(g)$	2.016	0	0	130.57
氧气	$O_2(g)$	32.00	0	0	205.03
氮气	$N_2(g)$	28.01	0	0	191.50
碳(石墨)	$C(s)$	12.01	0	0	5.74

附录 A.15 平衡常数 K_p 的对数 (lg) 值

T/K	$H_2 \rightleftharpoons 2H$	$O_2 \rightleftharpoons 2O$	$N_2 \rightleftharpoons 2N$	$H_2O(g) \rightleftharpoons H_2 + \frac{1}{2}O_2$	$H_2O(g) \rightleftharpoons OH + \frac{1}{2}H_2$	$CO_2 \rightleftharpoons CO + \frac{1}{2}O_2$	$CO_2 + H_2 \rightleftharpoons CO + H_2O$
298	-71.224	-81.208	-159.600	-40.048	-46.181	-45.066	-5.018
500	-40.316	-45.880	-92.672	-22.886	-26.208	-25.025	-2.139
1000	-17.292	-19.614	-43.056	-10.062	-11.322	-10.221	-0.159
1500	-9.512	-10.790	-26.434	-5.725	-6.14	-5.316	+0.409
1800	-6.896	-7.836	-20.874	-4.270	-4.638	-3.693	+0.577
2000	-5.580	-6.356	-18.092	-3.540	-3.799	-2.884	+0.656
2200	-4.502	-5.142	-15.810	-2.942	-3.113	-2.226	+0.716
2400	-3.600	-4.130	-13.908	-2.443	-2.541	-1.679	+0.764
2500	-3.202	-3.684	-13.070	-2.224	-2.158	-1.440	+0.784
2600	-2.834	-3.272	-12.298	-2.021	-2.057	-1.219	+0.802
2800	-2.178	-2.536	-10.914	-1.658	-1.642	-0.825	+0.833
3000	-1.606	-1.898	-9.716	-1.343	-1.282	-0.485	+0.858
3200	-1.162	-1.340	-8.664	-1.067	-0.967	-0.189	+0.878
3500	-0.462	-0.620	-7.321	-0.712	-0.563	+0.190	+0.902
4000	+0.402	+0.340	-5.504	-0.238	-0.025	+0.692	+0.930
4500	+1.074	+1.086	-4.092	+0.133	+0.394	+1.079	+0.947
5000	+1.612	+1.686	-2.962	+0.430	+0.728	+1.386	+0.956

附 录 B

附录 B.1 氨的压焓图

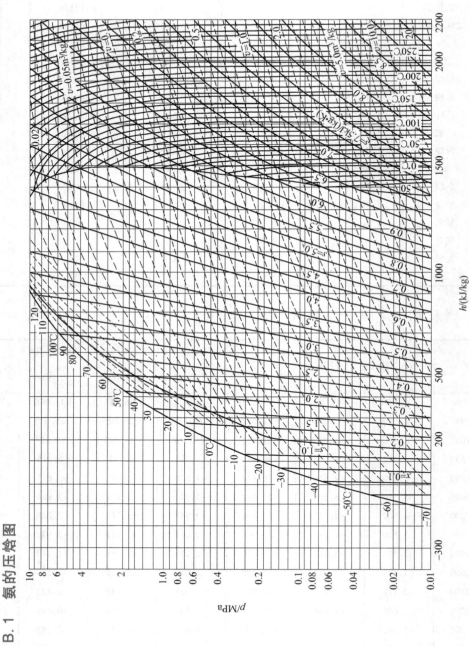

附录 B.2　R134a 的压焓图

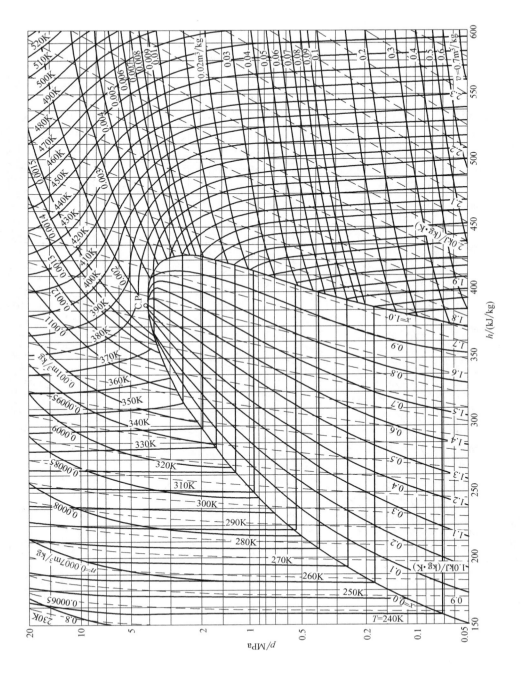

水蒸气的分压力p_i/kPa

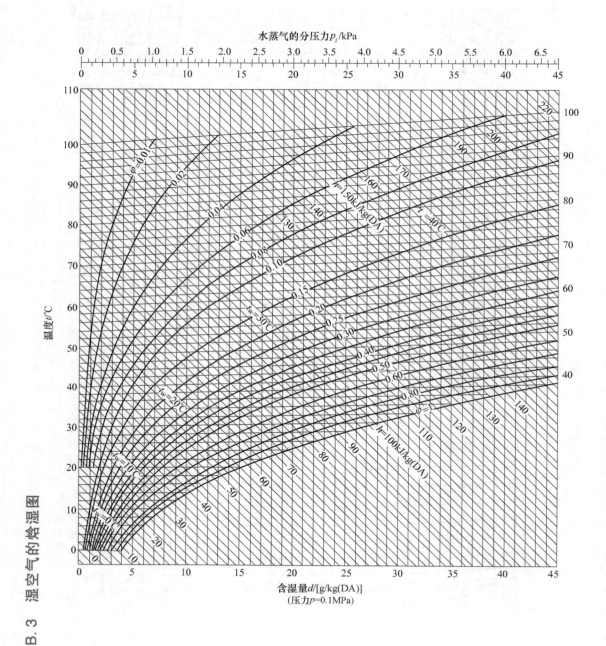

附录 B.3 湿空气的焓湿图

含湿量d/[g/kg(DA)]
(压力p=0.1MPa)

附录 B.4　水蒸气的焓熵图

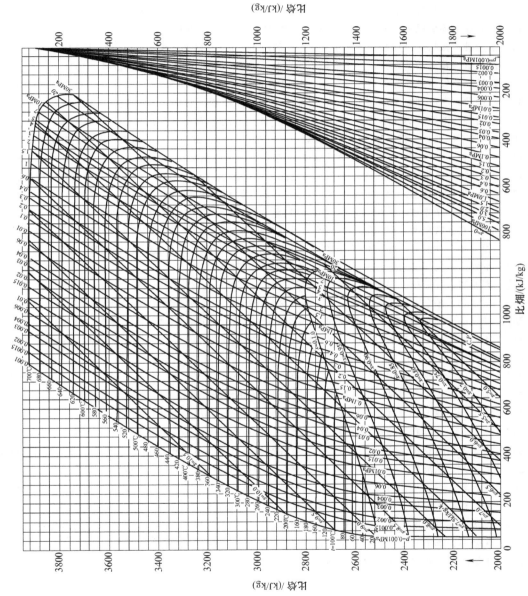

参 考 文 献

[1]   王加璇. 工程热力学 [M]. 北京：水利电力出版社，1992.

[2]   王加璇. 热工基础及热力设备 [M]. 北京：水利电力出版社，1987.

[3]   宋之平，王加璇. 节能原理 [M]. 北京：水利电力出版社，1985.

[4]   樊泉桂. 锅炉原理 [M]. 2版. 北京：中国电力出版社，2014.

[5]   王加璇，张树芳. 㶲方法及其在火电厂中的应用 [M]. 北京：水利电力出版社，1993.

[6]   沈维道，蒋志敏，童钧耕. 工程热力学 [M]. 3版. 北京：高等教育出版社，2001.

[7]   黄焕春. 发电厂热力设备 [M]. 北京：中国电力出版社，1985.

[8]   欧阳梗，李继坤，李汝辉，等. 工程热力学 [M]. 2版. 北京：国防工业出版社，1989.

[9]   朱明善，刘颖，林兆庄，等. 工程热力学 [M]. 北京：清华大学出版社，1995.

[10]   曾丹苓，敖越，张新铭，等. 工程热力学 [M]. 3版. 北京：高等教育出版社，2002.

[11]   严家騄，王永青. 工程热力学 [M]. 北京：中国电力出版社，2004.

[12]   严家騄，余晓福，王永青. 水和水蒸气热力性质图表 [M]. 3版. 北京：高等教育出版社，2015.

[13]   张学学，李桂馥. 热工基础 [M]. 北京：高等教育出版社，2000.

[14]   华自强，张忠进. 工程热力学 [M]. 3版. 北京：高等教育出版社，2000.

[15]   邱信立，廉乐明，李力能. 工程热力学 [M]. 3版. 北京：中国建筑工业出版社，1992.

[16]   程兰征，章燕豪. 物理化学 [M]. 2版. 上海：上海科学技术出版社，2003.

[17]   童景山. 化工热力学 [M]. 北京：清华大学出版社，1995.

[18]   庞麓鸣，汪孟乐，冯海仙. 工程热力学 [M]. 2版. 北京：高等教育出版社，1986.

[19]   雷诺兹，珀金斯. 工程热力学：上册 [M]. 罗干辉，等译. 北京：高等教育出版社，1985.

[20]   杨顺虎. 燃气-蒸汽联合循环发电设备及运行 [M]. 北京：中国电力出版社，2003.

[21]   MORAN M J, SHAPIRD H N. Fundamentals of Engineering Thermodynamics [M]. 4th ed. New York: John Wiley & Sons Inc, 2006.

[22]   许崇桂. 热学 [M]. 北京：国防工业出版社，1997.

[23]   黄光辉. 应用热工基础 [M]. 北京：中国电力出版社，1994.

[24]   霍尔曼. 热力学 [M]. 曹黎明，等译. 北京：科学出版社，1986.

[25]   赵荣义，范存养，薛殿华，等. 空气调节 [M]. 3版. 北京：中国建筑工业出版社，1994.

[26]   俞炳丰，蒋立军，沈传文，等. 中央空调新技术及其应用 [M]. 北京：化学工业出版社，2005.

[27]   岳孝方，陈汝东. 制冷技术与应用 [M]. 上海：同济大学出版社，1999.

[28]   彦启森，石文星，田长青. 空调用制冷技术 [M]. 3版. 北京：中国建筑工业出版社，2004.

[29]   王如竹，丁国良，等. 制冷原理与技术 [M]. 北京：科学出版社，2003.

[30]   戴永庆，耿惠彬，等. 溴化锂吸收式制冷技术及应用 [M]. 北京：机械工业出版社，2001.

[31]   张晓东，李季. 热工基础习题详解 [M]. 北京：中国电力出版社，2016.

[32]   王修彦，张晓东. 应用热工基础 [M]. 北京：中国电力出版社，2018.